建设工程现场监理工作实务

胡兴国　王逸鹏　编著

U0249823

WUHAN UNIVERSITY PRESS

武汉大学出版社

图书在版编目(CIP)数据

建设工程现场监理工作实务/胡兴国,王逸鹏编著. —武汉:武汉大学出版社,2013.5

ISBN 978-7-307-10651-2

Ⅰ.建… Ⅱ.①胡… ②王… Ⅲ.建筑工程—现场施工—监理工作 Ⅳ.TU712

中国版本图书馆 CIP 数据核字(2013)第 056400 号

责任编辑:胡 艳 责任校对:刘 欣 版式设计:马 佳

出版发行:**武汉大学出版社** (430072 武昌 珞珈山)

(电子邮箱:cbs22@whu.edu.cn 网址:www.wdp.com.cn)

印刷:湖北省京山德兴印务有限公司

开本:787×1092 1/16 印张:25.75 字数:605千字 插页:1

版次:2013 年 5 月第 1 版 2013 年 5 月第 1 次印刷

ISBN 978-7-307-10651-2/TU·122 定价:48.00 元

前　言

我们国家实行建设工程监理制度以来，国家颁布了一系列相关的法律、法规，出台了一系列相关的规范、规定，对建设工程监理事业的发展起到了极其重要的作用，但遗憾的是，监理人员在建设工程项目现场开展监理工作时，往往感到缺少一些有可操作性的和能具体指导现场监理工作的实务类书籍，书店里和图书馆里大多是关于监理理论、监理教学等偏向理论性、概括性和应考类的书籍。能具体指导如何编写监理文件、如何制定监理程序、如何开展监理工作、如何填写监理资料、如何签署报审报验申请表及如何整理监理档案等的书籍少之又少。

本书根据作者十多年来对监理工作的思索和实际工作的体会，基于服务项目监理机构现场监理工作实务的主旨，力求为监理机构的现场监理工作提供可借鉴、可操作的实务性内容。

本书由武汉大学土木建筑工程学院胡兴国和武汉科达监理咨询有限公司王逸鹏负责编写。在编写本书过程中，参考了监理行业专家、学者和同仁的著作、文章。同时，一批长期从事监理企业管理和现场监理工作的总工程师、总监理工程师及专业监理工程师等参与了本书的编写、校对、审核工作。在此深表谢意。

由于知识欠缺、水平有限，书中会有不妥之处，敬请各位读者指正。

作　者

2012 年 10 月

目　录

1 编写监理规划 ··· 1
  1.1 监理规划编写指南 ··· 1
  1.2 监理规划编写案例：××医院改扩建工程监理规划 ············· 2

2 编写监理实施细则 ··· 3
  2.1 监理实施细则编写指南 ·· 3
  2.2 监理实施细则编写案例 ·· 3

3 制定监理工作程序 ··· 4
  3.1 监理工作程序概述 ··· 4
  3.2 《建设工程监理规范》强调监理工作的程序化控制 ············· 5
  3.3 各种监理工作的程序 ·· 5

4 审查施工组织设计 ··· 23
  4.1 审批程序审查 ··· 23
  4.2 针对性审查 ··· 24
  4.3 进度、质量和造价控制目标的审查 ······························ 24
  4.4 安全措施审查 ··· 25
  4.5 施工总平面布置的审查 ·· 26
  4.6 保留审查痕迹 ··· 26

5 审批施工总进度计划及阶段性施工进度计划 ······················· 27
  5.1 施工进度计划的审批程序 ·· 27
  5.2 施工进度计划报审应包括的内容 ··································· 27
  5.3 审批施工进度指南 ··· 28
  5.4 审批意见的签署 ··· 29

6 审查分包单位资格 ··· 30
  6.1 审查程序 ·· 30
  6.2 审查内容 ·· 30
  6.3 审查要点 ·· 30

7 审查工程开工报审表 ································· 31

7.1 审查程序 ······································· 31

7.2 《工程开工报审表》的主要附件 ···················· 31

7.3 审查要点 ······································· 31

7.4 审查分包工程的开工报审 ·························· 32

7.5 尚未办理施工许可证或施工图审查手续的监理处置办法 ········ 32

8 第一次工地会议 ································· 33

8.1 第一次工地会议的主持人和参加会议人员 ·············· 33

8.2 第一次工地会议主要内容 ·························· 33

8.3 第一次工地会议纪要 ······························ 34

8.4 第一次工地会议签到表 ···························· 35

9 图纸会审 ······································· 36

9.1 图纸会审程序 ···································· 36

9.2 图纸会审内容 ···································· 36

9.3 图纸会审记录 ···································· 37

9.4 设计交底记录 ···································· 38

10 召开监理例会 ································· 39

10.1 监理例会制度 ··································· 39

10.2 监理例会的参加人员 ···························· 39

10.3 监理例会的内容 ································· 39

10.4 监理例会的会前准备工作 ························· 40

10.5 监理例会会议纪要 ······························ 41

10.6 监理例会纪要格式 ······························ 42

11 明确质量控制点 ······························· 43

11.1 质量控制点的作用 ······························ 43

11.2 各分部分项工程的质量控制点 ····················· 43

12 控制工程材料、构配件、设备进场 ················· 53

12.1 控制程序 ······································ 53

12.2 控制要点 ······································ 53

13 施工测量监理工作 ····························· 55

13.1 存在的问题 ···································· 55

13.2 工作程序和内容 ································· 55

　　13.3　工程定位测量记录 ……………………………………………… 57

　　13.4　楼层放线记录 …………………………………………………… 59

14　验收隐蔽工程 ………………………………………………………… 63

　　14.1　隐蔽工程的相关规定 …………………………………………… 63

　　14.2　验收程序 ………………………………………………………… 63

　　14.3　主要隐蔽验收项目 ……………………………………………… 63

15　旁站监理工作 ………………………………………………………… 67

　　15.1　旁站人员监理职责 ……………………………………………… 67

　　15.2　编制旁站监理计划（方案） …………………………………… 67

　　15.3　房屋建筑工程各分部工程的旁站部位 ………………………… 67

　　15.4　旁站监理记录 …………………………………………………… 68

16　巡视监理工作 ………………………………………………………… 73

　　16.1　巡视检查的要求 ………………………………………………… 73

　　16.2　巡视检查的范围 ………………………………………………… 73

　　16.3　巡视检查的时间和频次 ………………………………………… 74

　　16.4　巡视检查内容 …………………………………………………… 74

　　16.5　巡视检查应注意的问题 ………………………………………… 77

17　见证监理工作 ………………………………………………………… 78

　　17.1　见证的适用范围 ………………………………………………… 78

　　17.2　见证工作的要求 ………………………………………………… 78

　　17.3　见证取样送检的工作程序 ……………………………………… 78

　　17.4　见证取样送检的注意事项 ……………………………………… 79

18　平行检验监理工作 …………………………………………………… 81

　　18.1　平行检验的含义 ………………………………………………… 81

　　18.2　平行检验的范围和比例 ………………………………………… 81

　　18.3　平行检验的工作内容和计划 …………………………………… 82

　　18.4　平行检验工作资料的留存 ……………………………………… 82

19　进场预拌商品混凝土质量控制工作 ………………………………… 83

　　19.1　对预拌商品混凝土搅拌站的考察 ……………………………… 83

　　19.2　预拌商品混凝土的交货检验 …………………………………… 83

　　19.3　预拌商品混凝土现场试块留置的控制 ………………………… 83

　　19.4　混凝土结构同条件养护试块留置的控制 ……………………… 85

19.5　建立试块留置台账 ·· 86

20　重要结构分部工程质量控制工作 ································ 88
20.1　地基与基础工程 ··· 88
20.2　主体结构工程 ·· 88
20.3　钢结构工程 ·· 89

21　签发监理工程师通知单 ·· 91
21.1　监理工程师通知单的指令性 ·· 91
21.2　监理工程师通知单的编写要求 ····································· 91
21.3　注意事项 ··· 92
21.4　监理工程师通知单编写案例 ·· 92

22　监理日志 ·· 94
22.1　监理日志的特点 ·· 94
22.2　监理日志记录指南 ··· 94
22.3　监理日志记录的内容 ··· 94
22.4　监理日志记录的要求 ··· 96
22.5　总监理工程师对监理日志的签阅 ··································· 97
22.6　安全监督监理日志 ··· 98
22.7　监理日志记录案例 ··· 98

23　编写监理月报 ·· 100
23.1　监理月报的概念 ·· 100
23.2　监理月报的主要作用 ··· 100
23.3　编制监理月报的基本要求 ·· 100
23.4　施工阶段监理月报的主要内容 ······································· 101
23.5　监理月报编制案例 ··· 101

24　签发工程暂停令 ·· 102
24.1　工程暂停令的特点与签发依据 ······································· 102
24.2　什么情况下可签发工程暂停令 ······································· 102
24.3　签发工程暂停令的程序 ··· 102
24.4　签发工程暂停令的注意事项 ·· 103

25　验收工程质量 ·· 105
25.1　验收的依据 ··· 105
25.2　验收检验批 ··· 105

25.3　验收分项工程 ……………………………………………… 105
25.4　验收分部（子分部）工程 …………………………………… 106
25.5　预验收单位（子单位）工程 ………………………………… 106
25.6　协助建设单位组织单位（子单位）工程竣工验收 ………… 106
25.7　中间验收重要分部（分项）工程 …………………………… 107
25.8　填写质量验收记录示例 ……………………………………… 107

26　编写质量评估报告 ……………………………………………… 146
26.1　质量评估报告编写指南 ……………………………………… 146
26.2　编写单位工程质量评估报告案例 …………………………… 147

27　施工阶段工程计量的监理控制工作 ……………………… 148
27.1　工程计量监理控制的目的和意义 …………………………… 148
27.2　工程计量监理控制的内容 …………………………………… 148
27.3　工程计量监理控制的程序 …………………………………… 149
27.4　工程计量监理控制的原则 …………………………………… 149
27.5　施工阶段工程计量的具体方法 ……………………………… 150
27.6　施工阶段土建工程计量监理控制中的几项主要原则规定 … 151
27.7　建立工程计量台账 …………………………………………… 151

28　现场签证管理工作 ……………………………………………… 153
28.1　现场签证的含义 ……………………………………………… 153
28.2　现场签证的签发原则 ………………………………………… 153
28.3　现场签证的控制原则 ………………………………………… 153
28.4　现场签证的管理措施 ………………………………………… 154
28.5　现场签证应注意的问题 ……………………………………… 155

29　安全管理工作 …………………………………………………… 156
29.1　安全管理工作程序 …………………………………………… 156
29.2　安全管理的主要工作 ………………………………………… 157
29.3　安全管理工作的现场安全监管用表 ………………………… 160
29.4　建筑施工安全分项检查评分表 ……………………………… 171
29.5　安全施工验收用表 …………………………………………… 211

30　监理台账工作 …………………………………………………… 226
30.1　监理台账的作用 ……………………………………………… 226
30.2　建立应有的监理台账 ………………………………………… 226

31　监理文件及资料管理归档工作 ···· 239
31.1　职责与分工 ···· 239
31.2　施工阶段监理文件及资料组成内容 ···· 239
31.3　监理文件及资料形成流程 ···· 240
31.4　监理文件与资料的要求 ···· 241
31.5　监理文件与资料审查及审批的共性要求 ···· 241
31.6　监理文件及资料归档与组卷 ···· 242

32　项目监理部考核工作 ···· 245
32.1　对项目监理部考核的重要性 ···· 245
32.2　对项目监理部考核的方法 ···· 245
32.3　监理部工作考核评分表 ···· 246
32.4　顾客意见调查表 ···· 257

附录一　××医院改扩建工程监理规划 ···· 259
附录二　××中心综合楼钻孔灌注桩工程监理实施细则 ···· 307
附录三　××小区 B-3#楼主体混凝土结构工程监理实施细则 ···· 326
附录四　××文化宫通风与空调工程监理实施细则 ···· 366
附录五　××建设监理规范用表监理月报 ···· 388
附录六　××大楼工程竣工验收质量评估报告 ···· 395

参考文献 ···· 401

1 编写监理规划

1.1 监理规划编写指南

（1）监理规划是项目监理部对所监理的工程项目全面开展监理工作的纲领性和指导性文件，对监理工作的成效起着举足轻重的作用。监理规划的编写应全面、具体，具有针对性和可操作性。

（2）监理规划是监理部集体智慧的结晶，应由总监理工程师主持、专业监理工程师参加编制，编写完成后必须经监理单位技术负责人审核批准，并应在召开第一次工地会议前报送建设单位。

（3）总监理工程师应在监理部内部主持监理规划的交底、分工和检查工作。

（4）监理规划应包括以下主要内容：

①工程项目概况；

②工程项目特点；

③工程项目难点；

④监理工作范围；

⑤监理工作内容；

⑥监理工作目标；

⑦监理工作依据；

⑧工程项目风险分析；

⑨项目监理机构组织形式；

⑩项目监理机构人员配备；

⑪项目监理机构人员岗位职责；

⑫监理工作程序；

⑬工程质量控制；

⑭工程进度控制；

⑮工程造价控制；

⑯安全施工管理职责；

⑰合同管理工作；

⑱协调管理工作；

⑲监理工作制度；

⑳旁站监理部位；

㉑见证取样计划；

㉒监理工作设施。

说明：工程项目千差万别，上述主要内容及名称可根据工程实际情况变化。

（5）在监理工作实施过程中，工程项目的实施可能会发生较大的变化，如设计图纸重大修改、工期和质量要求发生重大变化，或者当原监理规划所确定的方法、措施、程序和制度不能有效地发挥控制作用时，总监理工程师应及时召集专业监理工程师进行修订，按原审批程序报建设单位。

1.2　监理规划编写案例：××医院改扩建工程监理规划

见附录一××医院改扩建工程监理规划。

2 编写监理实施细则

2.1 监理实施细则编写指南

（1）监理实施细则是在监理规划指导下项目监理机构提出的对于该工程在各个专业技术、管理和目标控制方面的具体要求。编制监理实施细则的主要目的是指导本分部工程或本专业工程监理工作的开展，是对施工质量进行预先控制、过程控制和目标管理。

（2）监理实施细则应贯彻预防为主、强化验收、过程控制的指导思想，要结合工程项目的专业特点，做到详细具体、具有可操作性。

（3）监理实施细则由专业监理工程师编制，应在相应工程施工开始前编制完成，并必须经总监理工程师批准。

（4）监理实施细则应包括以下主要内容：

①工程概况：专业或专项工程概况，专业或专项工程特点、难点及应对措施；

②专业或专项监理工作流程；

③专业或专项监理工作控制目标；

④专业或专项监理工作控制要点；

⑤专业或专项监理工作方法及措施。

说明：工程项目的各分部（分项）工程和专业工程各具特点、各不相同，上述主要内容排列、组合及标题可按需变化。

（5）当发生工程变更、计划变更或原监理实施细则所确定的方法、措施、流程不能有效地发挥管理和控制作用等情况时，总监理工程师应及时根据实际情况安排专业监理工程师对监理实施细则进行补充、修改和完善。

2.2 监理实施细则编写案例

监理实施细则编写案例一见附录二××中心综合楼钻孔灌注桩工程监理实施细则。

监理实施细则编写案例二见附录三××小区 B-3#楼主体混凝土结构工程监理实施细则。

监理实施细则编写案例三见附录四××文化宫通风与空调工程监理实施细则。

3　制定监理工作程序

3.1　监理工作程序概述

3.1.1　程序的概述

（1）程序：按顺序或按时间依次安排的工作步骤、进度或流程。

（2）监理工作程序：按照监理工作开展的先后次序或流程所安排的工作步骤或计划。监理工作程序是整个监理工作的灵魂，是始终贯穿整个监理工作的主线。

3.1.2　制定监理工作程序的必要性

（1）有利于项目监理机构工作的规范化、程序化、制度化。

（2）有利于工程项目参建各方与监理单位之间工作的配合协调、有序合作、形成合力。

3.1.3　制定监理工作程序的一般规定

（1）体现事前控制和主动控制的要求。

（2）根据专业工程特点，按照工作内容和工艺流程分别制定。

（3）坚持监理工作"先审核、后实施"，"先验收、后施工（下道工序）"的基本原则。

（4）明确工作内容、行为主体、考核标准和工作时限。

（5）随着实际情况的变化进行调整和完善。

3.1.4　监理工作程序的类别

1）运行管理程序

程序主要是为建设单位、监理单位、承包单位之间联系及管理流程服务的，保证信息的及时传递和反馈。例如，《建设工程监理规范》第3.1.4条规定的程序：监理单位应于委托监理合同签订后十天内编制，将项目监理机构的组织形式、人员构成及对总监理工程师的任命书面通知建设单位。当总监理工程师需要调整时，监理单位应征得建设单位同意并书面通知建设单位；当专业监理工程师需要调整时，总监理工程师应书面通知建设单位和承包单位；又如，第5.5.8条规定的程序：项目监理机构应及时按施工合同的有关规定进行竣工结算，并应对竣工结算的价款总额与建设单位和承包单位进行协商。

2）监理单位内部体系运行程序

主要包括信息收集及其传递途径；会议协调；各种监理业务处理程序；资料的分类、整编、归档、各层次人员岗位职责；建设各方的关系及其处理。这些程序的运转直接影响监理工作质量，它是做好监理控制工作的内在因素和根本保证。

3）围绕监理任务落实制定外在控制程序

包括施工过程质量控制程序、施工进度控制程序、支付结算控制程序、信息管理程序、质量事故处理程序、索赔处理、工程变更、施工分包队伍审批、竣工验收等程序，这些程序是监理控制程序的核心与关键，它们在时间和空间范围内保证开展先后顺序和衔接，保证监理监控不漏监，同时这些控制程序都在相应的系统中制约了系统的行动，保证各个系统在受控状态。监理工程师只有严格执行这些基本控制程序，才能做好控制工作。

3.2 《建设工程监理规范》强调监理工作的程序化控制

《建设工程监理规范》的主线之一就是要按程序开展监理工作。例如，《建设工程监理规范》中的4.1.2监理规划编制的程序，4.2.2监理实施细则的编制程序，5.2施工准备阶段监理工作的程序，5.4工程质量控制工作的程序，5.5工程造价控制工作的程序，5.6工程进度控制工作的程序，5.7工程竣工验收的程序，6.2处理工程变更的程序，6.3.3处理费用索赔的程序，6.6处理施工合同解除的程序，等等。

3.3 各种监理工作的程序

3.3.1 前期监理工作程序

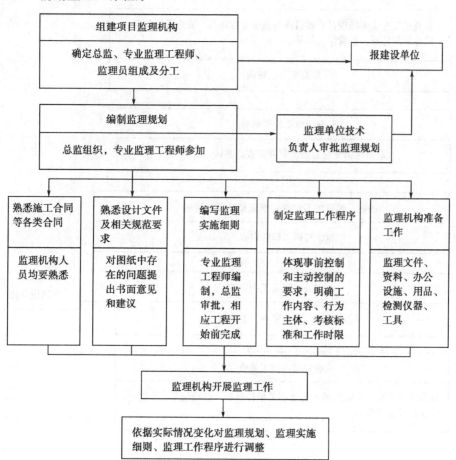

3.3.2 施工准备阶段监理工程程序

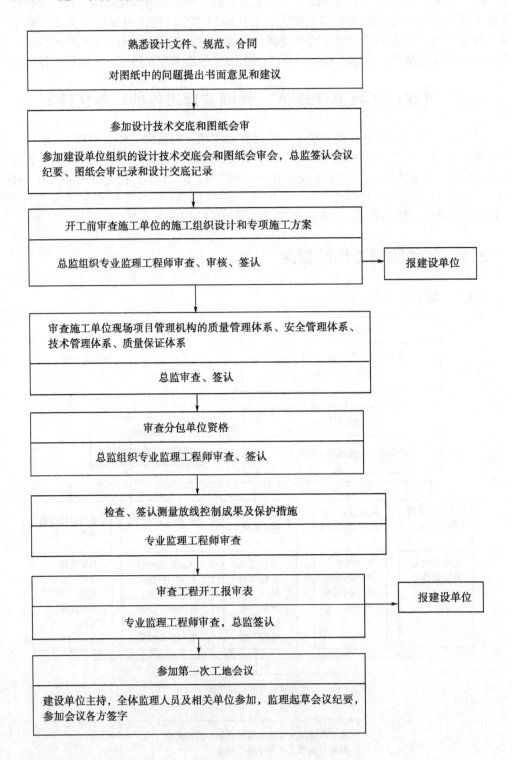

熟悉设计文件、规范、合同

对图纸中的问题提出书面意见和建议

参加设计技术交底和图纸会审

参加建设单位组织的设计技术交底会和图纸会审会，总监签认会议纪要、图纸会审记录和设计交底记录

开工前审查施工单位的施工组织设计和专项施工方案

总监组织专业监理工程师审查、审核、签认 → 报建设单位

审查施工单位现场项目管理机构的质量管理体系、安全管理体系、技术管理体系、质量保证体系

总监审查、签认

审查分包单位资格

总监组织专业监理工程师审查、签认

检查、签认测量放线控制成果及保护措施

专业监理工程师审查

审查工程开工报审表 → 报建设单位

专业监理工程师审查，总监签认

参加第一次工地会议

建设单位主持，全体监理人员及相关单位参加，监理起草会议纪要，参加会议各方签字

6

3.3.3 质量控制工作程序

```
┌─────────────────────────────────────────────────────┐
│                      技术审查                          │
├─────────────────────────────────────────────────────┤
│     当施工组织设计有调整、补充或变动时，专业监理工程师对其    │
│ 审查，总监签认                                          │
│     是重点部位和关键工序的，施工单位应报施工工艺和确保工程    │
│ 质量的措施，专业监理工程师审核，总监签认                   │
│     当施工单位采用新材料、新工艺、新技术和新设备时，施工单   │
│ 位报送相应的施工工艺及证明材料，专业监理工程师组织专题论证   │
│ 审定，总监签认                                          │
└─────────────────────────────────────────────────────┘
```

```
┌───────────────────────┐     ┌─────────────────────────────┐
│        测量复验          │     │        考核施工单位试验室        │
├───────────────────────┤     ├─────────────────────────────┤
│   对施工单位报送的施工测量放线 │     │ 专业监理工程师考核，内容如下：    │
│ 成果进行复验和确认        │     │ （1）资质等级及试验范围          │
│                       │     │ （2）对试验设备出具的计量检定证明  │
│                       │     │ （3）管理制度                  │
│                       │     │ （4）试验人员资格证书           │
└───────────────────────┘     └─────────────────────────────┘
```

```
┌─────────────────────────────────────────────────────┐
│             检验进场工程材料、构配件和设备                 │
├─────────────────────────────────────────────────────┤
│     施工单位报送报审表及其质量证明资料，专业监理            │
│ 工程师审核。按约定和规定进行平行检验或见证取样             │
│     对不合格材料、构配件、设备签发监理工程师通知           │
│ 单，限期退场                                            │
└─────────────────────────────────────────────────────┘
```

```
┌─────────────────────────────────────────────────────┐
│                    施工过程监控验收                      │
├─────────────────────────────────────────────────────┤
│ （1）定期检查施工单位的计量设备，施工机械设备、器械的技术状况 │
│ （2）对施工过程进行巡视检查                              │
│ （3）对隐蔽工程、下道工序完成后难以再检查的工序进行旁站      │
│ （4）专业监理工程师对隐蔽工程进行隐蔽验收                  │
│ （5）检验批及分项工程质量验收，专业监理工程师组织           │
│ （6）专业监理工程师监控跟踪质量缺陷，下达监理工程师通知，检查整│
│ 改结果                                                 │
│ （7）重大事故质量隐患的停/复工处理和跟踪，总监签署         │
└─────────────────────────────────────────────────────┘
```

3.3.4 原材料、构配件及设备签认程序

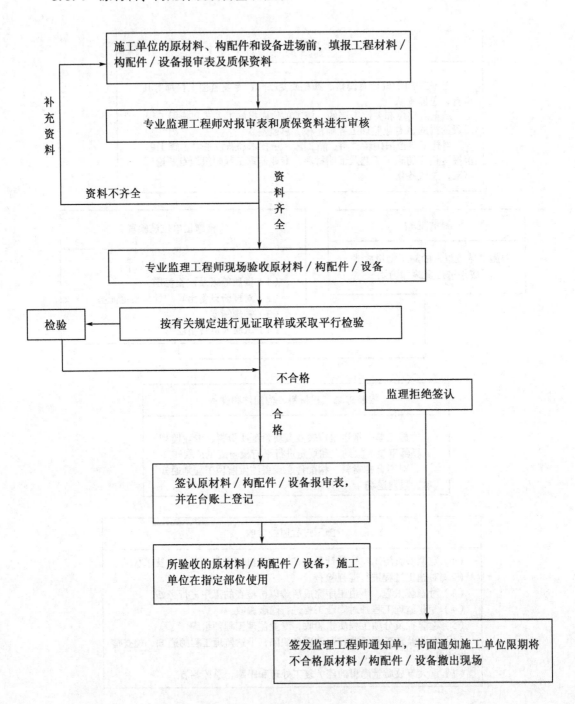

3.3.5 工序交工验收程序

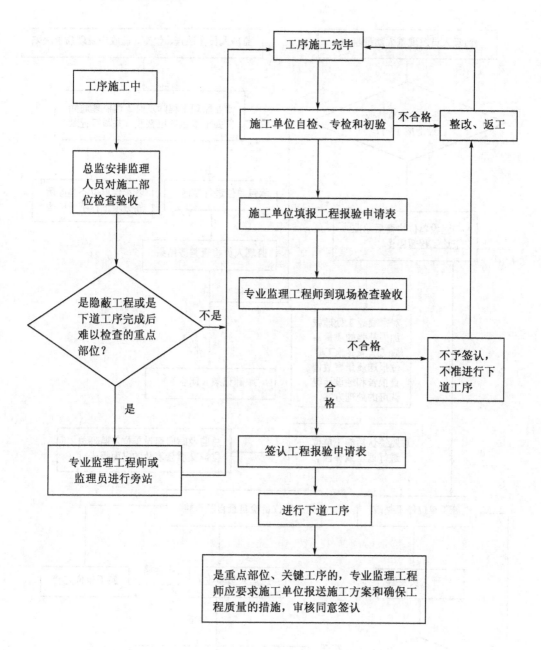

3.3.6 质量缺陷和质量隐患处理程序

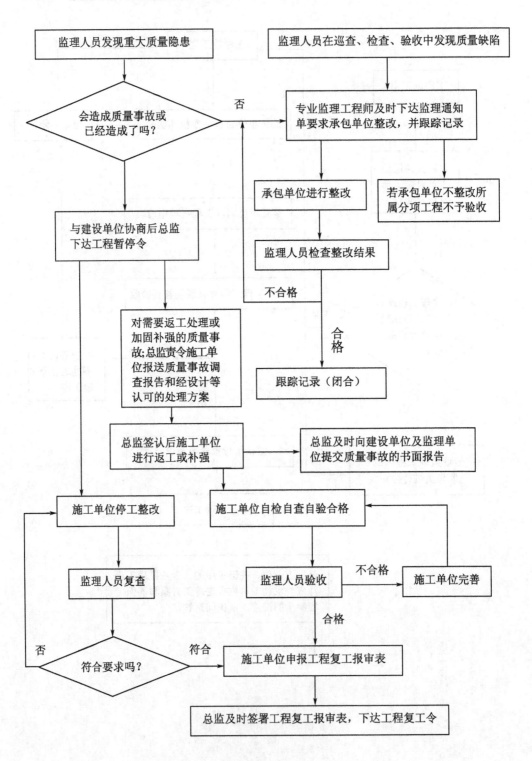

3.3.7 分项、分部工程验收程序

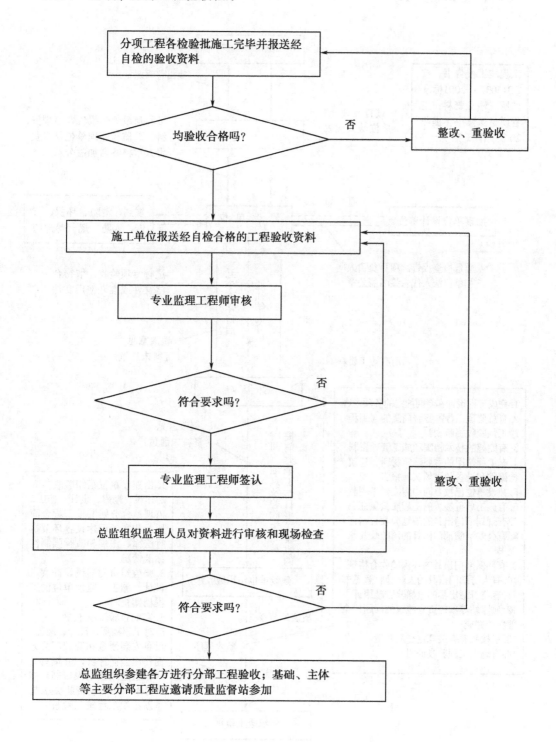

3.3.8 竣工验收程序

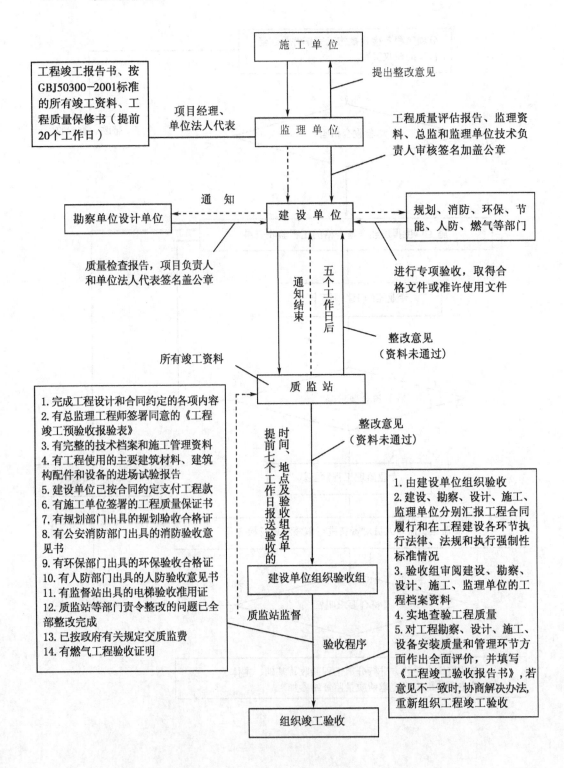

3.3.9 质量保修期监理工作程序

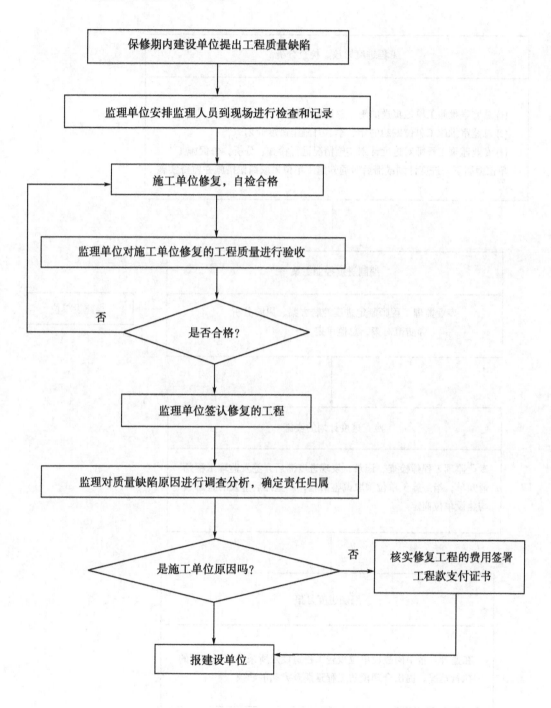

3.3.10 进度控制工作程序

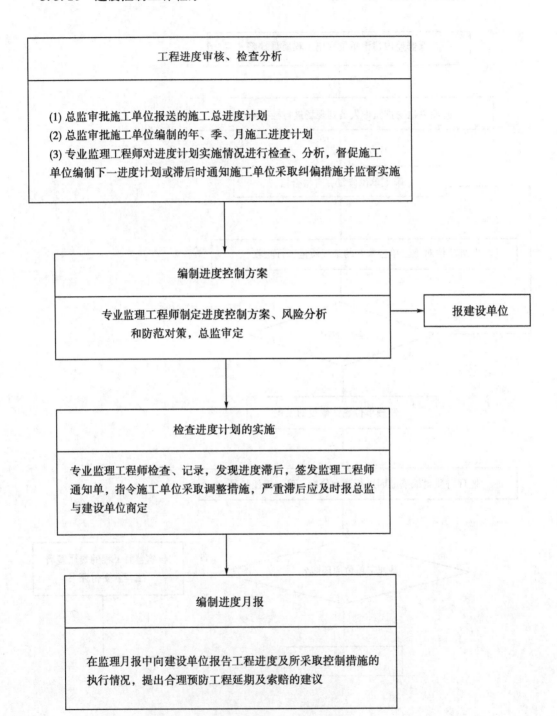

工程进度审核、检查分析

(1) 总监审批施工单位报送的施工总进度计划
(2) 总监审批施工单位编制的年、季、月施工进度计划
(3) 专业监理工程师对进度计划实施情况进行检查、分析，督促施工单位编制下一进度计划或滞后时通知施工单位采取纠偏措施并监督实施

编制进度控制方案

专业监理工程师制定进度控制方案、风险分析和防范对策，总监审定

报建设单位

检查进度计划的实施

专业监理工程师检查、记录，发现进度滞后，签发监理工程师通知单，指令施工单位采取调整措施，严重滞后应及时报总监与建设单位商定

编制进度月报

在监理月报中向建设单位报告工程进度及所采取控制措施的执行情况，提出合理预防工程延期及索赔的建议

3.3.11 造价控制工作程序

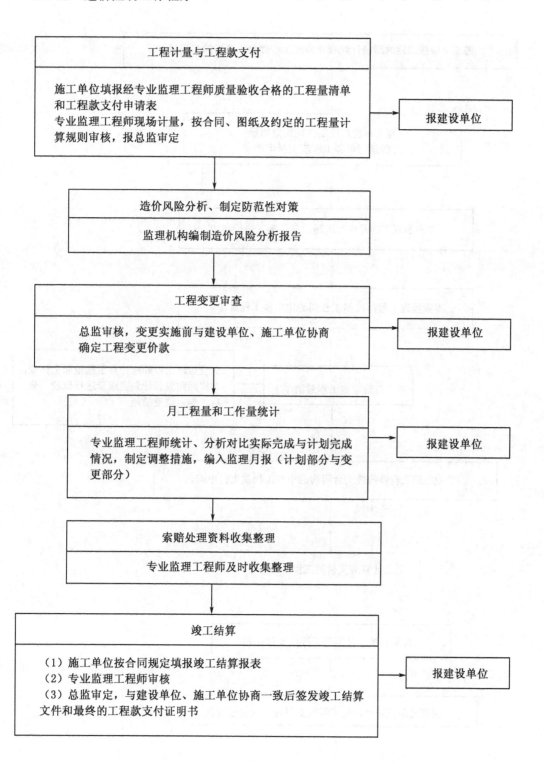

工程计量与工程款支付

施工单位填报经专业监理工程师质量验收合格的工程量清单和工程款支付申请表
专业监理工程师现场计量，按合同、图纸及约定的工程量计算规则审核，报总监审定　　→　报建设单位

造价风险分析、制定防范性对策

监理机构编制造价风险分析报告

工程变更审查

总监审核，变更实施前与建设单位、施工单位协商确定工程变更价款　　→　报建设单位

月工程量和工作量统计

专业监理工程师统计、分析对比实际完成与计划完成情况，制定调整措施，编入监理月报（计划部分与变更部分）　　→　报建设单位

索赔处理资料收集整理

专业监理工程师及时收集整理

竣工结算

（1）施工单位按合同规定填报竣工结算报表
（2）专业监理工程师审核
（3）总监审定，与建设单位、施工单位协商一致后签发竣工结算文件和最终的工程款支付证明书　　→　报建设单位

3.3.12 工程计量、进度款支付程序

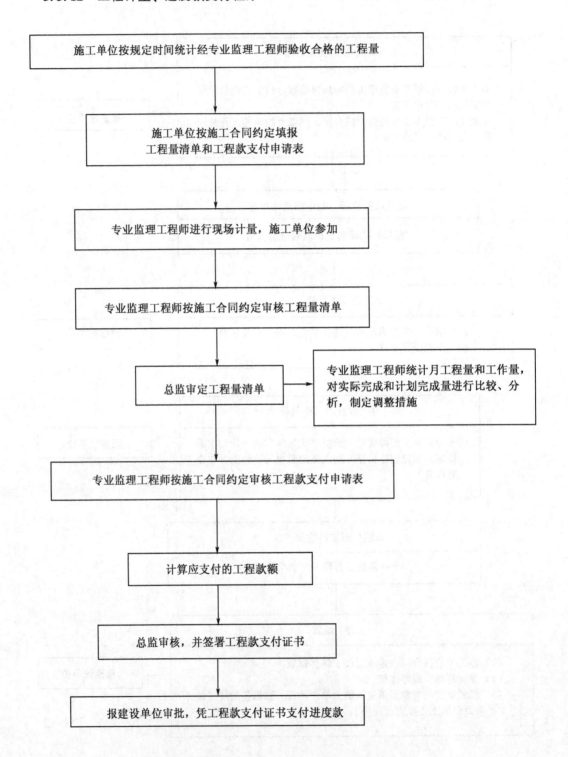

施工单位按规定时间统计经专业监理工程师验收合格的工程量

施工单位按施工合同约定填报
工程量清单和工程款支付申请表

专业监理工程师进行现场计量，施工单位参加

专业监理工程师按施工合同约定审核工程量清单

总监审定工程量清单

专业监理工程师统计月工程量和工作量，对实际完成和计划完成量进行比较、分析，制定调整措施

专业监理工程师按施工合同约定审核工程款支付申请表

计算应支付的工程款额

总监审核，并签署工程款支付证书

报建设单位审批，凭工程款支付证书支付进度款

3.3.13 安全管理工作程序

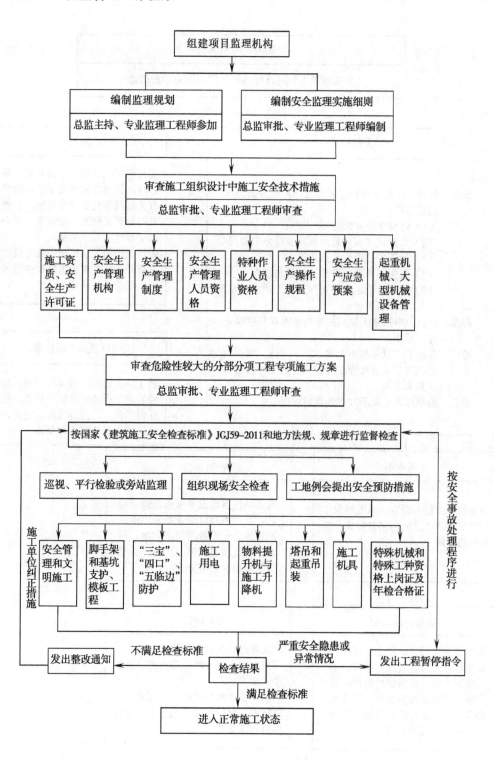

3.3.14 合同管理工作程序

```
┌─────────────────────────────────────────┐
│              熟悉合同条款                  │
├─────────────────────────────────────────┤
│      总监对施工合同进行风险分析，制定预控措施      │
└─────────────────────────────────────────┘
```

工程停工

暂停工：

　依据：暂停工程的影响范围和程度，施工合同及监理合同

　原因：(1) 建设单位要求的
　　　　(2) 为保证工程质量而需要进行停工处理的
　　　　(3) 施工中出现安全隐患的
　　　　(4) 发生了必须暂停施工的紧急事件
　　　　(5) 施工单位未经许可擅自施工或拒绝监理机构管理的

　签发：总监。根据停工原因的影响范围和程度确定停工范围

　协商：非施工方原因且非上述（2）～（5）原因的总监签发工程暂停工令前应与施工单位协商工期和费用

　记录：监理如实记录所发生的实际情况

复工

当暂停工原因消失，具备复工条件时，监理机构审查复工申请等有关资料和复查整改情况，总监及时签署工程复工报审表，指令施工单位复工继续施工

暂停工期间，总监会同各方按施工合同约定处理因工程暂停引起的工期费用的问题

工期延期及工程延误

施工单位提出工程延期申请；总监签署工程临时延期审批表，报建设单位，三方协商监理复查，总监签署最终延期审批表

工程变更

专业监理工程师评审，总监签发工程变更单，监理机构监督实施；协商变更费用

费用索赔

施工单位向建设单位提出索赔申请，监理机构审查依据和理由，初步确定一个费用索赔额度，与施工单位和建设单位协商，总监签署费用索赔审批表

调解合同争议

及时了解合同争议的全部情况，调查取证；与争议双方磋商；提出调解方案，总监进行调解；合同争议的仲裁或诉讼中，监理机构应公正地向仲裁机关或法院提供与争议有关的证据

合同解除

建设单位导致合同解除；按施工合同规定确定施工单位应得的全部款项；
施工单位违约导致施工合同终止；清理施工单位应得款项或偿还建设单位相应款项

18

3.3.15 工程变更处理程序

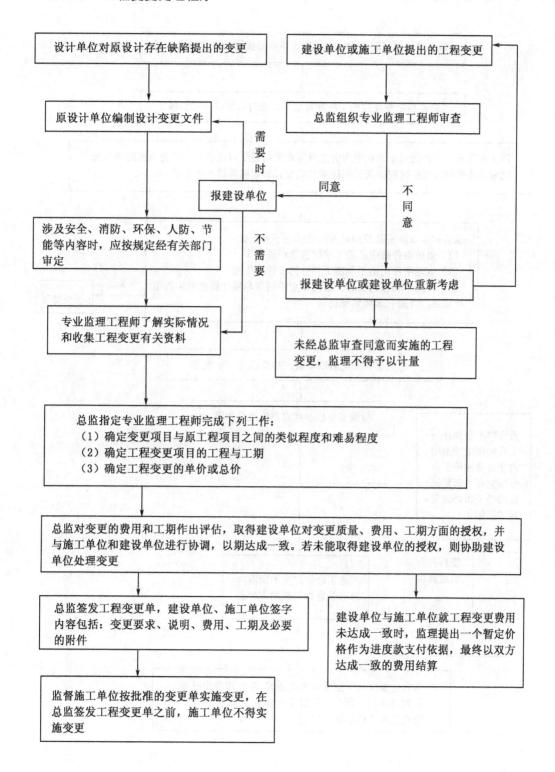

3.3.16 索赔处理程序

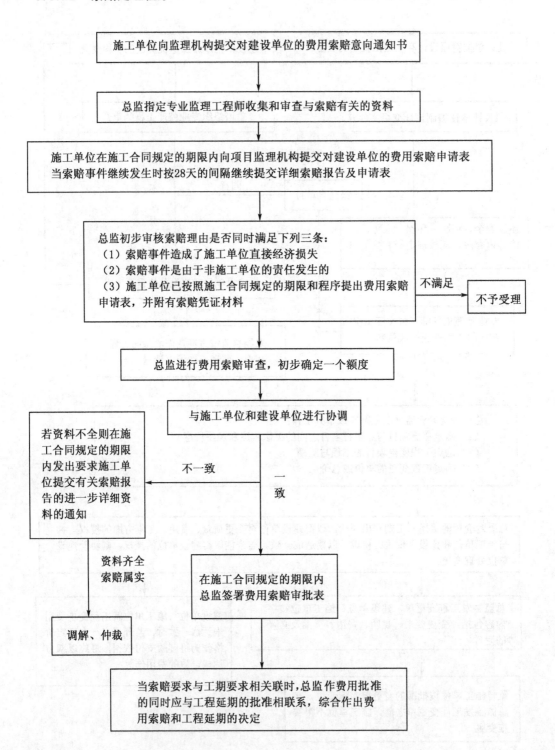

3.3.17　工程延期及工期延误处理程序

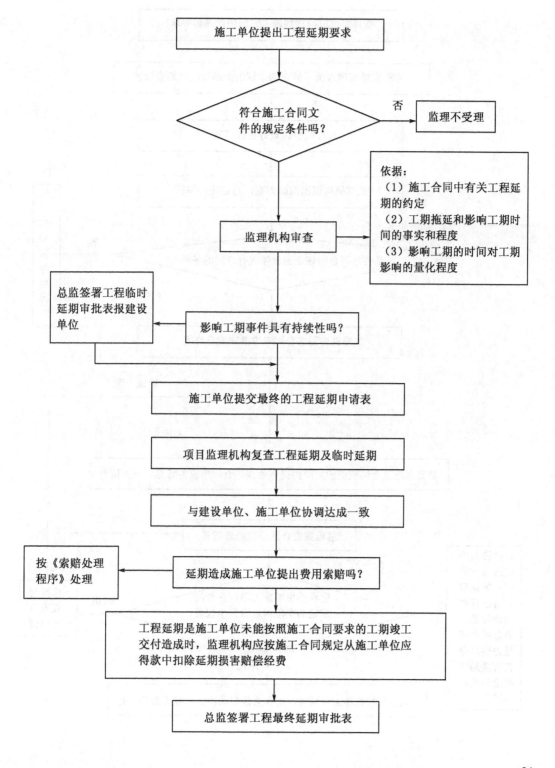

3.3.18 合同争议处理程序

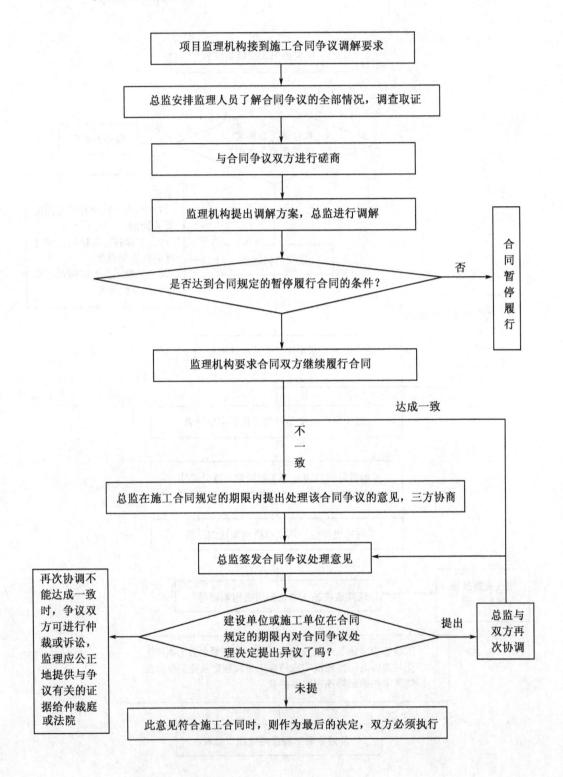

4 审查施工组织设计

4.1 审批程序审查

4.1.1 审查审批程序

（1）施工单位内部审批要经过两个环节，即项目部的审批和公司级的审核。施工单位项目经理组织有关技术人员完成其文本的编写工作，编制完成后，先通过项目部有关工程、技术、质量、安全等部门审批，再经项目技术负责人审批后报公司级审批，公司有关职能部门如工程部、质检部、技术部、安全科等审查后，最后经总工程师进行审核定稿，如无修改再报项目监理部进行审核。

（2）施工单位总工程师和项目经理应分别签字，并应盖上施工单位的公章。

（3）一般来说施工组织设计应包括以下各项内容：编制依据；工程概况；施工部署；施工准备；主要施工方法、施工管理措施（质量、进度、安全、节能、消防、保卫、环保、降低成本等）；技术经济指标；施工平面图等。即使是简单的方案，也必须满足"一案一表一图"的要求。

（4）如果在主体结构中考虑附墙脚手架、塔吊附墙、升降机附墙等，对该类施工方案的计算必须经过设计验算。

（5）施工组织设计的报审有时限规定。施工单位应按照施工合同或约定的时限要求完成报送和审批工作。规模较大、工艺复杂的工程，群体工程或分期出图工程，可分阶段报批施工组织设计。

（6）主要分部（分项）工程、危险性较大的分部、分项工程、工程重点部位、技术复杂或采用新技术的关键工序应编制专项施工方案，冬期、雨期施工应编制季节性施工方案。

（7）当涉及主体和承重结构改动或增加荷载时，必须将有关设计文件报原结构设计单位或具备相应资质的设计单位核查确认，并取得认可文件后方可正式施工，同时对施工组织设计做修改后重新报监理部审查。

（8）发生较大的施工措施和工艺变更时，应向项目监理部办理变更审批手续。

4.1.2 项目监理部的审查程序

（1）各专业监理工程师审查及修改意见。

（2）总监理工程师审查、签定。

（3）如果是少量修改，则重新补充完整；如若比较大的改动，则应重新编制，履行内部审批程序后再报监理部审查。

（4）对于重大或特殊工程的施工组织设计（包括施工方案），应报监理公司技术部门审核，再由总监汇总签认批复施工单位。

4.2　针对性审查

审查是否本工程所涉及的内容，是否针对本工程的施工方案，审查的重点是对工程特点和难点的把握。重点审查针对工程特点制定的检测方法、手段和保证措施，还要审查是否违背安全生产法律、法规和工程建设标准强制性条文的规定。不同的工程，由于所处的地理位置、环境条件和设计文件的不同应有不同的审查重点。

4.3　进度、质量和造价控制目标的审查

施工组织设计应在主要章节中明确进度、质量和造价的控制目标，并应符合施工合同的规定。

（1）审核施工进度计划的均衡性。为施工进度计划的总体均衡计，前紧后松是明智之举。审核施工进度计划表述的科学性。正确的做法是横道图与网络图并用，各取所长。审核保证施工进度特别是保证关键工期节点施工进度的措施。

（2）审查施工现场质量管理组织机构和管理制度，保证施工质量的施工方案及技术措施，协调好质量预控工作。一般应根据工程特点，与总承包单位共同协商确定。特殊项目一般包括：一般工程中的地下防水项目；某些工程有结构加固，若不进行结构检验，则应视为特殊项目。关键项目包括：结构性项目中的地基处理；土方回填；深基坑支护；模板工程；钢筋工程；混凝土工程；预应力结构；钢结构工程；预制构件安装；幕墙工程，等等。功能性项目中的屋面和厨房卫生间防水；厨卫通风管道等等。另外，大型塔式起重机的固定基座；高层内外脚手架也应视同关键项目。此外，还应含有针对工程项目确定的关键工序和特殊工序；列出的关键工序、特殊工序应与监理规划一致。关键工序除对工程质量有重要影响的正式分项工程外，还应包括重要的辅助项目，如降水、深坑支护、高层外架等。一般情况下，应该要求施工单位另编专项施工方案作为施工组织设计的组成部分。在施工方法的选择上应注意审核其依据是否正确；在计算书部分应注意审核其假定条件是否符合实际，结论是否符合要求；各项措施是否具有针对性、可操作性。对材料的审核也是保证质量的主要因素。所需注意的是：材料与设备进场时间是否满足了施工总进度计划的需求。对预制构件、预埋件需根据进场计划制定出配套的订货加工计划，同时，某些大型设备如果待结构封顶时再进行安装，可能难度会较大，因此该部分设备的进场应与土建施工交叉进行；材料与设备的计划数量、品种应与经济标的或合同中的工程含量相符合；应有工程材料与设备进场安排一览表。

（3）施工组织设计并非只是技术文件，它也是经济文件。施工单位在施工过程中所提出的工程变更与现场签证，其是否成立的判定标准之一就是看施工组织设计中是否已有

相应内容。因此应注意两者的一致性。这一点是审核业务中的常见问题，需格外注意。另外须注意审核是否有降低成本的潜力及技术可行性。降低成本无非是工艺成本与组织成本两方面。对此，结合样板先行进行节约挖潜是有效手段。

4.4 安全措施审查

（1）审查施工企业安全组织机构和施工现场的安全管理机构。企业的安全生产管理机构应以企业法人代表为首成立的安全生产管理机构，施工现场应以项目经理或施工负责人为主的安全生产管理机构。

（2）审查施工企业应有的安全生产管理制度和安全文明施工管理制度。企业安全生产制度应包括安全生产责任制，安全技术交底制度，施工现场安全文明管理制度，安全生产宣传教育制度，工人安全教育与培训制度，特种作业人员安全管理制度，机械设备安全管理制度，安全生产值日制度，安全生产奖罚制度，施工现场安全防火、防爆制度，班组安全管理制度和门卫制度等。其中，企业各级人员安全生产责任制是企业安全管理制度中的核心制度。企业法定代表人是企业安全生产的第一责任人。施工现场的项目经理是本工程的第一责任者，必须将安全责任落实到人。

（3）审查本工程项目施工应用的安全监督手段。结合本工程特点制定有针对性的安全技术措施，应用各种安全监督检查手段，及时发现事故隐患，采取相应的措施和办法将各类事故隐患消灭在萌芽状态。

（4）审查企业安全生产许可证和项目经理、专职安全员安全资格证及特种作业人员操作证。

（5）审查施工技术措施，内容包括：

①审查深基坑支护和安全措施。在土方施工中应根据基坑、基槽、地下室等土方开挖深度和土质种类选择开挖的方法，设置安全边坡或固壁支护，对较深的基坑必须进行专项支护设计和进行专家论证。在施工方案中应有相应的安全技术措施，如加强安全监督检查，发现问题及时消除事故隐患。坑槽边严禁堆放物料和施工机具设备，如有机械作业，必须对作业范围内的地面采取加固措施等。

②审查脚手架的搭设方案有无针对性，能否满足本工程施工需要。落地式钢管脚手架一般搭设高度为50m以下，应有详细搭设方案，并绘制搭设图纸，说明脚手架基础的做法，立杆、大横杆纵横向的间距，小横杆与墙的距离，连墙点和剪刀撑的设置方法，每2~3层须设置卸荷措施。搭设高度超过50m时应有设计计算书和卸荷方法详图。在搭设方法上必须符合安全强制性条文的规定要求，脚手架的搭设方案必须要求有编制人、技术审核人和批准人。

③审查高处（高空）作业和独立悬空作业所采取的安全防范措施。高处（高空）作业主要是指施工现场"四口"和"五临边"的防护，以及独立悬空作业采取的安全防范措施。"四口"的防护是指楼梯口、电梯口、预留洞口、通道口（或出或入）的防护，符合安全强制性条文的防护规定。"五临边"的防护是指未安装栏杆的阳台边、无外架防护的屋面周边、框架工程的楼层边、上下通道斜道两侧边、卸料平台外侧边的防护符合安全

强制性条文的防护规定。

④审查垂直运输机械设备（如塔吊、施工升降机、物料提升机、井字架等）的安装、使用和拆卸等所采取的安全措施，有无经过安全资格认证和取得安全使用合格证。对塔吊、施工升降机的安装、拆除在施工前必须详细编制施工方案，对安装和拆卸的施工工序，安全技术措施，注意事项，以及特殊情况的防范技术措施（吊钩、卷筒的保险）应有详细编制。安装后经主管部门验收，取得相应的安全使用合格证书，还须对塔吊基础进行专项计算。

4.5 施工总平面布置的审查

施工总布置是否合理关系到优化作业环境、均衡生产要素，确保施工流畅，是施工单位经验和智慧的体现，宜根据现场实际按比例绘制，不能漏项，随意布置。

施工现场的平面布置应符合"布局科学合理，满足使用要求，费用低廉"三个原则。所谓布局科学合理，是指施工机械，施工道路，材料进、退场，生产生活临时设施，水电管线等的安排布局紧凑、方便施工，线路畅通、生活区域分界明显互不干扰，不破坏地下管线，不影响市容并保证安全生产；所谓满足使用要求是指各种临时设施的面积和容量符合施工方案及进度计划要求，搭建临时设施所用材料及结构应符合文明施工要求，材料储备和现场加工能力能满足连续施工的需求，供水供电量能满足施工高峰期的需求；所谓费用低廉是指临时设施费用与工程造价的比例要低，尽可能利用原有建筑物，降低新建设施的数量和造价。消防设施设置完善，办公室、仓库、工棚及"五小设施"还要满足工程文明施工和环境保护需要。还应注意审核生活、生产临时设施是否分区设置以及临时设施的设置合理性。一是材料放置场地的布置，应防止二次搬运以及前后工序之间各施工单位之间的相互干扰；二是材料放置的位置与施工工艺相配合；三是不同施工阶段的临时建筑，设备与堆载地会有不同的要求，应有规划与部署的相应调整方案；四是否符合健康安全环保要求，尤其是厂区改造项目以及邻近居民密集区，这一条审查十分重要，可以减少施工中大量协调工作；五是临时用电设施的容量，防雷接地、防风雨及防鼠害等安全措施是否考虑成熟等。

4.6 保留审查痕迹

项目监理部在审查过程中一定要留下痕迹。一般来讲，总监在收到施工组织设计后7天内应审批完毕，及时签署审批意见。必要时可另做附件，或采取监理工程师通知单的形式，及时要求施工单位进行补充完善。对于每一次审查过的方案项目监理部都要保存备案，以显示项目监理部施工组织设计审查工作完整的痕迹和前后的工作逻辑，以确保施工过程资料的完整性。

5 审批施工总进度计划及阶段性施工进度计划

5.1 施工进度计划的审批程序

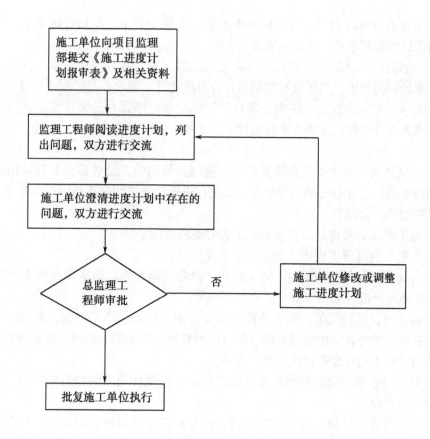

5.2 施工进度计划报审应包括的内容

主要包括《工程进度计划报审表》及附件内容。附件内容应包括上期进度计划完成情况及进度分析,本期进度计划的示意图表和说明书,本期进度计划完成分部分项工程的工程量,本期进度期间拟投入的人员、材料、设备,监理要求施工单位提交的其他材料等内容。

监理控制要点:

（1）附件内容要齐全、资料要完整、真实，要有施工单位相关人员的有效签字或盖项目印章；

（2）工程进度计划报审表要有施工单位项目经理的签字确认，并加盖项目经理部印章；

（3）月进度计划报审表施工单位项目经理应提前提交（一般为5d），以给监理机构充足时间进行审核。为便于监理机构编制月报时对进度控制情况的评析，月进度计划申报的起终点日期应与监理月报的起终点日期一致。

5.3 审批施工进度指南

（1）审批总进度计划时，要分析和理解施工合同中关于工期的具体要求，与建设单位充分沟通后听取其意见，慎重签署意见。

（2）工程总进度计划是否符合工程进度目标的要求，月进度计划是否符合总进度计划或年进度计划的要求，周进度计划是否符合月进度计划要求；总进度计划可以用横道图或网络图表示，并应附有文字说明。项目监理部应对网络计划的关键线路进行审查、分析。审核总进度计划时，应重点审核关键节点工期、施工投入的人员、设备、材料供应和资金。

（3）进度计划中的主要工程项目是否有遗漏，分期施工是否满足分批动用的需要和配套动用的要求，总分包分别编制的各单项工程进度计划之间是否相协调，专业分工与计划衔接是否明确、合理。

（4）施工顺序的安排是否符合施工工艺的要求。

（5）工程是否进行了优化，进度安排是否合理。

（6）劳动力、材料、构配件、施工机具、设备、施工水、电等生产要素供应计划是否能够保证施工进度计划的需要，供应是否均衡。

（7）对由建设单位提供的施工条件（资金、施工图纸、施工场地、采购的物资等），施工单位在施工进度计划中所提出的供应时间和数量是否明确、合理，是否有造成因建设单位违约而导致工期延期和费用索赔的可能。

（8）总、分包单位分别编制的各单项工程施工进度计划之间是否相协调，专业分工与计划衔接是否合理。

（9）审批月进度计划签署不同意见时，应分析进度计划滞后的原因，与总进度计划的偏差值，以及对后续施工的不利影响等，把不同意见的理由写入监理意见栏中。

（10）当实际进度滞后计划进度时，要分析滞后的原因。当由于施工单位原因造成的工期延误时，除审查进度计划外，还应下发书面指令要求施工单位采取调整措施；由于建设单位原因造成的工期延误时，应及时提醒和告知建设单位，做好参谋和顾问，尽量减少和避免延期。

（11）随着工程进展的实际情况，有的进度计划已经做了相应的调整。应注意计划调整后，原来的非关键路线有可能变为关键路线。因此，审查时对关键路线的确定必须依据最新批准的工程进度计划。

（12）调整计划是由于原有计划已不适应实际情况，为确保进度控制目标的实现，需确定新的计划目标时对原有进度计划的调整。进度计划的调整方法一般采用通过压缩关键工作的持续时间来缩短工期及通过组织搭接工作、平行作业来缩短工期两种方法，对于调整计划，不管采取哪种调整方法，都会增加费用或涉及工期的延长，应慎重对待，尽量减少变更计划的调整。

5.4　审批意见的签署

对进度计划审批的最终结果是签署一个规范、明确的监理意见。通过专业监理工程师的审查，提出意见报总监理工程师审核后，签署监理意见。

（1）对于总进度计划的审核意见，如同意，则签署："经审核，总进度计划满足合同工期要求，同意按此总进度计划执行"；如不同意，则签署："经审核，总进度计划不能满足合同工期要求，不同意按此进度计划执行，请于某年某月某日前重新报审（附不同意的原因分析）"。

（2）对于月进度计划的审核意见，如同意，则签署："经审核，某月进度计划符合总进度计划要求，同意按此进度计划实施"；如不同意，则签署："经审核，某月进度计划不能满足总进度计划要求，不同意按此进度计划实施，请于某年某月某日前重新报审（附不同意的原因分析）"。

（3）对于不同意施工单位所报的进度计划，应就不同意的原因及理由简要列明，提出修改补充的意见由总监理工程师签发。

6 审查分包单位资格

6.1 审查程序

（1）施工单位报送《分包单位资格报审表》及应核实的材料；

（2）专业监理工程师审查，提出审查意见；

（3）总监理工程师签署意见。

6.2 审查内容

（1）营业执照、企业资质等级证书等；

（2）安全生产许可证；

（3）分包单位的业绩；

（4）拟分包工程的内容和范围；

（5）专职管理人员和特种作业人员的资格证书。

6.3 审查要点

通常，分包单位分包施工的项目往往是一些特殊项目，其施工管理技术要求高，分包的资质条件要求也有其特殊性，因此必须严把资质审查关，核实其承担施工的专业范围、等级、业绩及资质证书有效性等；对分包单位的履约能力和施工组织管理水平要进行考察和核实，分包与总包的合同关系及施工界面都要事先用书面形式予以约定，防止管理环节上的脱节、真空或推诿，特别是分包与总包单位都应该在进场施工前签订好书面协议书，在工程质量、施工安全和工程资料等方面的人员的组成、资源投入、管理责任、费用分摊等细节上明确各自责任，理顺协作配合关系。分包单位经总监签署审核同意意见后，即可进场做施工准备；具备开工条件时，应及时报审开工报告，总监应及时审批。

7 审查工程开工报审表

7.1 审查程序

（1）施工单位完成施工准备工作，具备开工条件时，向项目监理部报送《工程开工报审表》及相关资料。

（2）专业监理工程师审查施工单位报送的《工程开工报审表》及相关资料，现场核查各项准备工作的落实情况，如施工前现场临时设施是否满足开工要求；地下障碍物是否清除或查明；测量控制桩、试验室是否经项目监理机构审查确认等进行检查并逐项记录检查结果，并签署审核意见。

（3）总监理工程师根据专业监理工程师的审核，签署审批意见。

7.2 《工程开工报审表》的主要附件

（1）开工报告；

（2）项目经理部管理人员情况一览表及有关证件；

（3）进场材料、设备的名称、数量、规格和性能一览表；

（4）特殊工种人员的姓名、上岗证一览表及有关证件。

7.3 审查要点

（1）审查已报审并已审批的内容，主要包括施工组织设计、施工现场质量管理检查记录表、首道工序的分项施工方案、施工起重机械设备、项目部施工安全管理体系、工程安全防护措施费使用计划报审等内容。

（2）所报内容应视工程的具体情况，对其中涉及开工的内容进行检查，未涉及开工的内容可暂时不要求报给监理审查，如前期开工为土方工程，就不涉及材料报验，材料报验可在开工审批后根据工程进展情况进场报审。

（3）审批工程开工报审表的日期不能超前于已报通过的资料的日期，否则会出现时间上的错误。

（4）附件内容要齐全，资料要完整、真实。

（5）总监理工程师应签署是否同意开工的明确意见，并盖监理单位公章。

①签署"经审核，工程开工前的各项准备工作已完成，满足开工条件，同意于××

××年××月××日开工"的意见。

②不同意开工，签署不同意的具体意见，明确施工单位整改达到开工条件的时限。

③如果业主相关手续不全，特别是施工许可证尚未办理，应待相关手续办齐后再签署同意开工的意见。

④如施工单位因自身原因未能按期开工，总监签署意见时应明确施工单位的责任，工程竣工日期按合同执行。

⑤若没有施工图审查合格证，只能签署"不同意开工"的意见。

7.4 审查分包工程的开工报审

分包工程的开工也使用《工程开工报审表》报审，以便监理机构对专业分包单位的资质、安全、质量保证体系、专项施工方案（或施工组织设计）进行审批。对分包单位的资质审核和备案程序与方法等，除一些零星小分包工程外，基本上可参照对总包单位的审核与备案程序。分包工程的开工申请应由总承包单位向项目监理部申报。

7.5 尚未办理施工许可证或施工图审查手续的监理处置办法

项目监理部进场后，应及时发监理工作联系单或在第一次工地会议上明确提请建设单位办理施工许可手续和施工图审查手续；若项目监理部在审查《工程开工报审表》时，建设单位还未能办理施工许可手续和施工图审查手续，项目监理部应发《工作联系单》再次提请建设单位办理施工许可手续，并暂缓在《工程开工报审表》上签署意见。若项目监理部在审查工程开工申请手续时，建设单位未能及时办理施工图审查手续，项目监理部发出《工程联系单》，再次提请建设单位办理施工图审查手续，并签署"不同意开工"的意见。

8 第一次工地会议

8.1 第一次工地会议的主持人和参加会议人员

第一次工地会议由建设单位主持召开。工程项目开工前，监理人员应参加和协助建设单位召开第一次工地会议。第一次工地会议是施工单位、监理单位进入工地后的第一次会议，是建设单位、施工单位和监理单位建立良好合作关系的一次机会。会议通知一般由监理单位发给各参加单位。建设单位参加会议的人员有项目主要负责人和与项目有关的其他管理人员；监理单位参加会议的人员应有总监、总监代表、各专业监理工程师和其他监理人员；施工单位参加会议的人员主要有项目经理、技术负责人、施工员、质量员、安全员、材料员、资料员、班组长、分包人等。最好同时邀请施工单位公司级的有关管理人员也参加，这样有利于进一步强化项目施工单位的管理体系，为今后工程项目的正常开展打好基础。整个会议过程中应有专人做详细记录。

8.2 第一次工地会议主要内容

（1）建设单位、监理单位和施工单位分别介绍各自项目现场的组织机构、人员职责及其分工情况。建设单位就其实施工程项目期间的职能机构、职责范围及主要人员名单提出书面文件，就有关细节做出说明。总监理工程师书面将法人代表授权委托书、组织机构框图、职责范围与全体监理人员及分工名单提交建设单位、施工单位。施工单位书面提出工地代表（项目经理）授权书、主要人员名单、职能机构框图、职责范围及有关人员的资质材料以取得项目监理部的批准。

（2）建设单位根据委托监理合同，宣布对总监的授权。

（3）建设单位介绍工程开工准备情况。应就工程占地、临时用地、临时道路、现场拆迁和"七通一平"等情况以及其他开工条件（如规划许可证、施工许可证的办理）有关的问题进行说明。总监理工程师根据将要批准的施工组织设计、施工进度计划，对上述事项提出建议及要求。

（4）施工单位介绍施工准备情况及施工进度计划。应就施工准备情况和施工进度计划按如下内容提出报告，总监理工程师及其他监理人员应逐项予以澄清、检查和评述。

①主要施工人员（含项目负责人、主要管理人员及特种作业人员）是否进场或将于

何日进场，并提交进场人员计划及名单；

②用于工程的国产或进口材料、机械、仪器和设施是否进场或将于何日进场，是否会影响施工，并应提交进场计划及清单；

③施工驻地及临时工程建设进展情况如何，并提交驻地及临时工程建设计划分布和布置图；

④工地试验室是否准备就绪或将于何日安装就绪，并应提交实验室布置图及仪器设备清单；若是委托试验检测，则应提交委托单位的检测资格证书；

⑤施工测量的基础材料是否已经落实并经过复核，施工测量是否进行或将于何日完成，并应提交施工测量计划及有关资料；

⑥施工单位的进度计划是否在中标通知书发出后合同规定的时间里提交监理部，根据批准或将要批准的施工进度计划，何时可以开始哪些工程施工，有无其他条件限制，有哪些重要的或复杂的分项工程还应单独编制进度计划提交批准；

⑦其他与开工条件有关的内容与事项。

（5）建设单位和总监理工程师对施工准备情况及进度计划提出意见和要求。

（6）总监理工程师介绍监理工作准备情况和监理规划的主要内容，特别是监理机构的组织结构、分工、岗位职责、监理工作程序、制度、有关施工和监理用表及使用说明等，就工程开工和施工准备工作分别对施工单位提出要求和对建设单位提出建议。

（7）研究确定各方在施工过程中参加工地例会的主要人员，召开工地例会的周期及时间、地点和会议纪律。

8.3 第一次工地会议纪要

第一次工地会议纪要由项目监理机构负责起草。纪要内容应详细完整，文字要言简意赅，用词准确。纪要整理完成后，要经与会代表会签，再复印、盖章发给各单位。

8.4 第一次工地会议签到表

第一次工地会议签到表

工程名称：   编号：

会议名称	第一次工地会议	会议日期	年　月　日
会议地点		会议时间	
主持单位		主持人	
单位名称		与会代表签名	
建设单位			
勘察单位			
设计单位			
项目监理部			
施工总承包单位			
专业分包单位			

9 图纸会审

9.1 图纸会审程序

（1）总监理工程师组织专业监理工程师对图纸进行审查，按专业汇总提出的问题及意见。

（2）图纸会审由建设单位组织设计、监理和施工单位技术负责人及有关人员参加。

（3）监理单位、施工单位将各自提出的图纸问题及意见，按专业汇总、整理后报建设单位，由建设单位提交设计单位做交底准备。

（4）设计单位对各专业问题进行交底，施工单位负责将设计交底内容按专业汇总、整理，形成《技术交底记录》和《图纸会审记录》。

（5）图纸会审记录应由建设、设计、监理和施工单位的项目相关负责人签认，并盖单位公章，形成图纸会审记录。不得擅自在会审记录上涂改或变更其内容。

9.2 图纸会审内容

（1）图纸会审时，应注意审查施工图的有效性、对施工条件的适应性、各专业之间和全图与详图之间的协调一致性等。

（2）建筑、结构、设备安装等设计图纸是否齐全，手续是否完备；设计是否符合国家有关的经济和技术政策、规范规定，图纸总的做法说明（包括分析工程做法说明）是否齐全、清楚、明确，与建筑、结构、安装图、装饰和节点大样图之间有无矛盾；设计图纸（平、立、剖、构件布置，节点大样）之间相互配合的尺寸是否相符，分尺寸与总尺寸、大小样图、建筑图与结构图、土建图与水电安装图之间相互配合的尺寸是否一致，有无错误和遗漏；设计图纸本身、建筑构造与结构构造、结构各构件之间在立体空间上有无矛盾，预留孔洞、预埋件、大样图或采用标准构配件的型号、尺寸有无错误与矛盾。

（3）总图的建筑物坐标位置与单位工程建筑平面图是否一致；建筑物的设计标高是否可行；地基与基础的设计与实际情况是否相符，结构性能如何；建筑物与地下构筑物及管线之间有无矛盾。

（4）主要结构的设计在强度、刚度、稳定性等方面有无问题，主要部位的建筑构造是否合理，设计能否保证工程质量和安全施工。

（5）设计图纸的结构方案、建筑装饰，与施工单位的施工能力、技术水平、技术装备有无矛盾；采用新技术、新工艺，施工单位有无困难；所需特殊建筑材料的品种、规格、数量能否解决，专用机械设备能否保证。

（6）安装专业的设备、管架、钢结构立柱、金属结构平台、电缆、电线支架以及设备基础是否与工艺图、电气图、设备安装图和到货的设备相一致；传动设备、随机到货图纸和出厂资料是否齐全，技术要求是否合理，是否与设计图纸及设计技术文件相一致，底座同土建基础是否一致；管口相对位置、接管规格、材质、坐标、标高是否与设计图纸一致；管道、设备及管件需防腐处理、脱脂及特殊清洗时，设计结构是否合理，技术要求是否切实可行。

9.3 图纸会审记录

图纸会审记录

工程名称			共 页 第 页		
		记录整理人		日期	
参加人员	建设单位：　　　　　　　　设计单位：　　　　　　　　监理单位： 施工单位：				
序号	提出图纸问题		图纸修订意见		
技术负责人： 建设单位公章		技术负责人： 设计单位公章		技术负责人： 监理单位公章	技术负责人： 施工单位公章

9.4 设计交底记录

设计交底记录

工程名称		共 1 页第 1 页	
地点		日期	年 月 日
各单位技术 负责人签字	建设单位		建设单位公章
	设计单位		
	监理单位		
	施工单位		

10 召开监理例会

10.1 监理例会制度

在项目建设施工过程中，应定期召开监理例会。监理例会属开工后举行的一种例行会议，用于沟通、协调解决施工中存在的问题。例会的召开应与建设单位、施工单位商定。会议纪要由项目监理部负责起草，并经与会各方代表会签。监理例会制度是项目监理部与建设单位、施工单位沟通、协调的平台，建设单位可以下达指令，提出对监理机构、施工单位的工作要求，表达对工期、质量、投资、施工安全等方面的期望；施工单位可提出要求协调的事项，汇报施工进度、质量、费用、施工安全管理等情况，并就有关状况做出说明和解释，可以提出对工程款的要求，可以对建设单位、监理部提出要求和建议等；监理部汇报施工期内质量情况、进度情况、施工现场安全、文明情况等，提出下一汇报期内的质量控制要求、进度计划完成目标、安全、文明施工上应完善的措施和要求，以及相关意见和建议等。

10.2 监理例会的参加人员

会议参加者应为总监理工程师及相关专业监理人员；施工单位的授权代表（项目经理）及现场安全、技术负责人、分包人及有关管理人员；建设单位代表及有关管理人员。

10.3 监理例会的内容

会议按商定的例行议程进行。一般由施工单位逐项进行陈述并提出问题与意见，总监理工程师逐项组织讨论并做出决定或决议的意向。之后由建设单位代表发言，主要答复由建设单位解决的问题，并对工程提出进一步的要求。会议一般按以下议程进行讨论和研究：

（1）简要回顾上次例会以来各项工作的开展情况，检查上次例会议定事项的落实情况，分析未完成事项原因。

（2）审查工程进度：主要是关键线路上的施工进展情况及影响施工进度的因素和对策，提出下一阶段进度目标及其落实措施。

（3）审查现场情况：主要是审查现场机械、材料、劳动力的数额以及对进度和质量的适应情况，并提出解决措施。

（4）审查工程质量：主要针对工程质量隐患、质量缺陷和质量事故等方面提出问题及解决措施。

（5）审查工程计量、支付费用事项：主要是材料设备预付款、价格调整、额外的暂定金额等发生或将要发生的问题及初步的处理意见或意向。

（6）审查安全事项：主要是对安全生产隐患、对发生的安全事故或重大危险源因素以及对工地周边环境的干扰提出问题及解决措施。

（7）讨论施工环境：主要是施工单位无力防范的外部施工阻挠或不可预见的施工障碍等方面的问题及解决措施。

（8）讨论延期与索赔：主要是对施工单位提出延期或索赔的意向进行初步澄清和讨论，另按程序申报约定专题会议的时间和地点。

（9）审议工程分包：主要是对施工单位提出的工程分包意向进行初步审议和澄清，确定进行正式审查的程序和安排，并解决监理部对已批准（或批准进场）分包中管理方面的问题。

（10）会议中若出现特殊施工方案、延期、索赔及工程施工等重大问题，总监理工程师或专业监理工程师可另行安排召开专题工地会议，以解决施工过程中的各种专项问题，工程项目各主要参建单位均可向项目监理部书面提出召开专题会议的动议。动议内容包括：主要议题、与会单位、人员及召开时间、经监理部与有关单位深入探讨和协商，取得一致意见后，由总监理工程师签发召开专题工地会议的书面通知。

（11）其他有关事宜。

工地例会（或专题工地会议）纪要由项目监理部负责起草。纪要内容应详细完整，各方在会上的发言，提出的问题以及解决办法都应尽可能地概括进去。纪要整理完成后，要经与会代表会签，再复印、盖章发给各单位。

10.4 监理例会的会前准备工作

（1）查阅上次例会会议纪要，有哪些事项是议定了要在本次例会前完成的，检查这些事项的完成情况。

（2）检查施工形象进度的完成情况，可以粗略，但要覆盖主要的施工层面，给出施工工种的实际人数，了解材料供应，机械状况是否满足施工进度需要，并做好记录。下一周期应实行的进度目标和完成情况预测。

（3）近阶段的质量状况、监理部提出的整改要求、建议的预控措施，熟悉本次例会上可能涉及的施工图、规范等有关内容。

（4）工程量的核定及工程款支付情况。

（5）工地的安全状况、发现的安全隐患、整改要求，对有关人或事的表扬或批评。

（6）要求施工单位在会前呈送报表，内容应包括监理部需要收集的信息，如施工进度实际完成情况、进度滞后的原因分析、下期进度目标、主要工种的劳动力安排计划、质量和安全现状、需要协调的事项等。

（7）总监理工程师要充分与专业监理工程师沟通，安排监理部发言的内容，哪些是在会议上应重点陈述的，哪些是不能随意表态的，哪些内容由哪个监理人员发言以及发言的顺序等，这样不仅能使监理人员发言思路清晰、层次分明，提高开会效率，而且能树立监理人员的形象与威信，赢得参见各方的信任。

（8）总监理工程师对会上讨论的问题要提前列出提纲，尽可能周全，对未来的工作要有统筹安排，具有一定的前瞻性，做到胸有成竹。

10.5　监理例会会议纪要

（1）监理例会会议纪要的格式通常由标题、编号、正文、抄报、抄送、发送单位构成。标题一般为会议名称加纪要，如××工程第×次工地例会会议纪要。

（2）监理例会会议纪要正文一般由以下两部分组成：

①会议概况：主要包括会议时间、地点、名称、主持人、与会人员以及基本议程。

②会议的议决事项。

（3）监理例会会议纪要要如实地反映会议内容，它不能离开会议实际搞再创作，不能人为地拔高、深化和填平补齐，否则，就会失去其内容的客观真实性，违反纪实的要求。

（4）监理例会会议纪要要依据会议情况综合而成，应围绕会议主旨及主要成果来整理、提炼和概括，重点应放在介绍会议成果，而不是叙述会议的过程，切忌记流水账。凡是会议上的重要决议，重要决定都需记录在案。

（5）整理纪要时的注意事项：

①注明该例会为第几次工地例会、例会召开的时间、地点、主持人，并附会议签到名单。

②用词准确、简略、严谨、书写清楚，避免产生歧义。

③分清问题的主次，条理分明。会议纪要整理完毕后，首先由总监理工程师审阅，之后送施工单位和建设单位及被邀请参加的其他单位代表审阅，达成一致意见后，由总监理工程师签发会议纪要，附上会议签到簿，下发至各与会单位。

（6）监理例会会议纪要是监理会议的一个重要组成部分，它既是可追溯的大记事，又是下次会上检查工作的提纲。因此，每次开完工地会议，监理部都要及时把工地会议纪要整理出来，经与会代表会签，再复印、盖章发至与会各方手中。

10.6 监理例会纪要格式

工地例会纪要

工程名称： 编号：

例会时间		例会地点	
参加人员	监理单位：		
	建设单位：		
	施工单位：		
上次例会落实情况：			
本次例会要求（本栏不够附续页）			
记录整理： 日期： 年 月 日			
签发： 监理单位（章）			
本表与会单位各一份，如有不同意见，请在收到文件后48小时内提出，否则表示认可纪要内容，按纪要内容执行。			

11 明确质量控制点

11.1 质量控制点的作用

质量控制点是指为了保证施工过程质量而确定的重点控制对象、关键部位或薄弱环节。设置质量控制点是保证达到施工质量的必要前提，应详细地考虑，并以制度来加以落实。对于质量控制点，要事先分析可能造成质量问题的原因，再针对原因制定对策和措施进行预控。

可作为质量控制点的对象涉及面广，它可能是技术要求高、施工难度大的结构部位，也可能是影响质量的关键工序、操作或某一环节。在工程中，可选择那些保证质量难度大的、对质量影响大的或是发生质量时危害大的对象作为质量控制点。

11.2 各分部分项工程的质量控制点

分部工程	子分部（分项）工程	质量控制点
地基与基础	无支护土方	1. 标高、长度、宽度、边坡尺寸 2. 坑底土质、土体扰动 3. 回填土分层厚度、分层压实度
	有支护土方	1. 支护方案、监测方案 2. 降水、排水措施 3. 围护检测 4. 围护监测：位移、沉降、支撑力 5. 标高、长度、宽度、边坡尺寸 6. 坑底土质、土体扰动 7. 回填土分层厚度、分层压实度
	钻孔灌注桩	1. 桩位测设、孔深、孔径、桩孔垂直度、泥浆比重、沉渣厚度、入持力层深度 2. 钢筋笼制作：直径、长度、主筋、箍筋间距、钢筋接头 3. 钢筋笼安放与连接：焊接长度、焊接质量、钢筋笼长度与顶部标高、保护层 4. 水下混凝土浇筑：水泥品种、标号、骨料粒径、砂率、混凝土强度、坍落度、第一次浇筑量、导管底部埋入混凝土深度、浇筑高度、混凝土浇筑量 5. 低应变测试、高应变测试

续表

分部工程	子分部（分项）工程	质量控制点
地基与基础	人工挖孔桩	1. 桩位、护壁、孔深、孔径、桩孔垂直度、扩大头直径、高度、孔底淤泥、沉渣、持力层土（岩）质 2. 钢筋笼制作：直径、长度、主筋、箍筋间距、钢筋接头 3. 钢筋笼安放与连接：焊接长度、焊接质量、钢筋笼长度与顶部标高、保护层 4. 水下混凝土浇筑：水泥品种、标号、骨料粒径、砂率、混凝土强度、坍落度、第一次浇筑量、导管底部埋入混凝土深度、浇筑高度、混凝土浇筑量 5. 干作业方式浇筑混凝土：渗水量、孔底集水坑、混凝土强度 6. 低应变测试、高应变测试
	静压桩	1. 预制桩验收 2. 轴线与桩位 3. 桩身垂直度 4. 接桩 5. 压桩机最终压力值与桩顶标高
	沉管灌注桩	1. 轴线、桩位 2. 原材料进场验收 3. 埋设桩尖、复核桩位 4. 桩机就位 5. 沉管垂直度 6. 钢筋笼制作：直径、长度、主筋、箍筋间距、钢筋接头 7. 钢筋笼安放与连接：焊接长度、焊接质量、钢筋笼长度与顶部标高、保护层 8. 混凝土强度、充盈系数 9. 拔管 10. 桩端进入持力层深度和贯入深度双控桩长
	混凝土基础	1. 持力层土质、土体扰动、基础埋深 2. 混凝土浇筑：原材料、强度等级、配合比、坍落度、外加剂、振捣 3. 施工缝、变形缝、后浇带处理 4. 混凝土试块取样、制作
	防水混凝土	1. 防水混凝土浇筑：原材料、强度等级、配合比、坍落度、外加剂、振捣 2. 抗压、抗渗试块取样、制作 3. 施工缝、变形缝、后浇带处理 4. 穿墙管道、预埋件构造处理

分部 工程	子分部 （分项）工程	质量控制点
主体结构	混凝土结构	1. 轴线、标高、垂直度 2. 断面尺寸 3. 钢筋：品种、规格、尺寸、数量、连接、位置 4. 预埋件：尺寸、位置、数量、锚固 5. 混凝土浇筑：原材料、强度等级、配合比、坍落度、外加剂、振捣 6. 施工缝处理 7. 混凝土试块取样、制作 8. 结构实体检测 9. 混凝土保护层厚度
	砌体结构	1. 立皮数杆、砌体轴线 2. 砂浆配合比 3. 砌体排列、错缝、灰缝 4. 圈梁和构造柱混凝土浇筑：原材料、强度等级、配合比、坍落度、外加剂、振捣 5. 门窗孔位置 6. 外墙及特殊部位防水 7. 预埋件：尺寸、位置、数量、锚固
	钢结构	1. 钢结构焊接：焊接材料（焊条、焊剂、电流）、一、二级焊缝的无损探伤检测 2. 紧固件连接：高强度螺栓（品种、规格、性能）、扳手标定、高强度螺栓连接接触面加工处理、高强度螺栓连接副的终拧 3. 钢结构涂料：涂料、涂装遍数和厚度 4. 钢结构安装：基础和支承面验收、钢构件吊装（吊装方案、设备、吊具、索具、地锚）、连接与固定、整体垂直度、平面弯曲
建筑装饰装修	楼、地面、抹灰、门窗	1. 水泥、砂等材料品种、性能及配合比 2. 地面回填土分层厚度、压实度 3. 基层清理、抹灰分层及防裂措施 4. 面层厚度、平整度、防水要求、养护 5. 厨房、卫生间等有防水要求的楼地面、翻高及蓄水试验 6. 门窗定位、窗及冲淋试验

续表

分部 工程	子分部 （分项）工程	质量控制点
建筑 装饰 装修	吊顶	1. 材料材质、品种、规格、截面形状及尺寸、厚度 2. 标高、尺寸、起拱、造型 3. 吊筋间距、安装 4. 饰面材料安装
	饰面板（砖）	1. 饰面板（砖）的品种、规格、颜色、性能及花型、图案 2. 饰面板孔、槽的数量、位置和尺寸 3. 找平层、结合层、粘结层、嵌缝、勾缝、密封等所用材料的品种和技术性能 4. 饰面板安装工程的预埋件（或后置埋件）、连接件的数量、规格、位置、连接方法和防腐处理 5. 龙骨的规格、尺寸、形状、锚固、连接和安装 6. 后置埋件现场拉拔检测 7. 饰面板安装的挂线、安装固定、局部饰面处理和嵌缝 8. 饰面砖粘贴的排列方式、分格、图案、伸缩缝设置、变形缝部位排砖、接缝和墙面凹凸部位的防水、排水
	幕墙	1. 幕墙材料、构件、组件、配件等的质量 2. 幕墙的造型、立面分格和颜色、图案 3. 预埋件、连接件、紧固件、后置埋件的数量、规格、位置、安装牢固和后置埋件的拉拔力 4. 金属框架立柱与主体结构预埋件的连接、立柱与横梁的连接、连接件与金属框架的连接 5. 隐框或半隐框、明框、点支承玻璃幕墙的安装、各连接接点的安装要求、结构胶与密封胶的打注、开启窗的安装、位置与开启 6. 金属幕墙的面板安装、防火、保温、防潮材料设置、各种变形缝及墙角的连接接点、板缝注胶 7. 石材幕墙的石材孔、槽的数量、深度、位置及尺寸、连接件与石材面板连接、防火、保温、防潮材料设置、各种变形缝及墙角的连接点、石材表面及板缝处理、板缝注胶 8. 幕墙易渗漏部位淋水检查 9. 幕墙防雷装置与主体结构防雷装置的可靠连接

分部工程	子分部（分项）工程	质量控制点
建筑屋面	卷材防水屋面 涂膜防水屋面 刚性防水屋面	1. 保温材料的堆积密度或表观密度、导热系数及板材的强度、吸水率 2. 保温层的含水率、铺设厚度 3. 找平层的材料质量及配合比、排水坡度、突出部位的交接处理和转角度的处理 4. 卷材防水层的卷材及其配套材料的质量、粘结或热熔、在细部的防水构造、渗漏或积水检验 5. 涂膜防水层的防水涂料和胎体增强材料质量、涂膜平均厚度、与基层粘结、在细部的防水构造、渗漏或积水检验 6. 刚性防水屋面的细石混凝土材料及配合比、厚度、钢筋位置、分隔缝、平整度和在细部的防水构造、渗漏或积水检验
建筑给水、排水及采暖	室内给水系统 室内排水系统 室内热水供应系统 卫生洁具安装 室内采暖系统	1. 主要材料、成品、半成品、配件器具和设备的品种规格、型号、性能检测报告及外观 2. 管道安装位置、坡度及接头 3. 管道支、吊、托架安装位置、固定及间距 4. 管道穿过楼板、外墙的防水措施 5. 管道穿过结构伸缩缝、抗震缝及沉降缝的保护措施 6. 阀门的强度和严密性试验 7. 承压管道系统和设备的水压试验 8. 非承压管道系统和设备的灌水试验 9. 给水系统冲洗和饮用水消毒处理 10. 水表、消火栓、卫生洁具、器件安装位置、固定及接头 11. 自动喷淋、水幕的位置、间距及方向 12. 水泵安装位置、标高、试运转 13. 调试和联动试验
	室外给水管网 室外排水管网 室外供热管网	1. 主要材料、成品、半成品、配件器具和设备的品种规格、型号、性能检测报告及外观 2. 临时水准点、管道轴线、高程 3. 沟槽平面位置、断面形式、尺寸、深度及开挖过程中的排水、支撑 4. 管道基层、基础、井室地基 5. 管道、管件起吊及管节下入沟槽 6. 管道的连接、焊接或承插 7. 检查井、雨水井的位置、砌筑及与管道的连接 8. 管道水压试验、严密性试验和灌水试验 9. 管道冲洗和消毒 10. 沟槽回填土、回填过程及压实度

分部工程	子分部 (分项) 工程	质量控制点
建筑 电气	室外电气 变配电室 供电干线 电气动力 电气照明安装 防雷和接地安装	1. 主要设备、器具、材料的质量证明和进场验收 2. 暗管敷设、明管敷设、导线敷设、电缆敷设及其接地 3. 电气设备安装预埋件的位置、标高及数量 4. 电线、电缆、母线槽中间接头及伸缩补偿装置安装 5. 配电柜、控制柜（屏、台）、配电箱（盘）、泵机、风机、变压器、发电机等设备安装及电源接线 6. 防雷接闪器引下线焊接、接地极和接地装置焊接埋设等电位箱及等电位干线、支线的数量、位置、规格、型号 7. 线路与电力电缆试验，绝缘电阻及接地电阻测试 8. 电动机干燥检查及试运转，电气系统调试及试运行 9. 通电工作
智能 建筑	建筑设备 监控系统	1. BAS 与相关系统的监视点接口、主机接口、故障报警接口、传感器与执行器等的预留位置、接口界面、通信接口 2. 传感器安装、执行器安装 3. DDC 和系统智能管理中心设备的规格、型号及 I/O 接口单位、通讯单元的连接线 4. 中央控制室设备检测、现场分站检测、现场设备检测 5. 系统测试
	火灾报警及 消防联动系统	1. 元件、组件、材料及设备的型号、规格、性能 2. 管线敷设 3. 火灾探测器的选型、安装位置、选型及灵敏度与环境的适应、保护面积计算 4. 报警控制器的选型、安装位置、布线及接线 5. 线路、接地测试 6. 单体调试 7. 联动系统调试
	通信网络系统	1. 管线的规格、型号、产地 2. 放线方法、线缆标识、与其他系统管线之间的距离 3. 设备的接线、接地及接地电阻 4. 机房防静电措施 5. 系统调试

分部工程	子分部（分项）工程	质量控制点
智能建筑	办公自动化系统	1. 设备的规格、型号、产地 2. 设备接线、接地要求、安装先后次序、安装距离要求、信号线和电源线的分离 3. 系统软件的安装 4. 系统的调试
	安全防范系统	1. 输入设备的规格、型号及其与使用功能、使用场所、系统结构的匹配 2. 摄像点、探测点的布置、监视器的选用、视频分配器、切换器和控制器的搭配 3. 管线敷设、前端设备安装、主控制器安装 4. 系统调试
	综合布线系统	1. 线缆和连接硬件的型号、规格、质量检验报告 2. 预埋线槽和暗管敷设、保护 3. 桥架和槽道安装的位置、排列、连接、间距和固定 4. 线缆布线的路由、位置、分离、接地、间距、平直和标识 5. 配线设备安装 6. 信息点的安装方式、高度和测试 7. 电缆传输通道的验证测试与认证测试 8. 光缆传输通道连接性和衰减/损耗、输入和输出功率、确定光纤连接性和发生光损耗部位等的测试
通风与空调	送排风系统 防排烟系统 空调风系统 制冷设备系统 空调水系统	1. 主要原材料、成品、半成品和设备的进场验收 2. 风管系统安装的位置、标高、坡向、坡度和严密性检验 3. 通风机与空调设备安装的位置、标高、出口方向、隔振、安全保护、接地、调试 4. 空调制冷系统的设备及其附属设备的安装位置、标高、管口方向 5. 制冷设备的严密性试验和试运行 6. 制冷管道系统的连接、坡度、坡向、安全阀调试、校核、燃油管道防静电接地 7. 空调水系统的设备与附属设备、管道、管配件及阀门的安装、连接、冲洗、排污、循环试运行、水压试验、凝结水系统充水试验 8. 风管与部件及空调设备的绝热 9. 通风与空调系统设备单机的试运行及调试、系统无生产负荷下的联合试运转综合效能试验的测定与调整

分部工程	子分部（分项）工程	质量控制点
建筑节能	墙体节能工程	材料或构件检查、保温基层、保温层、隔汽层与装饰层、隔断热桥措施
	幕墙节能工程	1. 材料或构件检查 2. 幕墙气密性能和密封条、保温材料厚度和遮阳设施安装、幕墙工程热桥部位措施、冷凝水的收集和排放、幕墙与周边墙体间的接缝 3. 伸缩缝、沉降缝、防震缝等保温或密封做法
	门窗节能工程	1. 外窗气密性、保温性能、中空玻璃露点、玻璃遮阳系数和可见光透射比等 2. 金属外门窗、金属副框隔断热桥措施 3. 外门窗框、副框和洞口间隙处理 4. 外门安装 5. 外窗遮阳设施性能与安装检查
	屋面节能工程	1. 保温隔热材料品种和规格 2. 屋面保温隔热材料的导热系数、密度、抗压强度或抗拉强度、燃烧性能 3. 屋面保温隔热层施工质量、热桥部位处理措施 4. 屋面通风隔热架空层、隔汽层检查 5. 采光屋面传热系数、遮阳系数、可见光透射比、气密性
	地面节能工程	1. 保温材料品种和规格、保温材料的导热系数、密度、抗压强度、燃烧性能 2. 保温基层处理 3. 保温层、隔离层、保护层、防水层、防潮层和保护层施工质量
	采暖节能工程	1. 散热设备、阀门、仪表、管材、保温材料等类型、材质、规格和外观 2. 散热器的单位散热量、金属热强度以及保温材料的导热系数、密度和吸水性
	通风与空调节能工程	1. 设备、管道、阀门、仪表、绝热材料等产品的类型、材质、规格及外观 2. 风机盘管机组供冷量、供热量、风量、出口静压、噪声及功率 3. 绝热材料的导热系数、密度、吸水性 4. 空调风管系统及部件、空调水系统管道及配件等绝热层、防潮层 5. 空调水系统的冷热水管道与支架的绝热衬垫

分部工程	子分部（分项）工程	质量控制点
建筑节能	空调与采暖系统的冷热源及管网节能工程	1. 绝热材料、类型、规格 2. 绝热管道、绝热材料、导热系数、密度、吸水率 3. 空调冷热源水系统管道及配件绝热层和防潮层 4. 输送介质温度低于周围空气露点温度管道与支、吊架之间绝热衬垫
	配电与照明节能工程	1. 照明光源、灯具及其附属装置进场验收 2. 低压配电系统 3. 电缆截面和每芯导体电阻值 4. 照明系统照度和功率密度值
电梯	电力驱动的曳引式或强制式电梯安装	1. 承包单位和安全性能检测单位的资质 2. 设备进场验收 3. 土建交接检验，主要是机房内部、井道结构及布置、主电源开关位置等 4. 驱动电机、导轨、门系统、轿厢、对重、电气装置的安装、调试、电气设备接地 5. 整机安装验收，主要是安全保护验收、限速器安全钳联动试验、层门与轿门试验、空载试验、运行试验、超载试验、制动试验、噪声检验、平层准确度检验、运行速度检验等
园林绿化	挖　方 填　方 园　路 水　景 绿　化	1. 挖方工程基底的土质 2. 填方工程的分层回填和压实 3. 园路工程和铺地工程的标高、坡度、平整度、压实度、强度和图案 4. 水景工程的布局、效果 5. 绿化工程的树木品种、胸径、树冠、土球、树坑、土壤、栽植、草皮的品种、场地平整、铺植及其振实、灌水与碾压
道路	路基	1. 路基土的土质、天然含水率、最大干容重、最佳含水量、重型击实标准 2. 挖方预留碾压厚度及压实度 3. 填方分层填层松铺厚度及分层压实度 4. 路基压实度、弯沉、纵断高程、中线偏位、宽度、平整度、横坡

分部 工程	子分部 （分项）工程	质量控制点
道路	基层	1. 原材料质量要求及试验 2. 混合料级配试验、7d 无侧限抗压强度试验、重型击实试验、筛分试验 3. 混合料级配、稳定剂剂量、最佳含水量 4. 拌和、摊铺、松铺厚度、碾压 5. 压实度、28 天饱水抗压强度 6. 平整度、压实厚度、宽度、纵断高程、横坡度 7. 养护
	水泥混凝土 面层	1. 原材料质量要求及试验 2. 水泥混凝土配合比、坍落度、试块抗压强度、抗折强度 3. 水泥混凝土浇筑、振捣、抹平、压纹和切割缩缝 4. 施工缝处理 5. 养护 6. 板厚度、平整度、抗滑构造深度、相邻板高差、纵、横缝顺直度、中线平面偏位、路面宽度、纵断高程、横坡
	沥青混凝土 面层	1. 原材料质量要求与试验 2. 沥青混合料配合比、沥青用量、矿料级配 3. 沥青混合料马歇尔试验、抽提试验、筛分试验 4. 沥青混合料的出厂温度、摊铺温度和碾压温度 5. 沥青混合料的压实度及压实厚度 6. 沥青路面平整度、弯沉值、抗滑系数、中线平面偏位、纵断高程

12 控制工程材料、构配件、设备进场

12.1 控制程序

12.1.1 工程材料、构配件及设备进场须履行报验手续

所有主体结构使用材料、防水材料、水、电材料、建筑节能材料和装饰装修材料，在进场前都要向项目监理部报送《工程材料/构配件/设备报审表》，履行报验手续，必须出具出厂证明、产品合格证及检验试验报告，只有符合设计要求并合格的材料、构配件及设备才允许进场。

12.1.2 工程原材料、构配件及设备进场须检查复验

工程上所使用的主要材料、构配件及设备在进场时和投入使用前，都必须报告监理部。监理部到进场材料堆放现场查验，并对照样板复核，严禁货单不符和不合格的材料在工程上使用。为保证使用材料符合要求，监理人员按照有关规定和要求对水泥、钢筋、商品混凝土、防水材料、建筑节能材料、墙面涂料、油漆、花岗石、电线电缆、陶瓷制品、塑料制品等在施工现场取样送检，对数据光纤、双绞线进行抽样送技术监督局信息产品检测中心检测。对其产品性能、质量、技术指标、污染物指标、防火指标、建筑节能指标等现场取样送检试验合格后，才能在工程准予使用。

12.2 控制要点

12.2.1 资料控制

施工单位材料进场报验需要提供下列资料：

（1）产品清单，主要内容包括产品名称、产地、规格、生产日期、数量等。其中核查重点为：产品品牌、规格是否与合同、标底一致；各种材料报验总数量是否与标底总数相符，这是防止施工过程中偷用劣质材料或其他品牌产品的有效控制手段。

（2）产品合格证、质保书、检测报告、准用证，特别注意使用说明书不能代替合格证。

（3）需要复试的材料要求待现场见证取样送检后提供复试报告。

12.2.2 现场材料控制、检查

（1）检查进场的材料与报验资料中产品产生编号或批号、规格、型号、数量、生产厂家、生产日期等是否相符，如有不符，要求提供真实的资料后再进行检查，否则作退货处理。现场检查时应特别注意：

①检查报验数量是否与进场数量一致，这是控制现场材料使用和现场见证取样数量、频率的重要依据；

②检查同一材料的规格、型号、外观是否各批进场材料一致，这对装饰材料尤为重要。如瓷砖、饰面板等材料的不同批次出现严重色差，应要求施工单位提交处理方案；如对装饰效果影响较大，应要求退场处理。

（2）对不同产地、不同规格、不同时间进场的材料，要求做好产品防护措施，分别堆放标识清楚，以免施工过程中出现混用、错用现象。

（3）施工现场严禁存放与本工程无关或不合格的建设工程材料。

12.2.3 见证取样控制

建设工程施工质量验收规范中或质量监督主管部门要求复试的材料，应在材料进场后及时会同施工单位取样人员进行见证取样工作，见证取样时应注意：

（1）严格按照规范和见证取样手册中规定的频率、代表数量、取样方法执行，确保试样具有代表性，避免出现：

①试样所代表工程量的数量、批次少于规范要求。

②施工单位随意减少或改变取样频率。每一批送检产品必须是同一生产厂家、同一批送检样品必须是同一生产厂家、同规格编号、同批次进场。如有任一项不同，则应作为另一取样对象抽验。

③材料取样时不按有关标准执行，如袋装水泥试样因必须在同一编号的水泥的 20 个以上不同部位等量采集，总量至少是 12kg，而施工现场常常在同一袋水泥中取样，使试样失去了代表性。

（2）为确保见证取样时试样的真实性，监理人员应重点注意以下几点：

①严禁出现取样人员私自取样，一旦发生，所取试样一律无效，并要求重新见证取样。如该类情况多次发生，监理人员应书面通知责令整改，直至施工单位更换取样人员。

②见证取样后，监理人员应见证送检，送检方式应优先采用陪同送检方式，由见证人员和取样人员一起将试样送至检测单位。如实际操作中有困难时可采用封样送检方式，由见证人员对试样装箱加封，封条试样交检测单位备案，由取样人员自行送检测单位，避免施工单位中途更换试样。

（3）监理人员应检查检测委托单，要求施工单位规范填写，委托单上试样使用部位、代表数量、检测项目等应按实填写，其中，检查项目应与规范要求相符，不得漏项。监理人员核对无误后，方可加盖见证员专用章。

（4）监理部应建立试验记录登记台账，对见证取样的试件做好书面记录，使见证取样具有可追溯性和可查性，同时这也是监理人员掌握试件取样数量、频率的有效手段。

（5）必要时监理部可采取平行取样的方法，不定期对存有疑问的材料自行取样复试。

13　施工测量监理工作

13.1　存在的问题

（1）专门的测量专业人员少，甚至没有，兼管人员的测量专业水平普遍不高。

（2）未审查施工单位的测量方案（含控制点的引出和引出点的保护方案）。

（3）对施工单位测量人员的上岗资格证和使用的测量仪器鉴定证书审查不严或未审查，存在仪证不符、人证不符现象。

（4）现场测量控制点交桩工作监督和检查不够。

（5）定位测量的测量记录中的"抄测结果"填报内容不规范。

13.2　工作程序和内容

（1）开工前对测量人员的上岗资格及使用仪器鉴定证书进行审查。审查时要注意年检情况及有效期。除资料齐全外，重点应检查资料上的上岗人员、仪器设备与实际到场的人员与仪器是否相符。

（2）测量方案的审查内容主要包括：

①使用的仪器是否满足工程的需要；

②建筑区域内测量控制点的布置是否合理并便于保护；

③测量的定位点是否能满足施工的需要；

④测量程序和方法是否合理；

⑤有无测量成果校核措施，方法是否有效。

（3）图纸审查内容包括：

①图纸与现状是否相符；

②同一专业全套图纸中平面位置和标高的标注是否一致；

③不同专业图纸（如建筑施工图，配套道路、管线施工测量图及室外景观图）的坐标及高程系统是否一致。

（4）现场测量控制点交桩工作的监督和检查：

①为了校核，便于控制点破坏后恢复，施工现场高程控制点不应少于两个，平面控制点不应少于3个；

②测量控制点位置应通视条件良好、便于保护，且点位保护措施完善，不易发生沉降和位移；

③在监理人员的监督下，施工单位对点位进行复核，精度应符合相应规范要求；

④有书面的交桩手续，相关各方在交桩图上签字。

⑤施工单位接桩后应做好保护并由专人负责管理，定期核查。

（5）严格抓好测量控制点的加密工作，在甲供点的选择上，最好采用同相邻标段已建工程相同的甲供点作为控制点加密的首级点，如条件不具备，可采用两个以上相同的甲供点，以避免因甲供点的点位误差造成的本标段与相邻标段的实物有较大差异，减少实物连接的协调工作量。

（6）施工单位自行引测的水准点及平面控制点的审查、核验：

①控制点的位置、间距及测量精度应在满足工程要求的前提下，严格执行相应的测量规范；

②控制点引测完成后，将全部资料（内业、外业）报监理部审核，监理部应在审查资料的基础上，对部分控制点进行外业抽查，确认无误后，批准施工单位可使用此控制点作为建筑物放线的依据；

③施工单位应对控制点妥善保管，并对点位定期进行复测，复测结果及时上报监理部。

（7）建筑物、构筑物定位测量的检查及复核：

①业内资料检查包括：测量方案、测量计算书、原始测量记录、测量复核记录、精度评定及平差计算；

②外业实测抽查：

a. 检查数量为测量定点位个数的20%为宜；

b. 定位选择的重点为房屋的转角点，道路管线的轴线折点等建筑物、构筑物的主要特征点；

c. 检查的方法一般有两种，第一种是原位复测法，即将仪器安置在原施工测量时的测站点上，用原施工定位的方法再重复一次操作，检查测定的点位是否与原点位重合或偏差小于允许值，也可以用全站仪实测一下施工定位点的坐标，检查与图纸上的设计值是否相符或偏差在允许的范围以内；第二种是相对位置法，即通过图纸或计算求得施工定位点之间的水平距离理论值，再用钢尺或测距仪（全站仪）进行实测，测得实际值进行比较。

（8）施工过程中测量放线的监督及成果的复查：施工过程中抄平放线的内容很多，一般先是施工单位进行自查，填写相应表格，报监理部审查后，在监理人员监督下再进行一定数量的抽查，根据检查结果进行质量评定，并出具监理部的意见。检查的依据是各分部、分项工程的施工验收规范。

（9）竣工图核查：大型工程竣工验收时要进行一次竣工测量，并将结果绘制成竣工图。监理部应对竣工测量全过程和竣工图的绘制进行监控，并在竣工图上签字，予以确认。

（10）做好工程沉降观测的监督管理工作：沉降观测是工程建设的重要组成部分，可以通过它来发现地基沉降是否均匀，以便有效指导施工。如果不能及时掌握沉降情况，则有可能导致建筑物因沉降不均匀而影响结构安全、结构层厚度不符合要求、场地积水或混凝土开裂等一系列质量问题，因此，做好沉降观测工作相当重要。可以用旁站和平行抽测等常规手段对施工单位实施监控。通过及时准确地提供沉降观测一手数据和定期沉降分析研究，给有关各方提供决策依据，以保证工程质量和结构安全。

13.3 工程定位测量记录

13.3.1 工程定位测量记录表案例

工程定位测量记录

工程名称		测量单位	
图纸编号	护坡桩位图	施测日期	
坐标依据	测绘院 普测 号	复测日期	
高程依据	测绘院 普测 号	使用仪器	型号：JGJ2 出厂编号： 型号：NA724 出厂编号：
闭合差	桩基轴线±20mm	仪器检定日期	型号：JGJ2 年 月 日 型号：NA724 年 月 日

定位抄测示意图：

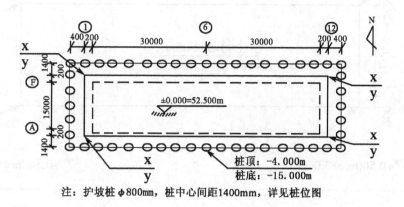

注：护坡桩φ800mm，桩中心间距1400mm，详见桩位图

抄测结果：

经抄测：1. 护坡中心点距相应轴线间距均在±10mm 偏差以内

　　　　2. 桩中心点间距差均在±10mm 以内

　　　　3. 基坑壁抄测-3.000mm 标高线，误差在±3mm 以内

参加 人员 签字	监理（建设） 单位	施工单位			
		技术负责人	测量负责人	复测人	施测人

工程定位测量记录

工程名称		测量单位	
图纸编号	总平面、首层建筑平面、基层平面	施测日期	
坐标依据		复测日期	
高程依据		使用仪器	型号：JGJ2　　出厂编号： 型号：NA724　　出厂编号：
闭合差	$i<1/10000$；$h≤±6mm$	仪器检定日期	型号：JGJ2　　年　月　日 型号：NA724　　年　月　日

定位抄测示意图：

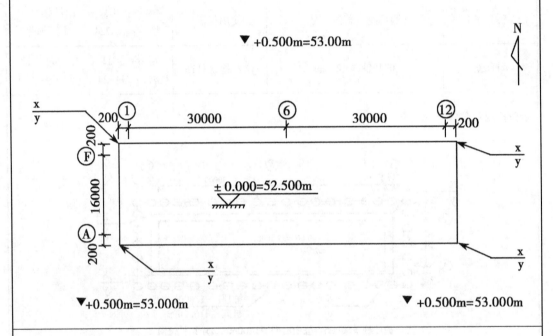

抄测结果：
　　①/⑥：①~⑫边　+3mm；⑥~④边　+1mm，角　+5″
　　⑫/④：①~12边　+2mm；⑥~④边　　0mm，角　+8″
　　引测施工现场的施工标高+0.500m=53.000m，三个误差在2mm以内

参加 人员 签字	监理（建设） 单位	施工单位			
		技术负责人	测量负责人	复测人	施测人

13.3.2　工程定位测量记录填写要点

（1）"工程名称"与施工图纸中的图签一致；

（2）"图纸编号"填写施工图纸编号，如总平面、首层建筑平面、基础平面；

（3）"施测日期"、"复测日期"按实际日期填写；

（4）"坐标依据"、"高层依据"由测绘院或建设单位提供，应以市规划委员会钉桩坐标为标准，在填写时要写明点位编号，且与桩资料中心的点位编号一致；

（5）"闭合差"一般应满足三级精度 $i<1/10000$，$h \leq \pm 6mm$ 的要求。

（6）"使用仪器"栏应将全站仪、经纬仪、水准仪等仪器的名称型号、出厂编号标注清楚；

（7）"仪器检定日期"指由法定检测单位校准的日期；

（8）"定位抄测示意图"具体要求如下：

①应将建筑物位置线、重要控制轴线、尺寸及指北针方向、现场标准水准点、坐标点、红线桩、周边原有建筑物、道路等采用适当比例绘制在此栏内；

②坐标、高层依据要标注引出位置，并标出它与建筑物的关系；

③特殊情况下，可不按比例，只画示意图，但要标出主要轴线尺寸，同时需注明 ± 0.000 绝对高程。

（9）"抄测结果"栏必须填写抄测的具体数字，不能只写"合格"或"不合格"，应根据监理单位要求由施工（测量）单位采用计算机打印，如"符合设计要求及《工程测量规范》（GB50026—2007）的规定"。

（10）签字栏中"技术负责人"为项目总工，"测量负责人"为施测单位主管，"施测人"是指定位仪器操作者，"复测人"是指测量单位的上一级测量人员。

13.4　楼层放线记录

13.4.1　楼层放线记录表案例

楼层放线记录一

工程名称		日期	
放线部位		五层①~⑥/Ⓐ~Ⓕ轴	

放线依据：

1. 定位控制桩 1、2、3、4

2. 首层+0.500m＝53.000m 水平控制点

3. 五层施工图结施××，建筑施工图建施××，设计变更/洽商（编号×××）

4. 工程测量规范 GB50026

5. 本工程《施工测量方案》

放线简图：

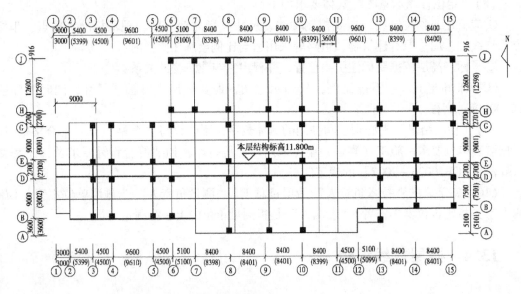

说明：1、2、3、4、5、6点为预埋放线内控制点；

（ ）内为实际测量放线数据

检查结论： □同意 □重新放样

具体意见：

①/Ⓙ：①~⑮边 +1mm；Ⓙ~Ⓐ边 +1mm，角 +3″

⑮/Ⓐ：①~⑮边 +1mm；Ⓙ~Ⓐ边 0mm，角 +5″

本层结构面标高 11.800m，误差在±3mm 以内

参加人员签字	监理（建设）单位	施工单位			
		技术负责人	测量负责人	复测人	放线人

楼层放线记录二

工程名称		日期	
放线部位	五层⑥~⑫/Ⓐ~Ⓕ｜轴		

放线依据：

1. 首层+0.500m＝53.000m 水平控制点。
2. 工程测量规范 GB50026
3. 五层建筑平面图××。设计变更/洽商（编号×××）
4. 本工程《施工测量方案》

放线简图：

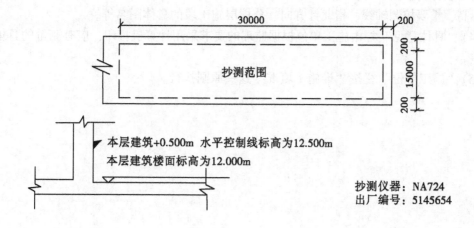

本层建筑+0.500m 水平控制线标高为12.500m

本层建筑楼面标高为12.000m

抄测仪器：NA724
出厂编号：5145654

检查结论：　　　□同意　　　　　□重新放样

具体意见：

　　经查：墙、柱上所抄测+0.500m＝12.500m，标高线误差在±2mm 以内，就近两点在±1mm

参加人员签字	监理（建设）单位	施工单位			
		技术负责人	测量负责人	复测人	放线人

13.4.2 楼层放线记录填写要点

（1）放线部位"栏应写明放线、抄测的楼层、施工段。

（2）"放线依据"栏应填写：

①定位控制桩；

②首层+0.500m＝×m（绝对高程）水平控制点；

③×层平面图（图号：××）；

④工程测量方案。

（3）"放线简图"栏应填写：

①楼层平面放线：应标明楼层外轮廓线、楼层重要控制轴线、尺寸、所在楼层相对高程及指北针方向、分楼层施工段的具体图名等，同时应注明"墙柱轴线、边线、门窗洞口线见××施工图"。

②楼层标高抄测：应标明所在楼层建筑+0.5m（或+1.0m）水平控制线标志点位置，相对标高、重要控制轴线、指北针方向、分楼层施工段的具体图名等。

（4）"具体意见"栏由施工单位根据监理的要求采用计算机打印，应有测量的具体数据误差。

（5）"施工单位"栏按"谁施工填谁"这一原则执行。

14 验收隐蔽工程

14.1 隐蔽工程的相关规定

（1）隐蔽工程是指上道工序被下道工序所掩盖，其自身的质量无法再进行检查的工程。

（2）隐蔽工程未经检查或验收未通过，不允许进行下一道工序的施工。

（3）隐蔽工程验收是对隐蔽工程进行检查，并通过表格的形式将工程隐蔽项目的隐检内容、质量情况、检查情况、复查意见等记录下来，作为以后建筑工程的维护、改造、扩建等重要的技术资料。

14.2 验收程序

（1）施工单位自检合格后，填写隐蔽工程检查记录表，向项目监理部申报隐蔽工程验收。

（2）由专业监理工程师组织参建单位有关人员对本专业隐蔽工程验收，验收符合要求后，签署验收审核意见。

（3）验收合格并经各方签字确认后才能进行下一道工序的施工。

14.3 主要隐蔽验收项目

14.3.1 地基基础工程与主体结构工程

（1）土方工程：基槽、房心回填前检查基底清理、基底标高情况等。

（2）支护工程：检查锚杆、土钉的品种、规格、数量、位置、插入长度、钻孔直径、深度和角度等。检查地下连续墙的成槽宽度、深度、垂直度、钢筋笼规格、位置、槽底深度、沉渣厚度等。

（3）桩基工程：检查钢筋笼规格、尺寸、沉渣厚度、清孔情况等。

（4）地下防水工程：检查混凝土变形缝、施工缝、后浇带、穿墙套管、埋设件等设置的形式和构造；人防出口止水做法；防水层基层、防水材料规格、厚度、铺设方法、阴阳角处理、搭接密封处理等。

（5）结构工程（基础、主体）：检查用于绑扎的钢筋品种、规格、数量、位置、锚固和接头位置、搭接长度、除锈及除污情况、保护层垫块厚度和位置、钢筋代换变更及插筋处理等；检查钢筋连接形式、连接种类、接头位置、数量及焊条、焊剂、焊口形式、焊缝长度、厚度及表面清渣和连接质量等；检查预埋件、预留孔洞预留位置、牢固性等。

（6）预应力工程：检查预留孔道的规格、数量、位置、形状，端部预埋垫板、预应力筋下料长度、切断方法、竖向位置偏差，固定、护套的完整性、锚具、夹具、连接点组装等。

（7）钢结构工程：检查钢结构原材料、焊接材料及地脚螺栓规格、位置、埋设方法、紧固、制作和安装等要求。

14.3.2 建筑装饰装修工程

（1）地面工程：检查各基层（垫层、找平层、隔离层、防水层、填充层、地龙骨）材料品种、规格、铺设厚度、方式、坡度、标高、表面情况、密封处理、粘结情况等。

（2）抹灰工程：具有加强措施的抹灰应检查其加强构造的材料规格、铺设、固定、搭接等。

（3）门窗工程：检查预埋件和锚固件、螺栓等的规格数量、位置、间距、埋设方式、与框的连接方式、防腐处理、缝隙的嵌填、密封材料的粘结等。

（4）吊顶工程：检查吊顶龙骨及吊件材质、规格、间距、连接方式、固定方式、表面防火、防腐处理、外观情况、接缝和边缝情况、填充和吸声材料的品种、规格、铺设、固定情况等。

（5）轻质隔墙工程：检查预埋件、连接件、拉结筋的规格、数量、连接方式、与周边墙体及顶棚的连接、龙骨连接、间距、防火、防腐处理、填充材料等。

（6）饰面板（砖）工程：检查预埋件、后置埋件、连接方式、防腐处理等；对有防水构造的部位，应检查找平层、防水层的构造做法；地面工程的检查。

（7）幕墙工程：检查构件之间以及构件与主体结构的连接节点的安装及防腐处理；幕墙四周、幕墙与主体结构之间间隙节点的处理、封口的安装；幕墙伸缩缝、沉降缝、防震缝及墙面转角节点的安装；幕墙防雷接地节点的安装等。

（8）细部工程：检查预埋件、后置埋件和连接件的规格、数量、位置、连接方式、防腐处理等。

14.3.3 建筑屋面工程

检查基层、找平层、保温层、防水层、隔离层材料的品种、规格、厚度、铺贴方式、搭接宽度、接缝处理、粘接情况；附加层、天沟、檐沟、泛水和变形缝细部做法、隔离层设置、密封处理部位等。

14.3.4 建筑给水、排水及采暖工程

（1）直埋入地下或结构中，暗敷设与沟槽、管井、不进入吊顶内的给水、排水、雨水、采暖、消防管道和相关设备，以及有防水要求的套管：检查管材、管件、阀门、设备的材质与型号、安装位置、标高、坡度；防水管套的定位及尺寸；管道连接做法及质量；

附件使用、支架固定，以及是否已按照设计要求及施工规范规定完成强度、严密性、冲洗、灌水、通球等试验。

（2）有绝热、防腐要求的给水、排水、采暖、消防、喷淋管道和相关设备：检查绝热方式、绝热材料的材质与规格、绝热管道与支架之间的防结露措施、防腐处理材料及做法等。

（3）埋地的采暖、热水管道、保温层完成后，所在部位进行回填之前，应进行隐检，检查安装位置、标高、坡度以及支架做法、保温层、保护层等。

14.3.5　建筑电气工程

（1）埋于结构内的各种电线导管：检查导管的品种、规格、位置、弯曲半径、连接、跨接地线、防腐、管盒固定、管口处理、敷设情况、保护层需焊接部位的焊接质量等。

（2）利用结构拉筋做的避雷引下线：检查轴线位置、钢筋数量、规格、搭接长度、焊接质量以及接地极、避雷网、均压环等连接点的情况等。

（3）等电位及均压环暗埋：检查使用材料的品种、规格、安装位置、连接方法、连接质量、保护层厚度等。

（4）接地极装置埋设：检查接地极的位置、间距、数量、材质、埋深、接地极的连接方法、连接质量、防腐情况等。

（5）金属门窗、幕墙与避雷引下线的连接：检查材料的品种、规格、连接位置和数量、连接方法和质量等。

（6）不进入吊顶内的电线导管：检查导管的品种、规格、位置、弯曲度、弯曲半径、连接、跨接地线、防腐、需焊接部位的焊接质量、管盒固定、管口处理、固定间距等。

（7）不进入吊顶内的线槽：检查材料品种、规格、位置、连接、接地、防腐、固定方法、固定间距及其他管线的位置关系等。

（8）直埋电缆：检查电缆的品种、规格、埋设方法、埋深、弯曲半径、标桩埋设情况等。

（9）不进入电缆沟敷设的电缆：检查电缆的品种、规格、弯曲半径、固定方法、固定间距、标识情况等。

14.3.6　通风与空调工程

（1）敷设于竖井内、不进入吊顶内的风道（包括各类附件、部件、设备等）：检查风道的标高、材质、接头、接口严密性，附件、部件安装位置，支、吊、托架安装、固定，活动部件是否灵活可靠、方向正确，风道分支、变径处理是否合理，是否符合要求，是否已按照设计要求及施工规范规定完成风管的漏光、漏风检测，空调水管道的强度严密性、冲洗等试验。

（2）有绝热、防腐要求的风管、空调水管及设备：检查绝热形式与做法、绝热材料的材质和规格、防腐处理材料及做法。绝热管道与支吊架之间应垫以绝热衬垫或经防腐处理的木衬垫，其厚度应与绝热层厚度相同，表面平整，衬垫接合面的空隙应填实。

14.3.7　电梯工程

检查电梯承重梁、起重吊环埋设；电梯钢丝绳头灌注；电梯井内导轨、层门的支架、螺栓埋设等。

14.3.8　智能建筑工程

（1）埋在结构内的各种导管：检查导管的品种、规格、位置、弯曲度、弯曲半径、连接、跨接地线、防腐、需焊接部位的焊接质量、管盒固定、管口处理、敷设情况、保护层等。

（2）不能进入吊顶内的导管：检查导管的品种、规格、位置、弯曲度、弯曲半径、连接、跨接地线、防腐、需焊接部位的焊接质量、管盒固定、管口处理、固定方法、固定间距等。

（3）不能进入吊顶内的线槽：检查其品种、规格、位置、连接接地、防腐、固定方法、固定间距等。

（4）直埋电缆：检查电缆的品种、规格、埋设方法、埋深、弯曲半径、标桩埋设情况。

（5）不进入电缆沟敷设的电缆：检查电缆的品种、规格、弯曲半径、固定方法、固定间距、标识情况等。

14.3.9　建筑节能工程

（1）墙体节能工程：保温层附着的基层及其表面处理、保温材料粘结或固定、锚固件、增强网铺设、墙体热桥部位处理、预置保温板或预制保温墙板的板缝及构造节点、现场喷涂或浇筑有机类保温材料的界面、被封闭的保温材料厚度、保温隔热砌块填充墙体以及饰面层等。

（2）幕墙节能工程：被封闭的保温材料厚度和保温材料的固定、幕墙周边与墙体的接缝处保温材料的填充、构造缝、结构缝、隔汽层、热桥部位、断热节点、单元式幕墙板块间的接缝构造、冷凝水收集和排放构造、幕墙的通风换气装置等。

（3）建筑外门窗工程：门窗框与墙体接缝处的保温填充做法。

（4）屋面保温隔热工程：基层、保温层的敷设方式、厚度、板材缝隙填充质量、屋面热桥部位、隔汽层等。

（5）地面节能工程：基层、被封闭的保温材料厚度、保温材料粘结、隔断热桥部位等。

（6）采暖系统应随施工进度与节能有关的隐蔽部位或内容（被封闭的采暖保温管道及附件等）进行验收。

（7）通风与空调系统：地沟和吊顶内部的管道、配件安装及绝热、绝热层附着的基层及其表面处理、绝热材料粘结或固定、绝热板材的板缝及构造节点、热桥部位处理等。

（8）空调与采暖系统冷热源和辅助设备及其管道和室外管，网系统：地沟和吊顶内部的管道安装及绝热、绝热层附着的基层及其表面处理、绝热材料粘结或固定、绝热板材的板缝及构造节点、热桥部位处理等。

15　旁站监理工作

15.1　旁站人员监理职责

检查施工企业现场人员到岗、特殊工种人员持证上岗以及施工机械、建筑材料准备情况；在现场跟班监督关键部位、关键工序施工中执行施工方案及工程建设强制性标准情况；核查进场建筑材料、建筑构配件、设备和商品混凝土的质量检验报告等，并可在现场进行现场监督施工企业进行检验或者委托具有资格的第三方进行复验；做好旁站监理记录，保存旁站监理原始材料。

发现施工单位有违反工程建设强制性标准行为时，责令施工单位立即改正；发现施工活动可能危及工程质量时，及时向总监理工程师汇报，由总监理工程师采取必要的措施。

15.2　编制旁站监理计划（方案）

监理工作的重点要放在事前控制。对关键部位和关键工序的施工，监理人员要实行旁站；不能等成了既成事实，待施工质检报验后才"秋后算账"。因为关键部位、关键工序一旦形成，轻则做返工处理，影响工期；重则违反强制性条文，留下工程质量隐患或永久缺陷。一旦出现需要采取事后补救的情况，就从侧面反映出监理的业务水平、监理的深度、事前控制等方面能力的不足。所以，应制订针对性强、符合所监理工程特点的监理旁站计划，并在实际监理工作中予以落实。

工程开工前，应当针对本工程关键部位或关键工序的施工编制旁站监理计划（方案），明确旁站监理的范围、内容、程序和旁站监理人员职责等，并标明各分部、分项工程的具体旁站监理部位。

15.3　房屋建筑工程各分部工程的旁站部位

15.3.1　地基与基础分部

验槽、土方回填、混凝土灌注桩钢筋笼安放和混凝土浇筑、混凝土预制桩接桩、静力压桩终压、打入桩终击、防水混凝土浇筑、大体积混凝土浇筑、后浇带混凝土浇筑、其他结构混凝土浇筑、地下连续墙、土钉墙、卷材防水层细部构造处理。

15.3.2 主体结构分部

梁柱节点钢筋隐蔽过程、混凝土浇筑、预应力张拉、装配式结构安装、钢结构安装、网架结构安装、索膜安装。

15.3.3 建筑装饰装修分部

有关安全和功能的项目检测、样板材料及施工、样板间（面、墙、层、件）施工、防水施工、蓄水试验、隐蔽检查、点支式和索网式玻璃幕墙、钢拉杆和钢拉索预拉力施加。

15.3.4 建筑屋面分部

防水施工、保温隔热施工、淋水、蓄水试验。

15.3.5 建筑电气分部

样板施工、模拟动作或手动动作协调、仪表或设备试验及试运行。

15.3.6 智能建筑分部

样板施工、单机调试、系统调试。

15.3.7 通风与空调分部

单机试运转与测定、系统调试与测定。

15.3.8 建筑给水、排水及采暖分部

管道试安装、管道接口试铺、管道的各项试验、设备及器具的安装、设备的试验和调试、系统的试验和调试。

15.3.9 建筑节能分部

墙体保温层施工、热桥部位施工、变形缝隔热施工、隔热层施工、关键部位安装施工、现场检验。

15.4 旁站监理记录

15.4.1 旁站监理记录的要求

（1）记录内容要真实、准确、及时。

（2）对旁站的关键部位或关键工序，应按照时间或工序形成完整的记录。例如，地下室防水可按卷材检验、基层处理、铺贴过程、细部处理等工序填写旁站记录。

（3）记录表内容填写要完整。未经旁站监理人员和施工单位质检人员签字不得进入

下道工序施工。

（4）记录表内施工过程情况是指所旁站的关键部位和关键工序施工情况，例如，人员上岗情况、材料使用情况、施工工艺和操作情况、执行施工方案和强制性标准情况等。

（5）监理情况主要记录旁站人员、时间、旁站监理的内容、对施工质量检查情况等。要将发现的问题做好记录，并提出处理意见。

15.4.2 旁站监理记录应记录的主要内容

1）土方回填的旁站监理记录应记录的主要内容

（1）施工情况。

回填方法（人工、机械）、地基或基槽（坑）清理情况、填方土料种类（原土、灰土、粗砂、级配砂石）虚铺土厚度、夯实方法、夯实遍数、密实度和含水量等。

（2）监理情况。

检查基土上的洞穴或基底表面上的树根、垃圾等杂物的清理情况。

检查底层回填土干土质量密实度试验报告。

检查虚铺土厚度和夯实遍数。

检查回填土的试验报告。

夯压填土时，适当控制填土含水量，一般以手握成团、落地开花为宜。土料中不得含有大于 5cm 直径的土块。小土块不能过多。

在基础两侧同时回填夯实，两侧高差不超过 30cm，回填标高相差很大时，应在另一侧临时加支撑顶牢或放台阶。

（3）发现问题。

在含水量大的腐渣土、泥炭土、黏土或粉质黏土等原状土上进行回填。

填方基土为杂填土，发现基底下的软硬点、空洞、旧基以及暗堂等。

未按要求测定土的干土质量密实度或测定试验报告不合格。

虚铺超过规定厚度和夯实遍数不够。

（4）处理意见。

口头通知或下达监理通知进行返工整改，必须符合设计要求和施工质量验收规范的规定。

2）混凝土灌注桩浇筑的旁站监理记录应记录的主要内容

（1）螺旋钻孔灌注桩的桩中心位置孔径和孔深的控制、钻孔和拔出速度、混凝土搅拌与振捣、试桩数量、成孔质量、设置钢筋笼、浇筑混凝土。

（2）监理情况。

检查原材料出厂合格证，复试报告和配比通知单。

桩机垂直度、成孔质量、孔径和孔洞、钻进和拔出速度等控制情况。

钻孔时要及时清理孔口积水和泥土，防止流入或掉入孔内。

混凝土搅拌与振捣，测定坍落度，混凝土试块留置等情况。

监督施工单位做好桩的静载和动载试验，核查桩的静载和动载报告。

机械合格证和检测报告、有效期。

桩定位复测和高程控制点。

（3）发现问题。

桩机垂直度，钻进和拔出速度不符合要求。

轴线和标高控制点设置不当，未报验就开钻打孔。

成孔质量差，孔径和孔深控制不好，不按试成孔获得的施工技术参数钻进成孔。

成孔操作前，不测量记录钻具总长。

坍落度过大，试块留置未经过见证。

不按土质情况决定拔管速度。

原材料后台计量不准。

不检查成孔质量、不验孔深和孔径即进行混凝土浇筑。

（4）处理意见。口头通知或下达监理通知进行工艺调整、重新报验和留置试块等处理，达到施工质量验收规范的规定。

3）梁柱节点钢筋隐蔽过程的旁站监理记录应记录的内容

（1）施工情况。

钢筋品种、数量、规格、尺寸和级别；梁端第一个箍筋设置位置，梁端与柱交接处箍筋加密区范围和间距，梁筋伸入支座锚固长度，梁上部钢筋标高保护层厚度和混凝土块种类（砂浆、塑料、钢筋支架）。

（2）监理情况。

检查原材料出厂合格证、复试报告。

检查梁端第一个箍筋设置位置。

检查梁端与柱交接处箍筋加密区范围。

检查受力钢筋伸入支座锚固长度，主次梁受力筋排距和位置。

检查梁上部钢筋标高。

检查钢筋保护层厚度。

检查钢筋品种、数量、规格、尺寸和级别是否符合设计要求。

（3）发现问题。

钢筋保护层垫块厚薄不均。

钢筋品种、数量、规格、尺寸和级别不对。

钢筋加密区设置范围不对。

主次梁钢筋交接处，梁上部钢筋标高超高。

（4）处理意见。

口头通知或下达监理通知进行整改，必须符合施工方案和施工规范要求。

4）混凝土浇筑的旁站监理记录应记录的主要内容

（1）施工情况。

测定坍落度、浇筑申请、开盘鉴定、施工缝部位及处理、后浇带的留设、混凝土搅拌和振捣、保护层厚度、试块留置、养护情况。

（2）监理情况。

审查混凝土施工方案，核查原材料出厂合格证、复试和配合比通知单，并对原材料按试验总数的 30% 见证取样。

插入式振捣插点间距不大于振捣棒作用半径的 1.5 倍。

检查现浇板和墙上孔洞一律预留，不得后凿。

混凝土运输、浇筑间歇的全部时间不应超过混凝土初凝时间，同一施工段的混凝土应连续浇筑，并应在底层混凝土初凝之前将上一层混凝土浇筑完毕。

各种原材料合格后，提出混凝土浇筑申请，才许可开盘搅拌。

混凝土的坍落度以试验室签发的配合比来确定，在搅拌地点和浇筑地点测定混凝土坍落度，每班不少于 2 次。

各工种会签合格后方可开盘。

（3）发现问题。

预拌混凝土运送到现场后，不检测混凝土坍落度，随意往混凝土中加水。

混凝土搅拌时间短，混凝土振捣不密实，未按顺序振捣混凝土。

混凝土施工缝留置位置不当。

大体积混凝土的浇筑及养护无控温措施。

混凝土一次下料过厚，下料不对称、不均匀。

在没有清理过的施工缝处继续浇筑混凝土。

施工单位自行处理混凝土质量缺陷。

未按砼试块留置方案留置试块。

（4）处理意见。

口头通知或下达监理通知进行整改，必须符合施工方案和施工规范要求。

5）后浇带混凝土浇筑的旁站监理记录应记录的主要内容

（1）施工情况。

后浇带留缝形式（阶梯缝、企口缝、平直缝），基层清理，振捣密实，混凝土养护，试块留置时间和部位。

（2）监理情况。

检查原材料出厂合格证，复试和配合比通知单，混凝土坍落度。

施工前接缝混凝土要清除杂物和积水，侧面凿毛，冲净并湿润，再铺一层 2~3cm 厚、与混凝土强度等级水泥砂浆。

振捣要密实，应使混凝土表面浮浆不冒水泡为宜。

养护常温（20~25℃）浇筑后 12h 内覆盖浇水养护，要保持混凝土表面湿润，养护时间不得低于 14d，后浇带两侧混凝土龄期达到设计图纸要求后再施工，当采用补偿收缩混凝土，其强度等级不低于两侧混凝土。

见证混凝土试块取样。

（3）发现问题。

混凝土侧面清理未凿毛，有积水现象。

混凝土强度与设计要求不符。

混凝土振捣有漏振或过振现象。

混凝土养护为覆盖，达不到混凝土表面湿润状态。

（4）处理意见。

口头通知或下达监理通知进行返工处理和按施工方案进行重新整改，达到施工质量验收规范的规定。

6）卷材防水细部构造处理的旁站监理记录应记录的主要内容

（1）施工情况。

基层处理，卷材屋面方式（高聚物改性沥青防水卷材、合成高分子防水卷材），铺贴方法（满粘、空铺），搭接顺序，搭接宽度，收头处理，密封部位，防水层层数和范围，闭水试验。

（2）监理情况。

审查施工方案，核查原材料出厂合格证、复试报告。

天沟、檐沟、檐口、泛水、水落口、变形缝、伸出屋面管道等屋面转角部位，做成圆锥台。用附加卷材或密封材料做附加增强处理，然后才能铺贴防水层。

卷材防水层内沟底翻上至沟外檐顶部，卷材收头应用水泥钉固定，并用密封材料封严。

铺粘檐口 800mm 范围内和泛水处的卷材应采取满贴法，檐口下端应抹出鹰嘴或滴水槽。

水落口周围直径 500mm 范围内的坡度不应小于 5%，水落口杯与基层接触处留宽度 20mm、深度 20mm 凹槽，并嵌填密封材料。

检查屋面有无渗漏，积水和排水系统是否畅通，应在雨后或持续淋水 2h 后进行。有可能做蓄水检验的屋面，其蓄水时间不应小于 24h。

（3）发现问题。

细部未铺贴卷材附加层，防水卷材在雨天、雪天、5 级风以上时施工。

热熔法铺贴卷材幅宽内加热不均匀或过分加热烧穿卷材。

防水卷材铺贴前，未涂刷基层处理剂或未涂刷冷底子油。

防水卷材施工前，基层潮湿，基层表面有杂物未清理干净。

未根据屋面坡度决定卷材铺贴方向，上下层卷材相互垂直铺贴。

卷材粘贴不牢固，存在滑移和翘曲、褶皱、鼓包。

节点处的封固不严密，有开缝、翘边。

基层不平整、空鼓、起砂、表面清理不干净。

（4）处理意见。

口头通知或下达监理通知进行返工处理，达到设计要求和施工质量验收规范的规定。

16　巡视监理工作

16.1　巡视检查的要求

（1）熟悉设计文件和相关的法律法规、规范规程、标准图集以及本地区的规定、要求等，做到有据可依，特别是建设单位对本工程的一些具体要求。

（2）熟悉施工现场情况，尤其是对现阶段的施工部位、内容了解，对计划巡视检查的重点做到心中有数。

（3）携带常用的测量工具（卷尺、卡尺）、拍摄器材和必要的记事本等，对于现场发现的质量、安全问题或隐患要及时记录，需拍照的拍照摄影，保存原始记录。

（4）要以了解施工现场的具体情况和发现存在的问题、隐患为目的，收集到的信息、数据要有针对性。

（5）要以批准的施工方案、施工合同、设计文件、规范标准、法律法规等要求进行巡视检查，对收集到的信息、数据要及时、准确。

（6）巡视检查要善始善终，在内容上要有完整性，不能遗漏工序，对巡视发现的问题要有解决方法，施工单位整改后监理要进行复查，并做好复查记录。

（7）要多到施工现场，凡是有工人操作与施工有关的现场，巡视人员都要跑到，特别是容易出现问题的工序或部位，要多去了解情况；要多问与施工有关的情况，及时将自己的意图和发现的问题转达给施工单位，督促其采取措施及时解决问题，避免重复施工和返工。

（8）对工作中发现的问题，所采取的措施和办法要有详细的记载，去施工现场要带常用的检测工具，对工程的检验与评价要用数据说话，监理的各项指令要以书面形式发布，同时认真填写监理日记和巡视记录。

16.2　巡视检查的范围

（1）已完成的检验批、分项、分部工程的质量。
（2）正在施工的作业面操作情况。
（3）施工现场的工程材料以及构配件的制作、加工、使用情况。
（4）进场工程材料的质量检测、报验的动态控制。
（5）施工现场的机械设备、安全设施的使用、保养情况。
（6）施工现场各作业面的安全操作、文明施工情况。

（7）工程基准点、控制点以及环境检测点等的保护、使用情况。

16.3 巡视检查的时间和频次

（1）每天上班后要及时进行现场的巡视检查。一般上、下午各一次巡视，不包括专项检查。如遇到大风、暴雨等异常情况，要根据实际及时巡视现场，以便尽早掌握现场情况，及时发现问题和解决问题。

（2）对于已完成的检验批、分项分部工程，必须及时进行巡视检查（不包括验收时的检查），保证所有已完的检验批、分项分部工程至少经过一次巡视检查。

（3）对于正在施工的作业面（包括安全方面），应根据其部位的重要程度和施工作业的难易程度，每天至少巡视检查一次或两次（上、下午各一次）。

（4）每天至少一次巡视主要工程材料的进场情况及进场产品的质量检测情况，特别是影响工程结构安全和使用功能的工程材料。

16.4 巡视检查内容

16.4.1 原材料

重点检查施工现场原材料及构配件的采购和堆放，是否符合施工组织设计（方案）要求；其规格、型号是否符合设计要求；是否已见证取样，并检测合格；是否已按程序报监理部验收并允许使用；有无使用不合格材料、质量合格证明资料欠缺的材料等。

16.4.2 施工人员

（1）施工现场管理人员，尤其是施工员、质检员、安全员等关键岗位人员是否在岗到位、是否有职业证书；其内部配合和工作协调是否正常，能否确保各项管理制度和质保体系的及时落实、稳定有效。

（2）特种作业人员是否持证上岗，人证是否相符；是否进行了相应的教育培训和安全、技术交底并有记录。

（3）现场施工人员组织是否充分、合理，能否符合工期计划要求；是否按业已审批的施工组织设计（方案）和设计文件施工等。

16.4.3 施工机械

重点检查机械设备的进场、安装、验收、保管和使用等，是否符合要求和规定；数量、性能是否满足施工要求；运转是否正常，有无异常现象发生。

16.4.4 深基坑土方开挖工程

（1）土方开挖前的准备工作是否到位、充分，开挖条件是否具备，基护支护、降水工程、土方开挖工程是否编制专项施工方案，是否经总监理工程师审批，需专家论证的方案是否组织专家论证。

（2）土方开挖顺序、方法是否与设计工况一致，是否符合"开槽支撑、先撑后挖、分层开挖、严禁超挖"的要求。

（3）挖土是否分层、分开进行，分层高度和开挖面放坡坡度是否符合要求，垫层混凝土的浇筑是否及时。

（4）基坑边和支撑上的堆载是否允许，是否存在安全隐患。

（5）挖土机械有无碰撞或损伤基坑维护和支撑结构、工程桩、降压（疏干）井等现象。

（6）挖土机械如果要在已浇筑的混凝土支撑上行走，必须确认设计是否允许，有无采取覆土、铺钢板等措施，严禁在底部掏空的支撑构件上行走与操作（因施工需要而设计的主栈桥除外）。

（7）是否限时开挖并尽快形成围护支撑，尽量缩短围护结构无支撑暴露的时间；挖土、支撑要连续施工。

（8）对围护体表面的修补、止水帷幕的渗漏及处理是否有专人负责，是否符合设计和技术处理方案的要求。

（9）每道支撑地面粘附的土块、垫层、竹笆等，是否得到及时清理，避免落下伤人。

（10）每道支撑上的安全通道和临边防护的搭设是否及时并符合要求。

（11）挖土机械工是否有专人指挥，有无违章，冒险作业现象。

16.4.5 砌体工程

（1）基层清理是否干净，是否按要求用细石混凝土进行了找平。

（2）是否有"碎砖"集中使用或外观质量不合格的块材使用现象。

（3）是否按要求使用皮数杆，墙体拉结筋形式、规格、尺寸、位置是否正确，砂浆饱满度是否合格，灰缝厚度是否超标，有无透明缝，"瞎缝"和"假缝"，内外墙砖以及砂浆是否按设计要求区别用料等。

（4）墙上的架眼以及工程需要的预留、预埋等有无遗漏等。

16.4.6 钢筋工程

（1）钢筋有无锈蚀、被隔离剂和淤泥等污染的现象，是否已清理干净。

（2）垫块规格、尺寸是否符合要求，强度能否满足施工需要，有无用木块、大理石板等代替水泥砂浆（或混凝土）垫块的现象。

（3）钢筋搭接的长度、位置以及连接方式是否符合设计要求，搭接区段箍筋是否按要求"加密"。在梁柱和梁梁交叉部位的"核心区"有无主筋被截断、箍筋漏放等现象。

16.4.7 模板工程

（1）模板安装和拆除是否符合施工组织设计（方案）的要求，支模板前，隐蔽内容是否已经监理部验收合格。

危险性较大的模板工程及支撑体系是否编制安全专项施工方案，是否经总监理工程师审批，需专家论证的专项方案是否经过专家论证会论证并提交论证报告；需要验收的是否组织了验收并验收合格。

（2）模板表面是否清理干净、有无变形损坏，是否已涂刷隔离剂；模板拼缝是否严密，安装是否牢固。

（3）拆模是否事先按程序和要求向监理部报审并经监理部签认同意，拆模有无违章冒险行为。模板捆扎、吊运、堆放是否符合要求。

16.4.8　混凝土工程

（1）现浇混凝土结构构件的保护是否符合要求，现在是否允许堆载、踩踏（混凝土浇筑具体内容属旁站监理范围）。

（2）拆模后混凝土构件的尺寸偏差是否在允许范围内，有无质量缺陷，其修补处理是否符合要求。

（3）现浇构件的养护措施是否有效、可行、及时等。

16.4.9　钢结构工程

主要检查钢结构零部件加工条件是否合格（如场地、温度、机械性能等），安装条件是否具备（如基础是否已验收合格等）；施工工艺是否合理，符合相关规定；钢结构原材料及零部件的加工、焊接、组装、安装及涂饰质量，是否符合设计文件和相关标准要求等。

16.4.10　屋面工程

（1）基层是否平整坚固、清理干净，刷涂是否均匀、不漏刷。

（2）防水卷材搭接部位、宽度、施工顺序、施工工艺是否符合要求，卷材收头、节点、细部处理是否合格。

（3）屋面保温块材搭接、铺贴质量如何，有无损坏现象等。

16.4.11　装饰装修工程

（1）基层处理是否合格，是否按要求使用垂直、水平控制线，施工工艺是否符合要求。

（2）需要进行隐蔽的部位和内容，是否已经按程序报验并通过验收。

（3）细部制作、安装、涂饰等是否符合设计要求和相关规定。

（4）各专业之间工序穿插是否合理，有无相互污染、相互破坏现象等。

16.4.12　安装工程及其他

重点检查是否按规范、规程、设计图纸、图集和经总监理工程师审批的施工组织设计（方案）施工；是否有专人负责，施工是否正常等。

16.4.13　安全文明施工

（1）各项应急救援方案是否切实可行，是否已通过监理部审批并且已准备充分。

（2）施工现场是否存在安全隐患，各项施工有无违章、冒险作业。主要检查起重运输机械验收备案、安全帽佩戴、外脚手架、安全网、安全通道、各种安全验收及各种防护等。

（3）安保系统和设施是否齐全、有效和充分，相关安全检查、安全技术交底和记录内容是否真实、及时。

（4）工地施工临时用电设施是否正常，有无违章现象和安全隐患。

16.4.14　施工环境

（1）施工环境和外界条件是否对工程质量、安全、进度、投资等造成不利影响，施工单位是否已采取相应措施，是否安全、有效、符合规定和要求等。

（2）各种基准控制点、周边环境和基坑自身监测点的设置、保护是否正常，有无被压（损）现象；被压（损）坏监测点是否有人清理和恢复，能否及时完成；监测工作能否正常进行等。

16.5　巡视检查应注意的问题

（1）对于在巡视检查中发现的问题，要根据发生的时间、部位、性质及严重程度等情况，采取口头（有些问题可以当面指出）或书面形式（必要时附上现场拍摄的照片等原始记录），及时通知施工单位相关人员进行整改处理。对于不按图施工、擅自使用未经检测合格的材料或其他存在严重隐患，可能造成或已经造成安全、质量事故的，在向建设单位报告后，由总监理工程师及时签发《工程暂停令》，要求施工单位停工整改，以杜绝安全、质量事故的发生或延续扩大，并对处理情况进行跟踪监控直至复查合格，同时将相关问题及复查、处理情况在《监理日志》及其他文件中做好记录。

（2）对巡视检查中发现的问题，要及时采取记录拍照、摄影、封存原样等方式留存原始记录资料。

（3）要讲究工作效率和工作质量。现场能立即解决处理的问题一定要即时解决；因故不能处理的也要有时间概念，限期解决。避免不负责任的拖拉态度，影响工作和协调配合。

（4）处理问题的工作态度和方法要有利于问题的解决。但也不能遇事怕得罪人，绕着走，不敢说，不敢管。

（5）要有科学的态度和精神，坚持用数据说话，遇事沉着冷静，对事不对人。对拿不准的问题不要急于表态，而是要抓紧熟悉、研究、有的放矢地做决定、表态或签发通知单等，避免似是而非和模棱两可。

（6）巡视检查要和旁站监理、平行检验、见证检查结合起来，但不能替代后者。

17 见证监理工作

17.1 见证的适用范围

见证的适用范围主要是质量的检查试验工作、工程设计或施工中的某些指标的确定、工序验收、采用新技术新工艺新材料的部位或环节、工程计量及有关按合同实施计日工、施工机械计量等。例如，监理人员在施工单位对工程材料的取样送检过程中进行的见证取样；监理人员对施工单位在试水试压过程中所作的对试验过程的记录；监理人员对施工单位的已完工程量按设计图纸进行核实，并在现场实际计量；等等。

17.2 见证工作的要求

对于见证工作，项目监理机构应在项目监理规划中确定见证工作的内容和项目并通知施工单位。施工单位在实施应见证的工作时，要求其主动通知项目监理机构有关见证的内容、时间和地点，请监理人员届时到达现场进行见证和监督。监理人员应按规定时间到达现场见证，对见证点的实施过程进行认真监督、检查，并在见证表上详细记录该项工作所在的建筑物部位、工作内容、数量、质量及工时等后签字作为凭证，否则，施工单位可以认为已获监理人员默认，有权进行该项施工。见证工作的频度应根据实际工作的需要进行确定。对涉及结构安全的试块、试件和建筑材料的见证取样工作应按照建设部关于《房屋建筑工程和市政基础设施工程实行见证取样和送检》的规定执行，见证取样的频度应符合要求，见证人员应具备见证人资格。

17.3 见证取样送检的工作程序

（1）工程开工前，项目监理部要督促施工单位选定见证取样送检的检测单位，对其资质和是否与施工单位有隶属关系进行核查，然后将选定的检测单位报到负责该项目的质量监督机构认可与备案。检测单位必须具备以下三个条件：

①取得省级以上建设主管部门的资质认可；

②拥有省级以上质量技术监督部门的计量认证合格证书；

③具有适应检测需要的设备、技术能力、管理制度、岗位人员资格和专业检测范围。

（2）建设单位应与项目监理部协商确定见证人员，在办理工程质量监督手续时向监督机构提交《见证人员授权书》，同时抄送检测单位、施工单位。

（3）施工单位应在工程开工前编制本项目的《见证取样送检计划》（可以在施工组织设计中体现），在计划中明确本项目该见证取样送检的材料（试样、试块）的名称、执行标准、预算工程量、计划进场时间、批次、取样频率、取样方法、检测项目以及取样送检人员名单与职责等，报项目监理机构审批。应见证取样送检的项目包括：

①施工质量验收规范和技术标准规定的工程材料，涉及结构安全的混凝土、砂浆、构件、检测、试验等；

②经处理的地基与基础、道路基层、桥梁基础等；

③涉及使用功能的防渗漏、设备系统性能等；

④建筑完工后室内环境质量和有害物含量。

（4）施工单位应在取样制样前通知见证人员，在见证人员的监督下按相关规范、标准的要求，完成取样制样过程。混凝土试块、砂浆试块的养护过程也应接受见证人员的监督。

（5）见证取样后，见证人员必须见证送检，其方式有以下三种：

①见证人员与取样人员一起将试样送到检测单位；

②把试样装入木箱或其他容器，经见证人员加封（不能装入容器的试样则贴上加封标志），然后由取样人员送往检测单位；

③取样人员委托见证人员送检。

（6）见证人员应将见证取样与送检的过程详细记入《见证记录》，并归入工程技术档案备查。

17.4　见证取样送检的注意事项

（1）见证人员应熟悉国家建设工程标准、规范；熟悉材料、检验、试验等方面的有关规定和相关的专业知识；要取得见证岗位资格。

（2）严格按照规范和见证取样手册中规定的频率、代表数量、取样方法执行，确保试样具有代表性，避免出现以下问题：

①试样所代表工程量的数量、批次少于规范要求；

②施工单位随意减少或改变取样频率，每一批送验样品必须是同一生产厂家、同规格编号、同批次进场，如有任一项不同，则应作为另一取样对象抽验；

③材料取样时不按有关标准执行，如袋装水泥试样因必须在同一编号的水泥的 20 个以上不同部位等量采集，总量至少 12kg，而施工现场常常在同一袋水泥中取样，使试样失去了代表性。

（3）为确保见证取样时试样的真实性，重点注意以下几点：

①加强监理见证人员的业务水平、专业知识和责任心，只有自身素质过硬才能检查、指导取样人员的工作；

②严禁出现取样人员私自取样，一旦发生，所取试样一律无效，并要求重新见证取样，如该类情况多次发生，监理人员应书面通知责令整改，直至要求施工单位更换取样见证人员；

③见证取样后，监理人员应见证送检，送检方式应优先采用陪同送检方式，由见证人员与取样人员一起将试样送至检测单位，如实际操作中有困难，可采用封样送检方式，由见证人员对试样装箱加封，封条试样交检测单位备案，由取样人员自行送检测单位，避免施工单位中途更换试样。

（4）检查检测委托单，要求施工单位规范填写，委托单上试样使用部位、代表数量、检测项目等应按实填写，其中，检测项目应与规范要求相符，不得漏项。见证员核对无误后，方可加盖见证员专用章。

（5）建立试验记录登记台账，对见证取样的试件做好书面记录，使见证取样具有可追溯性和可查性，同时这也是监理人员掌握试件取样数量、频率的有效手段。

（6）必要时，监理可采取平行取样的方法，不定期对有疑义的材料自行取样复试。

（7）若是一次检测不合格（不管有无见证）、双倍取样复试时，一定得有见证。

（8）取样人员一般应是施工单位的试验员，或由施工员、质检员担任；不得由材料员、仓管员等非专业人员担任或临时顶替。

18　平行检验监理工作

18.1　平行检验的含义

平行检验是监理部对被检验项目自行做出的判断和检查验收，其实质是监理对施工质量的复查，复查施工单位的自检数据是否真实、结论是否正确。这是监理人员实施质量控制重要的工作方法和关键环节，也是为竣工阶段总监理工程师组织监理预验收及编写工程质量评估报告和建设单位组织竣工验收提供重要的证据。《建设工程监理规范》对"平行检验"的规定包括了五层含义：

（1）"平行检验"实施者必须是项目监理部、监理工程师；

（2）实施"平行检验"的项目监理部要利用一定的检查或检测手段。这种检查和试验是监理机构独自利用自有的检测工具、仪器、试验设备或委托具有试验资质的实验室来完成的；

（3）项目监理部实施的"平行检验"必须是在施工单位自检的基础上进行的，施工单位必须在自检合格后才能向监理部提出报验申请，监理部对施工单位的自检结果应进行复验，符合要求后予以签字确认；

（4）"平行检验"的检查或检测活动必须是监理部独立进行的；

（5）"平行检验"的检查或检测活动必须按照一定比例进行，主要是针对那些对安全、卫生、环境保护和公众利益起决定性作用的"主控项目"和一部分"一般项目"而进行的检验，而对于其他项目，则应在施工单位质量控制体系下自己控制验收。由于工程建设项目类别和需要检验的项目非常多，各个检验项目在不同的行业中，其重要程度也各不相同，所以平行检验的频度、比例应符合相应专业的要求和委托监理合同的约定。

18.2　平行检验的范围和比例

平行检验的检查和检测工作应针对工程项目中那些对安全、卫生、环境保护和公共利益起决定性作用的"主控项目"和一部分"一般项目"，而不是建设工程中的全部检验项目。另外，监理部进行平行检验的项目应是在自身资格范围内，可以进行量测、检查、试验的项目，而国家、行业部门或建设单位规定的必须由具有相应资质的检测、试验、量测机构所进行的并需出具报告检验项目，不在监理部平行检验之列，监理部需要通过见证和审查试验报告的方法来达到对这些检验项目进行控制的目的。

平行检验是按照一定的比例进行的，确定比例的原则是主控项目和隐蔽工程 100% 检验，一般项目可按部门、行业要求或与建设单位协商确定，平行检验的比例确定后，应在监理合同中约定。

确认平行检验的范围比例，目的是使工程项目的质量能够得以有效控制，但又不能将本应由施工单位进行的自检工作划入到监理工作的范围之内，使监理部的投入过大而影响其他工作的进行。

18.3 平行检验的工作内容和计划

平行检验是项目监理部控制工程质量的重要手段之一，是隐蔽工程、分项、分部、单位工程质量认定及工程整体质量评估的重要依据。监理部应通过平行检验对工程材料、构配件、检验批、工序、隐蔽工程、分项工程等工程质量形成的过程进行控制。平行检验的工作内容可分为两个方面：一方面是对进场原材料进行检验或平行检验，按验收标准、设计文件规定的项目和频次进行检测，这是平行检验的重中之重；另一方面，以工程实体为检测对象，并按照项目划分的检验批进行检验，其目的就在于在施工单位检查的基础上进行二次检验及验收。

凡是施工验收规范规定必须平行检验的项目，监理部必须按照规定的频次、数量和标准进行平行检验。只有平行检验结果合格的原材料，才能允许投入使用；只有平行检验结果合格的分项工程，才能验收和同意进入下一道工序。

为做好平行检验工作，监理部应结合监理规划和监理细则以及施工单位的质量控制计划，编制出工程质量平行检验计划或方案，基本内容应包括：检验工程名称及检验部位；检验项目，即应检验的性能特征以及其重要性级别；检验程度和抽检方案；应采用的检验方法和手段；检验所依据的技术标准和评价标准；认定合格的评价条件；质量检验合格与否的处理；对检验记录及签发检验报告的要求；检验程序或检验项目实施的顺序；等等。平行检验记录宜表格化，可操作性要强，便于现场监理人员记录并形成完整资料。

18.4 平行检验工作资料的留存

相对于旁站、巡视等其他监理质量控制手段，平行检验的使用更加频繁，获得的质量检验数据更丰富，平行检验的数据和结论是工程质量验收和质量评估的重要依据。平行检验的资料是监理资料的重要组成部分，监理部不但要对材料、构配件和设备进行平行检验，也要对隐蔽工程、检验批、工序、分项工程等进行平行检验，对试验项目应做好试验记录，并附有试验结论，对实测实量项目应填写统一表格；对观感检验项目，应采用拍照、录像等手段进行记录。定期对平行检验资料按项目进行检查、整理、归档，使之完整有效。

19　进场预拌商品混凝土质量控制工作

19.1　对预拌商品混凝土搅拌站的考察

在结构混凝土施工前，应组织对预拌商品混凝土搅拌站进行考察，并写出考察报告。考察预拌商品混凝土搅拌站的主要内容有：

（1）营业执照、生产资质证书；

（2）生产质量保证体系；

（3）原材料进入搅拌站后的质量监控和复验制度、措施、复验报告；

（4）计量设备及检定、检测仪器检定；

（5）出厂检验的取样试验工作。

19.2　预拌商品混凝土的交货检验

预拌商品混凝土进入施工现场，必须进行交货检验。

交货检验由建设单位组织施工单位和生产企业共同进行，交货检验三方按照国家有关标准、规范及合同要求，确认产品品种、类别、数量、质量指标等，对于用于交货检验的试件，应按有关标准及见证取样规定进行取样、制作和养护，委托有资质的检测机构进行检验。施工单位应配备具有相应资格的专职人员，负责预拌商品混凝土交货检验中的拌和物性能检测、试件标准养护室，未建立标准养护室或标准养护室达不到要求的，施工单位应在监理单位的见证下，将混凝土试件送有资质的检测机构进行标准养护。严禁预拌混凝土生产企业代替施工单位制作混凝土试件。

预拌商品混凝土质量判断应以交货检验结果为依据，交货检验的检测报告作为工程质量评定与验收备案的必备资料。

交货检验不合格的，不得交付使用。

19.3　预拌商品混凝土现场试块留置的控制

（1）预拌混商品凝土除应在预拌混凝土厂内按规定留置用于出厂检验的混凝土试块外，预拌混凝土运至施工现场后，还应根据《预拌混凝土》GB/T1490—2003规定，在交货地点采取用于交货检验（现场留置试块）的混凝土试样。

（2）现场混凝土试块的留置要严格执行《混凝土结构工程施工质量验收规范》CB50204—2002（2011年版）中第7.4条主控项目各款（该部分为强制性条文）的规定，同批次同楼层同强度等级的标准养护混凝土试块留置每次通常应有3组（9块），但不能少于2组（6）块。特别是同条件混凝土试块的留置，要视混凝土构件的重要性会同建设方、设计方和施工方共同协商确定。对同批次、同楼层、同强度等级的结构柱和梁的同条件混凝土试块的留置，起码各要留2组（6）块，并及时填写《预拌混凝土试块留置及强度试验登记台账》。

（3）根据《混凝土结构工程施工质量验收规范》GB50204—2002（2011年版）的规定，地下结构工程混凝土强度、抗渗性能等检验的试块留置，应在浇筑地点随机抽样制作，并按下列规定进行：

①每个防火分区用于混凝土强度检验的标准养护试块留置取样方法：

a.地下室承台、底板、侧墙、顶板混凝土强度检验的标准养护试块留置按照当一次连续浇筑超过1000m³时，同一配合比的混凝土每200m³取样不得少于1组，每组（6）块应在"标准养护"池中养护，养护期不得少于28d。当梁板与柱的混凝土强度相差两个等级时，柱头处应单独留置标准养护试件（明确构件或轴线名称）。

b.地下室柱、剪力墙、梁等混凝土强度检验的标准养护试块留置按照同一配合比同一作业班组同一施工段的混凝土每200m³取样不得少于1组，每组（6块）应在"标准养护"池中养护，养护期不得少于28d。当梁板与柱的混凝土强度相差两个等级时，柱头处应单独留置同条件养护试件（明确构件或轴线名称）。

c.同一强度等级的同条件养护试件，其留置的数量应根据混凝土工程量和重要性确定，不宜少于10组，每组6块，且不应少于3组。重要结构的混凝土构件留置同条件养护试件的同时要留置标准养护时间，两者在试件、构件、部位尽量一致，以便其检测试验结果互相验证（明确构件或轴线名称）。

②每个防火分区用于混凝土强度检验的同条件养护试块留置取样方法：

a.地下室承台、底板、侧墙、顶板混凝土强度检验的同条件养护试块留置按照每个分区，同一配合比的混凝土取样不得少于1组（6块），试块应与现场构件相同条件下养护，养护期不得少于28d（明确构件或轴线名称）。

b.地下室柱、剪力墙、梁等混凝土强度检验的同条件养护试块留置按照每个分区，同一配合比的混凝土取样不得少于2组，每组（6块）应与现场构件相同条件下养护，养护期不得少于28d（明确构件或轴线名称）。

③每个防火分区用于混凝土抗渗压力检验的试块留置取样方法：

a.连续浇筑混凝土量550m³以下时，应留置2组（12块）混凝土抗渗试块；

b.每增加250~550m³混凝土，应增加留置2组（12块）；

c.如使用材料、配合比或施工方法有变化时，均应按上述规定留置；

d.抗渗试块应在浇筑地点随机抽样制作，留置的两组试块，其中一组（6块）应在

"标准养护"室中养护，另一组（6块）与现场构件相同条件下养护，养护期不得少于28d；同一工程、同一配合比的混凝土，取样不应少于一次，留置组数可根据实际需要确定。

（4）根据《混凝土结构工程质量验收规范》GB50204—2002（2011年版），地面以上各栋建筑物其结构工程的梁、板、柱、剪力墙等结构的分项工程（钢筋、模板、混凝土）都应按施工段进行检验批的划分。其混凝土强度等检验的试样（即试块留置）按下列规定进行。

①用于混凝土强度检验的标准养护试块留置取样方法：

a. 对于各楼层的柱、剪力墙、梁等混凝土强度检验的标准养护试块留置按照每层楼同一配合比的混凝土取样不得少于1组（6块），试块应在"标准养护"室中养护，养护期不得少于28d。其中，首层和屋面混凝土强度检验的标准养护试块留置必须留置1组（6块）（明确构件或轴线名称）。

b. 对于各层板的混凝土强度检验的标准养护试块留置按照每五层同一配合比的混凝土取样不得少于1组（6块），应在"标准养护"室中养护，养护期不得少于28d。其中首层和屋面混凝土强度检验的标准养护试块留置必须留置1组（6块）（明确构件或轴线名称）。

c. 特别注意对悬臂构件同条件养护试块的留置工作。

②用于混凝土强度检验的同条件养护试块留置取样方法：

a. 对于各楼层的柱、剪力墙、梁等混凝土强度检验的同条件养护试块留置按照每楼层同一配合比的混凝土取样不得少于1组（6块），试块应与现场构件相同条件下养护，养护期不得少于28d。其中首层和屋面混凝土强度检验的同条件养护试块留置必须留置2组，每组（6块）（明确构件或轴线名称）。

b. 对于各层板的混凝土强度检验的同条件养护试块留置按照每五层同一配合比的混凝土取样不得少于1组（6块），试块应与现场构件相同条件下养护，养护期不得少于28d。其中首层和屋面混凝土强度检验的同条件养护试块留置必须留置1组（6块）（明确构件或轴线名称）。

19.4 混凝土结构同条件养护试块留置的控制

根据《混凝土结构工程施工质量的验收规范》GB50204—2002（2011年版）的规定，用于检查结构混凝土强度的试件，应在混凝土的浇筑地点随机抽取。在留置标准养护试块的同时，要视工程实际需要，会同建设、设计、监理及施工单位确定同条件养护试块的留置组数等方案。通常情况下，同条件养护试块的留置应注意如下因素：

（1）同条件养护试件的留置方式和取样数量，应符合下列要求：

①同条件养护试件所对应的结构件或结构部位，应由监理单位、施工单位等各方根据其重要性共同选定。

②对混凝土结构工程中的各混凝土强度等级，均应留置同条件养护试件。

③同一强度等级的同条件养护试件，其留置的数量应根据混凝土工程量和重要性确定，不宜少于10组，且不应少于3组。

④同条件养护试件拆模后，应放置在靠近相应结构构件或结构部位的适当位置，并应采取相同的养护方法，注意做好防丢失措施。

（2）同条件养护试件应在达到等效养护龄期时，及时进行强度试验。

（3）同条件自然养护试件的等效养护龄期及相应的试件强度代表值宜根据当地的气温和养护条件，按下列规定确定：

①等效养护龄期可取按日平均温度逐日累计达到600℃·d时所对应的龄期，0℃及以下的龄期可不计入；等效养护龄期不应小于14d，也不宜大于60d。

②同条件养护试件的强度代表值应根据强度试验结果，按现行国家标准《混凝土强度检验评定标准》GB50107—2010的规定确定后，乘折算系数取用；折算系数宜取为1.10，也可根据当地的试验统计结果作适当调整。

（4）冬期施工、人工加热养护的结构构件，其同条件养护的等效养护龄期可按结构构件的实际养护条件，由监理、施工等各方根据有关规定共同确定。

19.5 建立试块留置台账

19.5.1 注意事项

（1）监理人员要对施工单位进场的预拌商品混凝土送货单认真进行核对，包括混凝土出厂试件、配合比、水灰比、混凝土强度等级、坍落度、使用部位等都要仔细核对，避免送到现场的商品混凝土送货单产品名称与商品不符。

（2）现场混凝土试块的留置很关键，为了防止施工单位弄虚作假，监理人员必须跟踪试块的制作过程，在试块上做好记号，并建立《混凝土试块留置及实验结果登记台账》，以备以后查证。

（3）试件到期后，要见证送样的全过程，直至送到有资质的检测机构进行试验。检测试验结果出具后，要及时把对应的数据填进去，并进行分析，及时发现问题研究解决，确保混凝土质量的合格。

19.5.2 混凝土试块留置及强度试验结果台账

混凝土试块留置及试验结果台账

部位及构件名称（××轴～××轴层/××构件）	设计强度值	坍落度		标养试块			同条件试块			监督抽检情况		结构实体强度检验	
		设计	实测	留置时间	留置数量	试验结果	留置时间	留置数量	试验结果	抽检时间	试验结果	检验时间	试验结果

20 重要结构分部工程质量控制工作

20.1 地基与基础工程

（1）天然地基工程必须做相应的地基土分析及承载力试验。根据规范和设计需求，具体确定采用何种检测方式，如钎探、板压试验、原状取土试验等。对复合地基，还应考虑静压、动测的试验。

（2）所有的天然地基以及桩基检测均由施工单位做好检测方案，监理单位确认，连同检测单位资质送监督站审查确定后，方可进行检测。

（3）桩基工程必须按规范要求进行桩基的检测，桩基施工完成后，由施工单位、监理机构共同测量作出桩平面轴线位置竣工图。

（4）对重要的大面积回填土，如设计对土的密实度有要求，应做土壤的密实度试验。

（5）天然地基的基坑（槽）应经建设、勘察、设计、监理、施工单位共同验槽，对实际地基与地质勘察报告不相符合或不符合要求的基槽，应拟定处理方案。

（6）人工挖孔桩基础持力层的确定，必须经勘察单位和设计单位在场鉴定。

（7）人工挖孔桩、钻孔桩、大直径桩（≥800 mm）均应做每桩一组混凝土试件。

20.2 主体结构工程

（1）模板：检查复核施工单位的测量放线，特别是轴线、梁、柱位置；检查模板的几何尺寸是否符合设计要求，模板及支撑体系的强度、刚度和稳定性、密封性、安全性是否符合施工组织设计方案的要求；对大跨度、高支模的模板工程，在施工之前，必须制定专项施工方案，并组织专家论证会进行论证，确保稳定和安全。

（2）钢筋：要重点检查受力钢筋级别、品种、规格、数量、构造要求、接头、受力钢筋保护层厚度等是否符合设计和规范要求，钢筋机械连接件的屈服承载力和抗拉承载力的标准值不应小于被连接钢筋的屈服承载力和抗拉承载力标准值的 1.10 倍；不同强度等级的接头的现场检验按验收批进行。同一施工条件下采用同一批材料的同等级、同形式、同规格接头，以 500 个为一个检验批进行检验与验收，不足 500 个也作为一个验收批，对接头的每一验收批，必须在工程结构中随机截取 3 个试件做单向拉伸试验，按设计要求的性能等级进行检验与评定；当 3 个试件单向拉伸试验结果均符合强度要求时，该验收批评为合格；如有一个试件的强度不符合要求，应再取 6 个试件进行复检。复检中如仍有一个试件试验结果不符合要求，则该验收批评定为不合格；当钢筋需代换时，应征得设计单位同意。

（3）混凝土：

①混凝土中使用的水泥进场时，应对其品种、级别、包装或散装仓号、出厂日期等进行检查，并应对其强度、安定性及凝结时间进行试验，其质量必须符合现行国家标准《通用硅酸盐水泥》的规定；当在使用对水泥质量有怀疑或水泥出厂超过3个月（快硬硅酸盐水泥超过1个月）时，应进行复验，并按复验结果使用；严禁使用含氯化物的水泥；按同一水泥厂生产的同品种、同强度等级、同一出厂编号且连续进场的水泥，袋装不超过200t为一批，散装不超过500t为一批，每批抽样不少于一次；水泥进场时，应提供其产品合格证、出厂检验报告和进场复验报告。

②混凝土中掺用外加剂的质量及应用技术应符合现行国家标准《混凝土外加剂》、《混凝土外加剂应用技术规范》及与有关环境保护的规定。

③预应力混凝土结构中，当使用氯化物的外加剂时，混凝土中氯化物的总含量应符合现行国家标准《混凝土质量控制标准》的规定。

④混凝土结构的强度等级必须符合设计要求。用于检查结构构件混凝土强度的试件，应在混凝土的浇筑地点随机抽取。取样与试件留置应符合现行《混凝土结构工程施工质量验收规范》的规定。

⑤现浇结构外观质量不应有严重缺陷。对已经出现的严重缺陷，应由施工单位提出技术处理方案，并经监理单位认可后进行处理。对已经处理的部位，应重新检查验收。

⑥现浇结构不应有影响结构性能和使用功能的尺寸偏差。混凝土设备基础不应有影响结构性能和设备安装的尺寸偏差。对超过尺寸允许偏差且影响结构性能和安装、使用功能的部位，应由施工单位提出技术处理方案，并经监理单位认可后进行处理。对已经处理的部位，应重新检查验收。

⑦地下防水工程所使用的防水材料，应有产品的合格证书和性能检测报告，材料的品种、规格、性能等应符合现行国家产品标准和设计要求；防水混凝土的抗压强度和抗渗压力必须符合设计要求；防水混凝土的变形缝、施工缝、后浇带、穿墙管道、埋设件等设置和构造，均须符合设计要求，严禁有渗漏。

20.3　钢结构工程

（1）钢结构施工图（包括施工详图）必须进行设计交底和图纸会审，并按建设部有关规定送交具有专业审图资质的审查单位审查。重要的钢结构设计图还应组织专家会审。

（2）钢结构工程所用钢材必须具有材质证明书，并应符合设计要求，当对钢材质量有疑义时，应按国家现行有关标准的规定进行抽样检验。属于下列情况之一，钢结构用的钢材必须同时具备质量保证书和试验报告（物理力学性能、化学成分分析、焊接工艺性能等）：

①新生产的钢种、钢号，国外进口钢材；

②钢材质量保证书项目少于设计要求；

③钢材混批，炉（罐）号不清；

④设计有特殊要求的钢结构用钢材；

⑤重要的钢结构，化学成分分析尤其重要。钢材的化学成分分析及物理力学试验必须由监理单位材料见证员进行100%的见证取样。

（3）施工单位对其首次采用的钢材、焊接材料、焊接方法、焊后热处理等，应进行焊接工艺评定，并应根据评定报告确定焊接工艺。焊接工艺评定应按国家现行标准《建筑钢结构焊接规程》和《钢制压力容器焊接工艺评定》的规定进行。

（4）钢结构的焊缝严格按设计要求进行施工，并应符合《钢结构工程施工质量验收规范》的要求。钢结构的焊缝质量等级为一级，要求做100%的超声波探伤检查内部缺陷；焊缝质量等级为二级，要求做20%的超声波探伤检查内部缺陷；焊缝质量等级一、二、三级均要100%进行外观缺陷检验。

（5）设计单位应向监理单位、施工单位及检测单位提供有关钢材的技术设计参数指标。

（6）质量监督站必须对钢材各种检测总量其中的5%进行监督抽检。

（7）施工单位对所有进场的钢材作出检测方案，由监理单位审查，并报质量监督站备案。

（8）施工单位必须做好钢结构的吊装方案，经有关监理、设计人员审批后方可施工；有关吊装方案送质量监督站备查。

（9）钢结构吊装前，监理单位及设计单位必须对钢结构的检测复验资料、质量保证资料、隐蔽验收资料、外观检查资料进行审查复核。

（10）钢结构施工前，主体结构的防雷施工检测必须完成，并在钢结构吊装的全过程中做好防雷措施。

（11）钢结构的预埋件必须在主体施工时按设计要求预先埋好，预埋质量应符合现行《钢结构工程施工质量验收规范》要求。

（12）钢结构的吊装以及吊装还未完成（指未形成空间刚度单元）时，要求施工单位一定要做好防风的措施。

（13）钢结构吊装完成后，任何施工单位在未经设计、监理人员同意的情况下，不得在钢结构上进行钻孔、施焊、切割等操作。

（14）钢结构工程所采用的连接材料、螺栓、焊条、焊丝、焊钉、焊剂、保护焊用气体等，应具有出厂质量证明书，并按规定比例进行见证取样，其检验结果应符合设计要求和国家现行有关标准的规定。

21 签发监理工程师通知单

21.1 监理工程师通知单的指令性

监理工程师通知单是项目监理机构按照委托监理合同所授予的权限，针对施工单位出现的各种问题而发出的要求施工单位进行整改的指令性文件，具有强制性、执行性和严肃性。要求施工单位无条件地接受并执行正确的监理指令，在规定时间内完成相关工作，填写监理工程师通知回复单，报请项目监理机构进行核查。

21.2 监理工程师通知单的编写要求

（1）通知单的标准格式。由事由和内容两部分组成。事由应该用简洁、严谨的词汇来突出通知单的主要内容。内容一般应包括以下几个方面：对现场存在问题的描述，依据的标准规范，整改内容，整改回复时间。

（2）指令的内容必须明确。监理工程师通知单必须有针对性地正确下达。指令中的内容必须明确且符合实际，应明确存在什么问题、何处存在，应明确问题的解决要求、完成时限及达到何种标准等。

（3）指令的依据必须准确。监理指令必须充分依据合同条件、技术规范、质量标准等，引用时应加强校对，做到引之有据、用之无误。

（4）指令必须及时下达。监理指令必须及时下达，要注意时效性，防止指令延误。

（5）指令的文字必须简练。指令的文字必须言简意赅，不得发生歧义，不得在指令中指责施工单位以推脱监理机构责任。

（6）指令与提示、通知不得混淆。对重要的合同管理事宜、重要的分项工程、易出质量问题的工程部位等，应在事前向施工单位进行书面提示，提示其做什么、如何做、做到何种标准等。在实施过程中，承包人没有注意或违背了合同条件、技术规范及有关文件规定，达不到监理工程师和建设单位要求时，必须及时下达指令，即要做到"事前提示、事中指令"。需要注意的是，不论什么情况下，对同一具体事项，绝不能先下达了指令，然后又发出工作提示。或者说，可以"事前不提示、事中有指令"。另外，还应注意监理指令与监理通知的区别，做到该通知的用通知、该指令的用指令。监理通知的事项、内容具有普遍性，被通知的单位至少是一个，甚至是所有单位。对通知的落实执行情况要接受检查，但不一定要书面报备。而指令的事项、内容具有特别性，具有严肃性，非这样、这时解决不行，被指令的单位一般为一个，可以抄送其他单位注意。但存在的问题，因其重要，非严肃指出并强制执行不行，也可以指令所有下属单位，签发指令者关注落实结果，被指令者必须将落实结果书面上报备查。

（7）质量问题与安全问题尽量不要使用同一份通知单签发。

（8）施工单位应在监理要求的时限内进行书面回复。书面回复应对通知单中所提问题产生的原因、整改过程和今后预防同类问题准备采取的措施进行详细说明。

（9）监理人员应复查施工单位的整改情况，并应做好复查记录，复查记录可记录在复查工作进行当天的监理日志上。在相互对应的《监理工程师通知回复单》上须签署明确意见，做到监理指令的闭合完整。

21.3 注意事项

（1）通知单和回复单均要及时抄送建设单位。及时向建设单位抄送通知单和回复单，既能向建设单位体现监理工作情况，也可获得建设单位对监理处理问题的支持。只向建设单位抄送通知单而不报送回复单，会使监理的工作成效在建设单位心目中打折扣。

（2）必要时，通知单和回复单均附上问题部位整改前后的照片。监理人员在日常巡视检查过程中发现问题就要拍照取证，并反映到通知单中。施工单位完成整改后，也要对整改效果进行拍照并附到回复单中，以增强反映问题的直观性和客观真实性。

21.4 监理工程师通知单编写案例

下面是工程实际中的《监理工程师通知单》，可作为参考。

监理工程师通知单

工程名称：

编号：KD-013#

致：

事由：

KBG管的管壁厚度不符合要求。

内容：

你单位在地下二层预埋施工中所用KBG管未填报工程材料报审表。经检查：KBG20的管壁厚为0.9～1.18mm；KBG16的管壁厚为0.9mm，均不符合KBG管壁厚应达到1.5mm的合同要求。鉴于此，对你单位提出以下要求：

1. 要求你单位3天内将不符合要求的KBG管清退出场，重新购置合格的KBG管。

2. 应向监理部申报新进场的KBG管，并附上相关的证明文件，验收合格后方可使用。

3. 对已用于工程的KBG管应核实数量。

4. 应及时向监理部反馈KBG管的购置和处置信息。

项目监理机构：＿＿＿＿＿＿＿＿

总／专业监理工程师：＿＿＿＿＿

日　　期：　年　　月　　日

22 监 理 日 志

22.1 监理日志的特点

监理日志是监理部监理工作的真实写照，也是项目建设监理过程的如实记录，因此，监理日志具有的明显特点是对监理工作和监理活动的全方位记载、全过程记载、全面性记载和连续性记载。

22.2 监理日志记录指南

监理日志是监理单位监理工作的重要文件资料，是工程监理档案的重要组成部分，是项目监理活动和完成监理服务全过程的真实原始记录，是所监理工程项目实际施工全貌的客观动态反映，也是反映监理工作水平的窗口。

监理日志应是监理文件和监理资料可追溯性的主要载体，因此在工程项目建设过程中，每一个隐患及其整改、每一个问题及其改正、每一个事故及其处理、每一项工作及其进程、每一个变更及其实施以及每一件事项及其过程，都应记载到监理日志中，具体包括以下内容：

（1）监理工程师通知单的签发及其指令的主旨；与监理工程师通知单编号、内容一一对应的监理工程师通知回复单的签收、对回复单内容的复查及对回复单的签署；

（2）签发暂停令及其编号、暂停日期、指令暂停的原因；收到的工程复工报审表及编号、对施工暂停原因消失情况的复查和结果，以及同意复工的日期；

（3）每一项工程变更的提出单位、设计变更文件或变更会议纪要，总监理工程师签发的工程变更单，工程变更是否对质量、工期、费用造成影响及工程变更的最终实施结果等；

（4）旁站监理的实施情况；

（5）当天进场原材料的检查、见证取样、平行检验、拟使用部位和台账登录等内容。

22.3 监理日志记录的内容

22.3.1 封面的填写

施工单位和建设单位的名称、工程的名称、工程合同的编号、日志的记录人、日志的起止日期等，都要按要求填写。

22.3.2 天气情况的记录

天气情况是监理日志应填写的第一项内容，也是非常重要的内容，因为天气情况对工程施工质量、施工进度和工期索赔等都至关重要，例如，雨、雪天气会影响深基坑施工；混凝土工程与温度、风力、雨量有关，大模板施工与风力有关，涂料和防腐施工与气温和湿度有关，电缆敷设与气温有关，变压器吊芯与风力和湿度有关，等等。因此，要求监理日志的气象记录一定要完整、准确，要将气温、风向、风力、湿度、降雨量、降雪量等详细记录清楚，一定要量化。

22.3.3 工程施工情况的记录

工程施工情况主要填写当日的施工内容、施工部位、进度和质量情况，投入的劳务、施工设备情况。

（1）施工内容应记录具体，如写明是挖基坑、支模板、绑钢筋、浇筑混凝土还是砌筑抹灰等。

（2）施工部位应准确记录施工单位当天施工作业部位，如写明第几层及其轴线、部位，是内部还是外部等。

（3）施工单位动态：记录施工单位人员、机械、材料的进出场情况，当天的施工作业内容，施工作业过程是否符合要求，施工过程是否正常，施工安排是否符合计划要求。

（4）施工单位提出问题的内容和对施工单位提出问题的答复、指令、或请示情况。

（5）施工过程中存在的问题，如记录施工过程中监理发现的问题、解决的方法以及整改的过程。监理日志不能只记录存在的问题而没有记录问题是怎样解决的。发现问题是监理人员经验和观察力的表现，解决问题则是其能力和水平的体现。在监理工作中，并不只是发现问题，更重要的是怎样科学合理地解决问题。所以，监理日志不仅要记好发现的问题，同时要记录解决问题的方法和过程。

22.3.4 监理工作情况的记录

（1）巡视、检查、平行检验、旁站情况。这是监理日志记录中最重要的和每天都大量存在的内容，如施工情况是否正常，是否按经批准的施工方案进行；当天发现哪些不符合质量标准的质量问题，采取什么措施处理，处理的结果如何等。当日能验证的当日填写，当日不能验证的在后续的日志中应有结果，前后内容应当对应。

（2）针对存在的问题，记录监理签发了什么内容的通知单或联系单，收到了什么回复单，进行了什么整改复查工作。

（3）对施工单位报验审批的审查审批情况。

（4）材料进场和使用情况。应对进场材料的名称、数量、规格、用于什么部位等认真填写，对材料的质量状况、见证取样以及使用情况等做好记录。

（5）建设单位的指示和要求、设计单位同意的变更内容、施工单位的申请都认真填写。特别是建设单位的要求，应写明什么人的要求，要求的内容、时间和地点以及要求的落实情况。

（6）工程进度控制情况。应填写作业计划完成情况及原因分析，监理采取的具体措施以及取得的实际效果。

（7）工程费用控制情况。应填写监理对工程变更的处理、工程量签证以及进度款审核和支付的情况等内容。

（8）对目前发现问题的处理结果或召开工地例会的情况。

（9）记录混凝土试块、砂浆试块等的见证取样情况。

（10）记录分部、分项、检验批验收情况和发现的问题。

（11）记录施工现场安全施工和文明施工检查情况以及安全隐患的处理意见。

（12）对以往提出问题的复查。记录对以往提出问题的跟踪检查情况、问题的处理结果，避免问题没有得到解决而不了了之。

（13）安全文明施工管理：记录监理巡视、检查过程中发现的问题及监理的有关指令、施工单位对指令的执行情况。

（14）参加会议的记录或有关工程的洽商记录。

22.3.5 其他事项的记录

在执行监理任务过程中，如因法律、法规、政策变化及工地停电、停水或不可抗力事件，致使正常的施工受到影响的事项，应当记录，如果当天没有发生上述内容，可在此栏填写"无"。

22.4 监理日志记录的要求

（1）监理日志的记录应该符合法律、法规、规范的要求，真实、全面、充分体现工程参建各方合同履行情况，实事求是、真实可靠地公正记录每天发生的工程情况，准确反映监理每天的工作情况及工作成效。禁止伪造和做假，不能为了某种目的修改日志，不得随意涂改、刮擦。

（2）监理日志作为完整的工程跟踪资料，应反映工程建设过程中监理人员参与的工程投资、进度、质量、安全、合同及现场协调等情况，对与之有关的问题在记录整理上都要条理清晰、有头有尾，对参与人、时间、地点及起因、经过、结果都要如实记录。监理人员应每天按时填写监理日志，尽量避免事后补记。

（3）监理日志不允许记录与监理工作无关的内容。

（4）记录问题时，对问题的描述要清楚，处理措施和处理结果都要跟踪记录完整，不得有头无尾。

（5）监理日志书写要工整、清晰，用语规范、语言表达简明扼要、措辞严谨，记录应尽量采用专业术语，不用过多的修饰词语；涉及数字的地方应记录准确数字，不得采用"大约"、"大概"、"差不多"之类的措辞。监理日志充分展示监理人员在工程建设监理过程中的各项活动及其相关的影响，文字处理不当、出现错别字、涂改、语句不通、不符合逻辑、用词不当、不规范等都会产生不良的后果。如果在监理日志中出现"估计"、"可能"、"基本上"等概念模糊的字眼，会使人对监理日志的真实性、可靠性产生怀疑，从而失去监理日志应起的作用。

（6）对一般问题，专业监理工程师和监理员的记录要有呼应，互为佐证；对重要问题，总监理工程师、专业监理工程师、监理员的日志记录要形成由上至下的记录系统，保证互证关系，最后形成三级记录的互证链条。

（7）监理日志应与常用的监理用表、支付表、旁站记录、监理台账等联合使用，互为记录与补充。这样既能提高监理工作效率，又能减轻监理的劳动强度。

（8）监理日志按单位工程、分专业记为好，这样既便于监理日志的查阅，又利于监理日志按工程归档。

22.5　总监理工程师对监理日志的签阅

监理日志是总监理工程师检查、了解监理工作和监理资料的重要载体和重要线索，总监理工程师每天都要签阅监理日志，至少每隔一天要签阅一次。这样，总监一方面可以全面熟悉监理情况，另一方面还可以检查和督促监理部人员的工作。

总监理工程师签阅时，应将监理日志作为监理部日常监理工作的主线去进行签阅，在具体查阅时，可重点关注如下内容：

22.5.1　完整性

当日巡视、旁站、见证、验收、平行检验等监理工作和发指令文件（监理工程师通知单、工程暂停令）、工作联系单、工程变更单等监理工作及各种审批、核查等监理工作的情况，是否都如实记录，有否漏记。当然，不可能每天都同时做这些工作，但只要做了，就应如实记录。也不用每项工作都做详细记录，有的只需简略记载事项，如旁站，只记旁站的部位、时间、施工工序，并写上其他详情另见"旁站监理记录"，等等。

22.5.2　可追溯性

例如，地基与基础分部工程的施工已进行到分部工程验收，此前及近期的监理日志就应有审查桩基、基坑支护、土方开挖、大体积砼浇筑、地下防水等专项施工方案、测量放线报验、原材料报验、隐蔽工程报验、检验批、分项和分部（子分部）工程验收报验等监理工作的记录和监理例会、验收会议等监理会议记录及处理相关质量问题、发出的监理工程师通知单的记录等。又如，某天监理日志中记录了水泥进场报验，就应检查当天的监理日志中是否记录了水泥报验单的编号及其质量证明材料是否齐全、是否符合设计或规范要求等。

22.5.3　能够闭合

例如，记录了发出监理工程师通知单，就一定要记录收到对应的监理工程师通知回复单和记录对整改结果的复查情况。又如，记录了当天不能及时解决的问题，在后续的监理日记中应及时记录检查结果或解决的情况。

22.5.4　逆向抽查

随机抽查某些报审表、报验表、见证单、旁站记录、通知单、变更单等，根据其发生日期，检查该天的监理日记是否做了记录。

22.6 安全监督监理日志

（1）单列成册，专门记录安全监督管理工作。

（2）记录内容如下：

①施工现场安全生产情况：记录总分包单位安保体系人员到岗情况、安全技术交底情况、安全制度建立及遵守情况、安全技术措施和专项施工方案执行情况、安全验收情况。

②安全监理工作情况：审查专项施工方案的情况，巡查危险性较大分部、分项工程的作业情况，核查起重机械、施工机具的验收和运转情况，检查脚手架搭设、拆除和安全防护情况，检查模板支撑系统情况，检查各种安全防护设施和安全防护措施是否符合强制性标准要求；检查现场临时用电情况，发现违规作业或存在安全隐患情况，签发安全隐患整改通知的情况，检查安全施工、文明施工情况，下达关于安全生产隐患整改的监理工程师通知单和暂停令的情况，向安全监督行政部门报告的情况等。

22.7 监理日志记录案例

监 理 日 志

日气象	日期	2011 年 10 月 15 日		星期六	
（晴、阴、雨、雪、冰冻）	温度（℃）		湿度	风向	风级
上午　小雨	下午　阴	最高 18	最低 15	60%~95%	偏北	2~3

内容：

一、天气情况

1. 今天预报为全天小雨，实际上只在早上七点多钟至八点钟下了一点小雨，全天都是阴天是施工的好天气，也是浇砼的好天气。

二、施工情况

1. 架子工搭设 1#楼地下室剪力墙及顶板满堂钢管脚手架，准备支撑模板用，架子工有 7~8 人。

2. 2#楼申请开盘浇筑承台底板砼，砼工及各配合工人共计有 23~25 人。

3. 1#楼地下室剪力墙及顶板满堂支撑脚手架由架子工搭设，搭到梁底高度交木工使用，搭设方法是从西向东进行。1#楼地下室面积有 3300 多平方米，今天只搭设了三分之一，预计 3 天搭好交木工。今天木工全部休息原因是工作面未出来。

4. 早上 7：30 分商砼站送 C40 砼到场，经进场交货验收及各报审资料，砼级别与设计相符合，同意浇筑。承台底板砼共浇筑砼 2700m³。

5. 浇筑程序是从西向东进行，泵车直接把所需的砼送到指定部位。有 1 人专职指挥砼泵车，其他几人分别振捣收平，有 2 个钢筋工进行跟踪修整，基础是地模不需人看管。

6. 施工方管理人员有项目经理，施工员在场，另配有电工、机械工。

三、浇筑砼监理工作

1. 今天浇 2#楼基础承台底板砼，此基础钢筋、砖地膜、轴线、标高及基础垫层上积水清理等情况昨天已全面检查过，都符合浇筑砼要求，今天一上班监理人员又全面地复查了一遍。

2. 检查了浇筑砼机具设备，特别是电线的走向及振动棒的情况，同时过问了施工人员组织到位情况，商砼供应站联系情况。一切都准备到位。

3. 基础砼申请开始浇筑时，监理部审查了开盘鉴定及浇筑申报表。在浇筑过程中抽查了4次坍落度，结果均为165~173mm，符合设计要求，见证留置试块并要求写好日期。

4. 现场浇筑工作中监理人员全程旁站，并落实在浇筑过程中施工方是否按程序进行施工，钢筋是否损坏无人修整，振动棒是否漏振，浇好的砼保护是否及时，商砼供应是否及时，以及预留预埋情况，施工方管理人员情况。

四、施工中的质量

由于本次浇的是基础砼，钢筋直径都比较大，直径最小的面筋为双向双层Ⅲ级ϕ14钢筋，经检查无问题，砼供应及时，各方管理人员都在现场，包括甲方领导也在现场，施工操作程序合理，浇振密实，砼保护保养到位及时，整个基础砼于15日上午7：30分开始至16日2：40分完成。

五、其他监理情况

1. 同时还检查了一下1#楼地下室满堂脚手架搭设情况，钢管立杆都立起来了，横杆需搭设四道，今天只搭设了一道多一点，搭设情况尚好，基本是按方案进行。

2. 下午进场了一批钢筋，直径为ϕ12、ϕ16、ϕ18三种，共有18吨，全为武钢生产。监理人员先查验合格证及质量证明，符合要求，并按规定见证取样送验。此批钢材将用于主体结构。目前进度甲方满意。安全施工情况另记入《安全监理日志》。

3. 收到03号监理工程师通知回复单，并由余×等三人对整改情况进行复查，确认已整改到位。

23 编写监理月报

23.1 监理月报的概念

监理月报是项目监理部按月向建设单位、监理单位提交反映本报告期内工程实施情况的阶段性工作报告；是监理工作的综合反映，是监理工作量及价值的体现；是供建设单位和监理单位了解项目实施概况、掌握工程动态、监督考核监理机构工作的重要依据；也是监理单位和建设单位长期保存、城建档案部门必须收存的重要文件。

23.2 监理月报的主要作用

（1）报告作用。向建设单位和监理单位及时、全面、客观、动态地报告工程实施概况，使其对项目进行评估并根据需要做出干预、调整等。

（2）请示作用。反映合同履行中遇到的难以解决的困难、问题、意外情况等，请示、请求监理单位或建设单位给予支持、帮助。

（3）总结作用。项目监理部对自身工作进行总结，肯定成绩，找出差距，提出持续改进措施。

（4）信息管理作用。对一个月内发生的组织信息、管理信息、经济信息和技术信息等进行收集、加工和整理，以月报形式存储、传递。

23.3 编制监理月报的基本要求

（1）原则上每月均应编制监理月报。

（2）监理月报的报送时间由监理单位与建设单位协商确定。

（3）监理月报的编制周期通常为上月26日到本月25日，原则上在下月5日之前发送至建设单位及有关单位。

（4）监理月报由项目监理部的总监理工程师组织编制，项目监理部全体人员分工负责编写，指定专人汇总编制，交总监理工程师审核签发，报送建设单位、监理单位及有关单位。

（5）监理月报应真实和全面反映本月工程进度、质量、造价及安全生产状况及监理工作情况，必须数据准确、真实，内容重点突出，对问题有分析，采取的措施有结论，语言简练，并附必要的图表和照片。

（6）监理月报的格式通常应统一。

23.4　施工阶段监理月报的主要内容

（1）本月工程概况。

（2）本月工程形象进度。

（3）工程进度。

①本月实际完成情况与计划进度比较；

②对进度完成情况及采取措施效果的分析。

（4）工程质量。

①本月工程质量情况分析；

②本月采取的工程质量措施及效果。

（5）工程计量与工程款支付。

①工程量审核情况；

②工程款审批情况及月支付情况；

③工程款支付情况分析；

④本月采取的措施和效果。

（6）合同其他事项的处理情况。

①工程变更；

②工程延期。

（7）本月监理工作小结。

①对本月进度、质量、工程款支付和安全生产等方面情况的综合评价；

②本月监理工作情况；

③有关本工程的意见和建议；

④下月监理工作的重点。

监理月报的内容还应符合建设单位的要求。

23.5　监理月报编制案例

监理月报编制案例详见附录五。

24 签发工程暂停令

24.1 工程暂停令的特点与签发依据

工程暂停令是一种非常严肃而慎用的监理手段,具有针对性、强制性、严肃性、权威性的特点。暂停令一旦签发,承包单位必须认真对待,按规定期限进行整改落实并按时回复,总监理工程师应严格审查承包单位的复工申请及相关的附件资料。

《建设工程监理规范》第 5.4.12 条规定:"监理人员发现施工存在重大质量隐患,可能造成质量事故或已经造成质量事故时,应通过总监理工程师及时下达工程暂停令,要求施工单位停工整改。整改完毕并经监理人员复查,符合规定要求后,总监理工程师应及时签署复工报审表。"

《建设工程安全生产管理条例》第 14 条规定:"工程监理单位在实施监理过程中,发现存在安全隐患的,应当要求施工单位整改;情况严重的,应当要求施工单位暂时停止施工,并及时报告建设单位。"

24.2 什么情况下可签发工程暂停令

在发生下列情况之一时,总监理工程师可签发工程暂停令:

(1) 为了保证工程质量而需要进行停工处理;

(2) 建设单位要求暂停施工,且工程需要暂停施工;

(3) 施工出现了安全隐患,总监理工程师认为有必要停工以消除隐患;

(4) 发生了必须暂时停止施工的紧急事件;

(5) 施工单位未经许可擅自施工,或拒绝项目监理机构管理。

24.3 签发工程暂停令的程序

工程暂停令必须由总监理工程师亲自签发,总监理工程师不得将该项工作委托其他人员完成。工程暂停令、工程复工报审表均应及时报送建设单位。

不符合签发程序的做法中,有的暂停令是由建设单位签发给施工单位,抄送监理机构的;有的暂停令是由监理员签发的;有的总监在签发暂停令前没有与建设单位协商;有的暂停令未及时抄报建设单位，复工申请批准后不转发建设单位等，这些都是程序上的错误，不符合监理规范的要求。

24.4　签发工程暂停令的注意事项

（1）签发工程暂停令应注意尺度。不要该签发暂停令时没有签发，不该签发时反而签发；也不要一出现质量、安全问题就签发暂停令，出现滥发暂停令的现象，会严重影响工程暂停令的权威性、严肃性；要会运用暂停令，不要该签发暂停令时反而签发了监理工程师通知单或监理工作联系单。

（2）工程暂停令中应详细具体指出存在的问题或明确指出必须停工的理由和证据。

（3）高度重视工程暂停令的时效性，加强时间观念。

①适时把握工程暂停的开始时间。暂停开始时间不能过早，过早发出了不适合的指令，会影响进度计划而延误工期；暂停开始时间也不能过迟，事过境迁之后才下达指令就起不到应有效果。

②合理确定工程暂停时间的长短。暂停时间过长或过短不仅会影响到工程的进度，也会影响到监理的权威以及造成施工单位提出索赔。因此，这个"暂时的"时限不宜过短，更不能过长。为体现监理的公正性、科学性，工程暂停的时间应使施工单位有充分时间进行整改，落实监理部的指令和要求并填报复工报审表为度。

③签发暂停令的时间应精确。总监签发暂停令的时间和施工单位签收的时间应具体到分钟，不能只签署到年、月、日，否则会影响到暂停令的实效性。

④应对暂停施工的内容及范围进行明确、具体的表述，加强工程暂停的空间观念。总监理工程师在暂停指令中若不明确暂停内容范围的广度，会造成施工单位不知所措，也无法正确理解停工的意图。

⑤在工程暂停令中要详细说明要求施工单位做好的各项整改工作；要求承包单位针对存在的问题进行分析，进行认真严肃的整改落实，制定类似问题发生的预防措施、复工申请的时限、对有关责任的处罚等。

⑥允许施工单位对工程暂停令进行申诉。工程暂停令虽然具有强制性，但根据《建设工程实施合同（示范文本）》的规定，应允许施工单位对监理部提出的问题、暂停的时间时限、暂停的内容范围等进行申诉。施工单位如认为工程暂停令不合理，应在收到指令后24h内向监理部提出修改指令的书面报告，监理机构在收到报告24h内做出修改暂停令或继续执行原暂停令的决定，并以书面形式通知施工单位。紧急情况下，监理部要求施工单位立即执行暂停令或施工单位虽然有异议，但监理部决定仍继续执行的暂停令，施工单位应予执行。因暂停令错误发生的追加合同价款和施工单位造成的损失由建设单位承担，延误的工期相应顺延。

⑦工程暂停令签发后，总监理工程师应安排监理人员及时进行跟踪检查与记录，督促施工单位落实暂停令的各项整改要求。如果监理人员对所发生的情况没有记录，缺乏必要的跟踪检查，使暂停令一签了之，从而造成暂停令使用效果达不到相应的要求，丧失了暂

停令的严肃性和权威性。对于由施工单位原因导致工程暂停时，监理人员应认真巡视、检查暂停令的落实情况，检查施工单位是不是按照监理部的要求进行整改落实，有没有落实到位，落实及不及时，有没有采取进一步的措施，这为监理部审批施工单位的复工申请提供了直接依据。对于由建设单位或非施工单位原因导致工程暂停时，监理部也应如实记录所发生的实际情况，为处理工期与费用索赔提供直接的依据。

25 验收工程质量

25.1 验收的依据

（1）《建筑工程施工质量验收统一标准》（GB50300—2001）；
（2）建筑工程各专业工程施工质量验收规范；
（3）相关的标准、规范、规程。

25.2 验收检验批

（1）检验批是工程验收的最小单位。检验批是施工过程中条件相同并有一定数量的材料、构配件或安装项目，由于其质量基本均匀一致，可作为检验的基础。

（2）检验批的验收应在施工单位自检合格的基础上，并按相应的《检验批质量验收记录表》填写及向项目监理部申报验收后组织进行。

（3）检验批应由监理工程师组织施工单位项目专业质量负责人等按规定程序进行验收。

（4）验收合格的条件是：
①主控项目和一般项目的质量经抽样检验合格；
②具有完整的施工操作依据和质量检查记录。
对安全、卫生、环保和公众利益起决定性作用的主控项目，检验结果必须百分之百符合要求。

25.3 验收分项工程

（1）分项工程一般按主要工种、材料、施工工艺、设备类别等划分。

（2）施工单位要按相同项目检验批的验收记录表格进行汇总统计，并填写《分项工程质量验收记录》，各参建单位代表、技术负责人签署验收意见，验收合格后各方履行签字手续。

（3）分项工程由监理工程师组织施工单位项目专业质量负责人等按规定程序进行验收。

（4）验收合格的条件是：
①分项工程所含的检验批均应符合合格质量的规定。

②分项工程所含的检验批的质量验收记录应完整。

25.4 验收分部（子分部）工程

（1）分部（子分部）工程一般按专业性质或建筑部位划分。

（2）施工单位要按相同项目分项工程质量验收记录进行汇总统计，并填写各相应《分部（子分部）工程质量验收记录》，由各参建单位负责人、技术负责人进行验收，验收合格后各方签署验收意见。

（3）分部（子分部）工程由总监理工程师组织施工单位项目负责人和技术、质量负责人等进行验收；地基与基础、主体结构分部工程的勘察、设计单位工程项目负责人和施工单位技术、质量部门负责人也应参加相关分部（子分部）工程验收。

（4）验收合格的条件是：

①分部（子分部）工程所含分项工程的质量均应验收合格；

②质量控制资料应完整；

③地基与基础、主体结构和设备安装等分部工程有关安全及功能的检验和抽样检测结果应符合有关规定；

④观感质量验收应符合要求。

25.5 预验收单位（子单位）工程

（1）单位工程一般是具有独立施工条件并能独立形成使用功能的建筑物或构筑物。单位工程质量验收也称为质量竣工验收。

（2）施工单位在工程完工并自检合格达到竣工验收条件后，填报竣工预验收报验表，申请竣工预验收。

（3）总监理工程师组织专业监理工程师，对施工单位报送的竣工资料进行审查，并对工程质量进行竣工预验收。对存在的问题，应及时要求施工单位整改。整改合格后由总监理工程师签署工程竣工预验收报验单。

（4）工程竣工预验收合格后，项目监理部提出工程质量评估报告，经总监理工程师和监理单位技术负责人审核签字后报建设单位。

25.6 协助建设单位组织单位（子单位）工程竣工验收

（1）单位工程完工后，施工单位应自行组织有关人员进行检查评定，并向建设单位提交工程验收报告。

（2）施工单位要按分部（子分部）工程质量验收记录成果进行统计汇总，并填写《单位（子单位）工程质量竣工验收记录》。

施工单位还要填写《单位（子单位）工程质量控制资料核查记录》、《单位（子单位）工程安全和功能检验资料核查及主要功能抽查记录》、《单位（子单位）工程观感质量检查记录》，由总监理工程师协助建设单位组织各参建单位负责人、技术负责人进行核查、抽查和检查，并签署结论意见，履行签字手续。

（3）单位工程质量验收是在施工单位自检并提交工程验收报告的基础上，由建设单位（项目）负责人组织施工（含分包单位）、设计、监理等单位（项目）负责人进行。单位工程验收合格后，各方履行签字手续，验收报告和有关文件上报建设行政管理部门备案。

（4）验收合格的条件是：

①单位（子单位）工程所含分部（子分部）工程的质量均验收合格；

②质量控制资料应完整；

③单位（子单位）工程所含分部工程有关安全和功能的检测资料应完整；

④主要功能项目的抽查结果应符合相关专业质量验收规范的规定；

⑤观感质量验收应符合要求。

25.7 中间验收重要分部（分项）工程

按照有关规定，对下述重要分部（分项）工程，在完工后必须由总监理工程师组织勘察、设计、施工等单位进行验收，并在验收后到质量监督站办理中间验收登记手续：

（1）桩基础工程；

（2）天然地基工程；

（3）地基处理工程；

（4）地下结构工程；

（5）地下防水工程

（6）地下室人防工程；

（7）主体结构工程；

（8）屋面防水工程；

（9）幕墙工程；

（10）建筑节能工程。

25.8 填写质量验收记录示例

下列为各工程质量验收记录表，以供参考。

钢筋安装工程检验批质量验收记录表

单位（子单位）工程名称													
分部（子分部）工程名称		混凝土结构		验收部位		三层框架柱①～⑨/⑧～⑥轴							
施工单位				项目经理									
分包单位				分包项目经理									
施工执行标准名称及编号		1.《混凝土结构工程施工质量验收规范》（GB50204—2002） 2.《混凝土结构工程施工工艺标准》（QB013—2005）											

施工质量验收规范的规定				施工单位检查评定记录									监理（建设）单位验收记录
主控项目	1	纵向受力钢筋的链接方式	第5.4.1条	√									纵向受力钢筋的链接方式，接头的力学性能。受力钢筋的品种、级别、规格和数量符合设计及规范要求
	2	机械连接和焊拉接头的力学性能	第5.4.2条	√									
	3	受力钢筋的品种、级别、规格和数量	第5.5.1条	√									
一般项目	1	接头位置和数量	第5.4.3条	√									接头位置和数量，绑扎搭接接头面积百分率和搭接长度，搭接长度范围内的箍筋，绑扎钢筋网、绑扎钢筋骨架、受力钢筋间距、排距、保护层厚度、绑扎箍筋、横向钢筋间距符合设计及规范要求
	2	机械连接、焊接的外观质量	第5.4.4条	√									
	3	机械连接、焊接的接头面积百分率	第5.4.5条	√									
	4	绑扎搭接接头面积百分率和搭接长度	第5.4.6条 附录B	√									
	5	搭接长度范围内的箍筋	第5.4.7条	√									

一般项目	3	钢筋安装允许偏差（mm）	绑扎网筋网	长、宽	±10										
				网眼尺寸	±20										
			绑扎网筋骨网	长	±10	4	5	6	6	7	8	7	9	10	-7
				宽、高	±5	1	1	2		3	4	4	-2	-2	-5
			受力钢筋	间距	±10		9	9		7	7	6	-7	-8	-9
				排距	±5										
				保护层厚度 基础	±10										
				保护层厚度 柱、梁	±5	5		4	4	3	3	-2	-4	-4	-5
				保护层厚度 板、墙、壳	±3										
			绑扎箍筋、横向钢筋间距		±20	20	19	18	17	16	15	-2	-5	-7	-8
			钢筋弯起点位置		20										
			预埋件	中心线位置	5										
				水平高差											

施工单位检查评定结果	专业工长（施工员）		施工班组长	
	检查工程主控项目、一般项目均符合《混凝土结构工程施工质量验收规范》（GB50204—2002）（2011年版）的规定，评定合格 项目专业质量检查员：　　　　　　　　　　　　年　月　日			
监理（建设）单位验收结论	同意施工单位评定结果，验收合格 专业监理工程师　　　　　　　　　　　　　　　　年　月　日			

注：楷体字为填写内容，后同。

钢筋加工工程检验批质量验收记录表

单位(子单位)工程名称										
分部(子分部)工程名称		混凝土结构		验收部位		地上一层顶梁板①~⑥/Ⓑ~Ⓓ轴				
施工单位				项目经理						
分包单位				分包项目经理						
施工执行标准名称及编号		1.《混凝土结构工程施工质量验收规范》(GB50204—2002)(2011 年版) 2.《混凝土结构工程施工工艺标准》(QB013—2005)								
	施工质量验收规范的规定				施工单位检查 评定记录				监理(建设)单位 验收记录	
主控项目	1	力学性能检验		第5.2.1条			√			钢筋的力学性能,受力钢筋的弯钩和弯折及箍筋弯钩形式均符合设计及《混凝土结构工程施工质量验收规范》(GB50204—2002)(2011 年版)的要求
	2	抗震用钢筋强度实测值		第5.2.2条			/			
	3	化学成分等专项检验		第5.2.3条			/			
	4	受力钢筋的弯钩和弯折		第5.3.1条			√			
	5	箍筋弯钩形式		第5.3.2条			√			
一般项目	1	外观质量		第5.2.4条			√			钢筋外观质量,调直及加工的形状、尺寸均符合设计及《混凝土结构工程施工质量验收规范》(GB50204—2002)(2011 年版)的要求
	2	钢筋调直		第5.3.3条			√			
	3	钢筋加工的形状、尺寸	受力钢筋顺长度方向全长的净尺寸		+6	-3	-4	+7	+2	
			弯起钢筋的弯折位置							
			箍筋内净尺寸							
施工单位检查评定结果		专业工长(施工员)				施工班组长				
		钢筋力学性能,受力钢筋的弯钩和弯折,箍筋弯钩形式,钢筋外观质量及调直,钢筋加工形状,尺寸均满足设计及规范要求,检查结果合格 项目专业质量检查员:							年 月 日		
监理(建设)单位验收结论		同意施工单位评定结果,验收合格 专业监理工程师:							年 月 日		

模板安装工程检验批质量验收记录表

单位(子单位)工程名称											
分部(子分部)工程名称		混凝土结构			验收部位			二层框架柱①~③/Ⓑ~Ⓕ轴			
施工单位					项目经理						
分包单位					分包项目经理						
施工执行标准名称及编号		1.《混凝土结构工程施工质量验收规范》(GB50204—2002)(2011年版) 2.《混凝土结构工程施工工艺标准》(QB013—2005)									

		施工质量验收规范的规定				施工单位检查评定记录								监理(建设)单位验收记录
主控项目	1	模板支撑、立柱位置和垫板			第4.2.1条	√								模板支撑及板面隔离剂涂刷符合设计及规范要求
	2	避免隔离剂玷污			第4.2.2条	√								
一般项目	1	模板安装一般要求			第4.2.3条	√								模板安装的一般要求,预埋件、预留孔洞允许偏差符合《混凝土结构工程施工质量验收规范》的规定
	2	用作模板的地坪、胎模质量			第4.2.4条	/								
	3	模板起拱高度			第4.2.5条	/								
	4	预埋件、预留孔洞允许偏差	预埋件	预埋钢板中心线位置	3mm									
				预埋管、预留孔中心线位置	3mm	2	3	3	2	3	2	3		
			插筋	中心线位置	5mm	3	3	2	4	3	2	1		
				外露长度	+10,0mm	5	7	5	4	3	2	3		
			预埋螺栓	中心线位置	2mm									
				外露长度	+10,0mm									
			预留洞	中心线位置	10mm									
				尺寸	+10,0mm									
	5	模板安装允许偏差	轴线位置		5mm	3	5	3	4	3				
			底模上表面标高		±5mm									
			截面内部尺寸	基础	±10mm									
				柱、墙、梁	+4,−5mm	3	−2	−4	2	0	3	−4	−1	
			层高垂直度	不大于5m	6mm	4	2	3	2	0	3	−1	−2	
				大于5m	8mm	6	3	4	1	0	4	−2	−3	
			相邻两板表面高低差		2mm									
			表面平整度		5mm									

	专业工长(施工员)		施工班组长	
施工单位检查评定结果	检查工程主控项目、一般项目均符合《混凝土结构工程质量验收规范》(GB50204-2002)的规定,评定合格 项目专业质量检查员:			年 月 日
监理(建设)单位验收结论	同意施工单位评定结果,验收合格 专业监理工程师:			年 月 日

模板拆除工程检验批质量验收记录表

单位(子单位)工程名称				
分部(子分部)工程名称		混凝土结构	验收部位	地上一层顶梁板①~⑥/Ⓑ~Ⓓ轴
施工单位			项目经理	
分包单位			分包项目经理	
施工执行标准名称及编号		1.《混凝土结构工程施工质量验收规范》(GB50204—2002)(2011年版) 2.《混凝土结构工程施工工艺标准》(QB013—2005)		

		施工质量验收规范的规定		施工单位检查 评定记录	监理(建设)单位 验收记录
主控项目	1	底模及其支架拆除时的混凝土强度	第4.3.1条	拆模时混凝土强度已达到设计强度的94%,有同条件试件强度报告,编号×××	符合要求
	2	后张法预应力构件侧模和底模的拆除时间	第4.3.2条	/	
	3	后浇带拆模和支顶	第4.3.3条	/	
一般项目	1	避免拆模损伤	第4.3.4条	√	模板拆除、堆放和清运符合《混凝土结构工程施工质量验收规范》的规定
	2	模板拆除、堆放和清洁	第4.3.5条	√	

	专业工长(施工员)		施工班组长	
施工单位检查 评定结果	检查工程主控项目、一般项目均符合《混凝土结构工程施工质量验收规范》(GB50204—2002)(2011年版)的规定,评定合格 项目专业质量检查员:			年　月　日
监理(建设)单位 验收结论	同意施工单位评定结果,验收合格 专业监理工程师:			年　月　日

混凝土施工工程检验批质量验收记录表

单位(子单位)工程名称				
分部(子分部)工程名称	混凝土结构		验收部位	地上一层框架柱①~⑨/ⓒ~Ⓕ轴
施工单位			项目经理	
分包单位			分包项目经理	
施工执行标准名称及编号	1.《混凝土结构工程施工质量验收规范》(GB50204—2002)(2011年版) 2.《混凝土结构工程施工工艺标准》(QB013—2005)			

		施工质量验收规范的规定		施工单位检查评定记录	监理(建设)单位验收记录
主控项目	1	混凝土强度等级及试件的取样和留置	第7.4.1条	混凝土强度等级为C25,取2组标养试块及1组同条件试块,1组见证试块,强度达到32.5、33.6MPa	混凝土强度等级及试件的取样和留置,原材料每盘称量的偏差,初凝时间控制符合设计及规范要求
	2	混凝土抗渗及试件取样的留置	第7.4.2条	/	
	3	原材料每盘称量的偏差	第7.4.3条	√	
	4	初凝时间控制	第7.4.4条	√	
一般项目	1	施工缝的位置和处理	第7.4.5条	√	施工缝的位置和处理,混凝土养护符合设计及规范要求
	2	后浇带的位置和浇筑	第7.4.6条	/	
	3	混凝土养护	第7.4.7条	√	

施工单位检查评定结果	专业工长(施工员)		施工班组长
	检查工程主控项目、一般项目均符合《混凝土结构工程施工质量验收规范》(GB50204—2002)(2011年版)的规定,评定合格 项目专业质量检查员: 年 月 日		
监理(建设)单位验收结论	同意施工单位评定结果,验收合格 专业监理工程师: 年 月 日		

土方开挖工程检验批质量验收记录表

单位(子单位)工程名称								
分部(子分部)工程名称	地基与基础			验收部位		基础①~⑨/⑧~⑥轴		
施工单位				项目经理				
分包单位				分包项目经理				
施工执行标准名称及编号	1.《建筑地基基础工程施工质量验收规范》(GB50202—2002) 2.《建筑地基基础工程施工工艺标准》(QB011—2005)							

		施工质量验收规范的规定						施工单位检查评定记录	监理(建设)单位验收记录
		项目	允许偏差或允许值(mm)						
			桩基基坑基槽	挖方场地平面		管沟	地(路)面基层		
				人工	机械				
主控项目	1	标高	−50	±30	±50	−50	−50	√	经检查,标高、长度、宽度、边坡符合规范要求
	2	长度、宽度(由设计中心线向两边量)	+200 −50	+300 −100	+500 −150	+100	—	√	
	3	边坡	设计要求				1:0.5		
一般项目	1	表面平整度	20	20	50	20	20	√	经检查,表面平整度、基底土性符合规范要求
	2	基地土性	设计要求				土性为××,与勘查报告相符		

施工单位检查评定结果	专业工长(施工员)		施工班组长	
	检查工程主控项目、一般项目均符合《建筑地基基础工程施工质量验收规范》(GB50202—2002)的规定,评定合格 项目专业质量检查员:			年 月 日
监理(建设)单位验收结论	同意施工单位评定结果,验收合格 专业监理工程师:			年 月 日

113

土方回填工程检验批质量验收记录

单位(子单位)工程名称								
分部(子分部)工程名称		地基与基础		验收部位			基础①~⑨/⑧~⑤轴	
施工单位				项目经理				
分包单位				分包项目经理				
施工执行标准名称及编号		1.《建筑地基基础工程施工质量验收规范》(GB50202—2002) 2.《建筑地基基础工程施工工艺标准》(QB011—2005)						

施工质量验收规范的规定								施工单位检查评定记录	监理(建设)单位验收记录
检查项目			允许偏差或允许值(mm)						
			桩基基坑基槽	场地平整		管沟	地(路)面基层		
				人工	机械				
主控项目	1	标高	−50	±30	±50	−50	−50	√	经检查,标高、分层压实度符合规范要求
	2	分层压实系数	设计要求					压实系数0.95	
	3	回填土料	设计要求					压实系数0.95	
一般项目	1	分层厚度及含水量	设计要求					√	经检查,回填土料、分层厚度及含水率、表面平整度符合规范要求
	2	表面平整度	20	20	30	20	20	√	

施工单位检查评定结果	专业工长(施工员)		施工班组长	
	检查工程主控项目、一般项目均符合《建筑地基基础工程施质量验收规范》(GB50202—2002)的规定,评定合格 项目专业质量检查员:　　　　　　　　　　年　月　日			
监理(建设)单位验收结论	同意施工单位评定结果,验收合格 专业监理工程师:　　　　　　　　　　　　　年　月　日			

防水混凝土工程检验批质量验收记录表

单位(子单位)工程名称				
分部(子分部)工程名称	地下防水	验收部位	地下室外墙①~⑧/Ⓐ~Ⓕ轴	
施工单位		项目经理		
分包单位		分包项目经理		

施工执行标准名称及编号	1.《地下防水工程施工质量验收规范》(GB50208—2011) 2.《建筑地基基础工程施工工艺标准》(QB011—2005)

		施工质量验收规范的规定		施工单位检查评定记录	监理(建设)单位验收记录
主控项目	1	原材料、配合比及坍落度	第4.1.7条	√	混凝土原材料、配合比、坍落度、抗压及抗渗试块符合设计要求,符合混凝土结构工程验收规范要求
	2	抗压强度、抗渗压力	第4.1.8条	√	
	3	细部做法	第4.1.9条	√	
一般项目	1	表面质量	第4.1.10条	√	混凝土外观质量符合设计要求及混凝土结构工程施工验收规范(GB50204—2002)(2011年版)的要求
	2	裂缝宽度	≤0.2mm,并不得贯通	√	
	3	防水混凝土结构厚度≥250mm	+15mm,−10mm	+10 +10 −8 +12 +8 +6 +12 +9 +10 +15	
		迎水面钢筋保护层厚度≥50mm	±10	−10 −10 −5 −6 −2 −8 −4 −10 +3 −5	

施工单位检查评定结果	专业工长(施工员)		施工班组长	
	检查工程主控项目、一般项目均符合《地下防水工程质量验收规范》(GB50208—2011)及《混凝土结构工程施工质量验收规范》(GB50204—2002)(2011年版)的规定,评定合格 项目专业质量检查员:　　　　　　　　　　　　　年　月　日			
监理(建设)单位验收结论	同意施工单位评定结果,验收合格 专业监理工程师:　　　　　　　　　　　　　　　年　月　日			

填充墙砌体工程检验批质量验收记录表

单位(子单位)工程名称									
分部(子分部)工程名称		混凝土结构		验收部位		五层砌体①~⑨/①~⑪轴			
施工单位				项目经理					
分包单位				分包项目经理					
施工执行标准名称及编号		1.《砌体工程施工质量验收规范》(GB50203—2011) 2.《砌体工程施工工艺标准》(QB014—2005)							

施工质量验收规范的规定				施工单位检查评定记录						监理(建设)单位验收记录
主控项目	1	砌块强度等级	设计要求 MU	砌块强度等级为 MU10,有合格证和复试报告各 1 份,试验编号××,合格						砌块强度等级 MU10,砂浆强度等级 M5 符合设计和规范要求
	2	砂浆强度等级	设计要求	混合砂浆强度等级为 M5,有配合比单,计量设施完备、准确,砂浆试块编号×××,抗压强度合格						
一般项目	1	无混砌现象	第9.3.2条	✓						一般项目检查符合设计及施工质量验收规范要求,超差点在允许偏差范围内
	2	拉结钢筋网片位置	第9.3.4条	✓						
	3	错缝搭砌	第9.3.5条	✓						
	4	灰缝厚度、宽度	第9.3.6条	✓						
	5	梁底砌法	第9.3.7条	✓						
	6	水平灰缝砂浆饱满度		90	95	85	95	95	95	
	7	轴线位移		6	10	5	8			
	8	垂直度 ≤3m		3	2	⚠	3	3	2	3	4
		>3m								
	9	表面平整度		4	3	5	4	4	3	6	5
	10	门窗洞口高度、宽度(后塞口)		-2	5	3	3	4	3	
	11	外墙上下窗口偏移		5	10	15	10	8	5	

施工单位检查评定结果	专业工长(施工员)			施工班组长		
	检查工程主控项目、一般项目均符合《砌体工程施工质量验收规范》(GB50203—2011)的规定,评定合格 项目专业质量检查员:				年 月 日	
监理(建设)单位验收结论	同意施工单位评定结果,验收合格 专业监理工程师:				年 月 日	

砌体工程检验批质量验收记录表

单位(子单位)工程名称										
分部(子分部)工程名称		混凝土结构		验收部位		首层墙体①~⑨/⑧~⑤1轴				
施工单位				项目经理						
分包单位				分包项目经理						
施工执行标准名称及编号		1.《砌体工程施工质量验收规范》(GB50203—2011) 2.《砌体工程施工工艺标准》(QB014—2005)								

		施工质量验收规范的规定			施工单位检查 评定记录						监理(建设)单位 验收记录
主控项目	1	砖强度等级	设计要求 MU		砖强度等级为 MU10,有合格证和复试报告各 1 份,试验编号××,合格						砖强度等级 MU10、砂浆强度等级 M10 及砖砌留槎均符合设计和验收规范要求
	2	砂浆强度等级	设计要求 M		水泥砂浆强度等级为 M10,有配合比单,计量设施完备、准确,试块编号×××,抗压强度合格						
	3	水平灰缝砂浆饱满度	≥80%		√						
	4	斜槎留置	第5.2.3条		√						
	5	直槎拉结钢筋及接槎处理	第5.2.4条		√						
	6	轴线位移	≤10mm	5	3	3	5	6	4	8	6
	7	垂直度(每层)	≤5mm								
一般项目	1	组砌方法	第5.3.1条								一般项目检查符合施工验收规范要求,超差点在允许偏差范围内
	2	水平灰缝厚度	8~12mm								
	3	基础顶面、楼面标高	±15mm								
	4	表面平整度	√清水:5mm 混水:8mm								
	5	门窗洞口高、宽	±5mm								
	6	外墙上下窗口偏移	20mm								
	7	水平灰缝平直度	√清水:7mm 混水:10mm								
	8	清水墙游丁走缝	20mm								
施工单位检查 评定结果		专业工长(施工员)					施工班组长				
		检查工程主控项目、一般项目均符合《砌体工程施工质量验收规范》(GB50203—2011)的规定,评定合格 项目专业质量检查员:								年 月 日	
监理(建设)单位 验收结论		同意施工单位评定结果,验收合格									
		专业监理工程师:								年 月 日	

屋面保温层工程检验批质量验收记录表

单位(子单位)工程名称											
分部(子分部)工程名称		卷材防水屋面			验收部位			屋面①~⑥/Ⓓ~Ⓕ轴			
施工单位					项目经理						
分包单位					分包项目经理						
施工执行标准名称及编号		1.《屋面工程施工质量验收规范》(GB50207—2002) 2.《屋面工程施工工艺标准》(QB015—2005)									

施工质量验收规范的规定				施工单位检查评定记录							监理(建设)单位验收记录
主控项目	1	材料质量	第4.2.8条	材料有合格证、检测报告各1份,各项技术指标符合要求							保温块材质量合格,含水率经复验符合设计要求
	2	保温层含水率	第4.2.9条	检验报告符合设计要求							
一般项目	1	保温层铺设	第4.2.10条	按设计要求铺设表面平整,找坡正确							与基层贴靠紧密平稳、板块缝隙均匀
	2	倒置式屋面保护层	第4.2.12条	符合设计要求							
	3	保温层厚度允许偏差 松散、整体	+10%,-5%	5	6	3	4	5	7	5 6 4 3	
		板块	±5%且≤4mm	1	2	3	4	2	0	1 2 3 1	

施工单位检查评定结果	专业工长(施工员)		施工班组长	
	检查工程主控项目、一般项目均符合《屋面工程施工质量验收规范》(GB50207—2002)的规定,评定合格			
	项目专业质量检查员:		年 月 日	

监理(建设)单位验收结论	同意施工单位评定结果,验收合格	
	专业监理工程师:	年 月 日

卷材防水层工程检验批质量验收记录表

单位(子单位)工程名称													
分部(子分部)工程名称		卷材防水屋面			验收部位				屋面①~⑨/⑧~⑥轴				
施工单位					项目经理								
分包单位					分包项目经理								
施工执行标准名称及编号		1.《屋面工程施工质量验收规范》(GB50207—2002) 2.《屋面工程施工工艺标准》(QB015—2005)											

施工质量验收规范的规定				施工单位检查评定记录							监理(建设)单位 验收记录		
主控项目	1	卷材及配套材料质量	第4.3.15条	防水卷材及其配套材料有检验报告,复检报告,编号×××,合格							主控项目符合规范规定,细部构造外均有附加层		
	2	卷材防水层	第4.3.16条	√									
	3	防水细部构造	第4.3.17条	√									
一般项目	1	卷材搭接缝与收头质量	第4.3.18条	√							卷材搭接长度与宽度符合要求,收头牢固、无翘边		
	2	卷材保护层	第4.3.19条	√									
	3	排气屋面孔道留置	第4.3.20条	√									
	4	卷材铺贴方向	铺贴方向正确	√									
	5	搭接宽度允许偏差	−10mm	−3	−5	−4	−1	−2	−1	0	−4	−6	−2

施工单位检查 评定结果	专业工长(施工员)		施工班组长	
	检查工程主控项目、一般项目均符合《屋面工程施工质量验收规范》(GB50207—2002)的规定,评定合格 项目专业质量检查员:		年 月 日	
监理(建设)单位 验收结论	同意施工单位评定结果,验收合格 专业监理工程师:		年 月 日	

室内给水管道及配件安装工程检验批质量验收记录表

单位(子单位)工程名称														
分部(子分部)工程名称	室内给水系统			验收部位				1~4层						
施工单位				项目经理										
分包单位				分包项目经理										
施工执行标准名称及编号	1.《建筑给水及采暖工程施工质量验收规范》(GB50242—2002) 2.《建筑给水及采暖工程施工工艺标准》(QB017—2005)													

		施工质量验收规范的规定				施工单位检查评定记录									监理(建设)单位验收记录

主控项目

1	给水管道 水压试验	设计要求	水压试验方式和结果符合设计要求
2	给水系统 通水试验	第4.2.2条	给水系统经通水试验,符合设计要求
3	生活给水系统管道 冲洗和消毒	第4.2.3条	给水系统经冲洗消毒试验,经检测合格
4	直埋金属给水管道 冲洗和消毒	第4.2.4条	/

监理(建设)单位验收记录:水压试验及通水试验、冲洗符合质量验收规范要求

一般项目

1	给排水管铺设的平行、垂直净距	第4.2.5条	经检查给排水管净距均符合要求
2	金属给水管道及管件焊接	第4.2.6条	/
3	给水水平管道 坡度坡向	第4.2.7条	管道坡度最大为4‰,最小为3‰
4	管道支、吊架	第4.2.9条	管道支吊架安装符合规范要求
5	水表安装	第4.2.10条	水表安装符合规范要求

6	水平管道纵、横方向弯曲允许偏差	钢管	每m	1mm	1	1	1	1	1	1.5	1	1	1	1
			全长25m以上	≥25mm	16	18	21	20	22	14	24	⚠20	18	17
		塑料管复合管	每m	1.5mm										
			全长25m以上	≥25mm										
		铸铁管	每m	2mm										
			全长25m以上	≥25mm										
	立管垂直度允许偏差	钢管	每m	3mm	2	1	3	2	⚠4	2	2	1	3	2
			5m以上	≥8mm										
		塑料管复合管	每m	2mm										
			5m以上	≥8mm										
		铸铁管	每m	3mm										
			5m以上	≥10mm										
	成排管段和成排阀门	在同一平面上间距		3mm										

检查一般项目的允许偏差,均在允许偏差范围内

	专业工长(施工员)		施工班组长	
施工单位检查评定结果	主控项目中试压、冲洗全部符合设计要求;一般项目中管道及附件安装符合要求,允许偏差项目抽查30点,超差点3点,合格率90%。1~4层给水立支管道及配件安装符合《建筑给水排水及采暖工程施工质量验收规范》的规定,评定合格 项目专业质量检查员:			年 月 日
监理(建设)单位验收结论	同意施工单位评定结果,验收合格 专业监理工程师:			年 月 日

给水设备安装工程检验批质量验收记录表

单位(子单位)工程名称												

分部(子分部)工程名称	室内给水系统	验收部位	地下二层

施工单位		项目经理	

分包单位		分包项目经理	

施工执行标准名称及编号	1.《建筑给水及采暖工程施工质量验收规范》(GB50242—2002) 2.《建筑给水及采暖工程施工工艺标准》(QB017—2005)

		施工质量验收规范的规定			施工单位检查评定记录											监理(建设)单位验收记录
主控项目	1	水泵基础		设计要求	基础尺寸符合设计要求											水泵基础安装以及水泵试运转符合设计、规范要求
	2	水泵试运转的轴承温升		设计要求	水泵轴承温升在设计允许范围											
	3	敞口水箱满水试验和密闭水箱(罐)水压试验		第4.4.3条	敞口水箱闭水试验无渗漏											
一般项目	1	水箱支架或底座安装		第4.4.4条	支架牢固可靠											检查一般项目的允许偏差,均在允许偏差范围内
	2	水箱溢流管和泄放管设置		第4.4.5条	溢流管及泄放管设置合理											
	3	立式水泵减振装置		第4.4.6条	减振装置合理有效,符合验规范要求											
	4	安装允许偏差	静置设备	坐标	15mm	11	13	12	10	14	⚠	12	14	15	10	
				标高	±5mm	+4	-3	+4	-3	+4	-3	+4	⚠	+4	-3	
				垂直度(每 m)	5mm											
			离心式水泵	立式泵体垂直度(每 m)	0.1mm	4	3	3	2	⚠	5	4	3	2	2	
				卧式泵体水平度(每 m)	0.1mm	0.1	0	0	0.1	0	0	0	0	0	0	
				连轴器同心度	轴向倾斜(每 m)	0.8mm											
					径向移位	0.1mm											
	5	保温层允许偏差	允许偏差	厚度δ	0.1δ -0.05δ											
			表面平整度(mm)	卷材	5											
				涂抹	10											

施工单位检查评定结果	专业工长(施工员)		施工班组长	
	主控项目水泵基础安装、水箱闭水试验以及水泵试运转符合施工验收规范要求;一般项目安装满足规范规定要求,允许偏差项目抽查40点,超差点3点,合格率92.5%。水泵基础及水泵安装、水箱安装均符合《建筑给水排水及采暖工程施工质量验收规范》(GB50242—2002)的规定,评定合格 项目专业质量检查员:　　　　　　　　　　　　　　　年　月　日			

监理(建设)单位验收结论	同意施工单位评定结果,验收合格 专业监理工程师:　　　　　　　　　　　　　　　　　年　月　日

室内消火栓系统安装工程检验批质量验收记录表

单位(子单位)工程名称												
分部(子分部)工程名称		室内给水系统			验收部位			1~5层				
施工单位					项目经理							
分包单位					分包项目经理							
施工执行标准名称及编号		1.《建筑给水排水及采暖工程施工质量验收规范》(GB50242—2002) 2.《建筑给水排水及采暖工程施工工艺标准》(QB017—2005)										

		施工质量验收规范的规定			施工单位检查评定记录								监理(建设)单位验收记录
主控项目	1	室内消火栓试射试验		设计要求	屋顶层及首层取两处消火栓做试射验符合设计要求								符合规范要求
一般项目	1	室内消火栓水龙带在箱内安放		第4.3.2条	水龙带各接口绑扎牢固,放置合理								一般项目检查符合施工验收规范的要求,超差点在允许偏差范围内
	2	栓口朝外,并不应安装在门轴侧		第4.3.3条	栓口朝外,安装均在外侧								
	3	栓口中心距地面1.1m允许偏差	±20mm	16	18	20	20	20	19	20	⚠22	18	17
		阀门中心距箱侧面140mm允许偏差,距箱后内表面100mm允许偏差	±5mm	4	−3	3	4	5	⚠6	−3	−4	5	3
		消火栓箱体安装的垂直度允许偏差	3mm	2	2	3	1	⚠4	3	2	3	2	2

施工单位检查评定结果	专业工长(施工员)		施工班组长	
	主控项目室内消火栓试射试验符合规范要求,全部合格;一般项目安装满足规范规定要求,允许偏差项目抽查30点,超差点3点,合格率90%,满足规范规定要求。1~5层室内消火栓安装项目评定合格			
	项目专业质量检查员:			年 月 日
监理(建设)单位验收结论	同意施工单位评定结果,验收合格			
	专业监理工程师:			年 月 日

室内排水管道及配件安装工程检验批质量验收记录表

单位(子单位)工程名称				
分部(子分部)工程名称	室内排水系统		验收部位	1~5层
施工单位			项目经理	
分包单位			分包项目经理	
施工执行标准名称及编号	1.《建筑给水排水及采暖工程施工质量验收规范》(GB50242—2002) 2.《建筑给水排水及采暖工程施工工艺标准》(QB017—2005)			

		施工质量验收规范的规定		施工单位检查 评定记录	监理(建设)单位验收记录
主控项目	1	排水管道灌水试验	第5.2.1条	灌水试验结果符合规范要求	主控项目全部符合要求
	2	生活污水铸铁管、塑料管坡度	第5.2.2、5.2.3条	抽查50处,均大于最小坡度值	
	3	排水塑料管安装伸缩节	第5.2.4条	伸缩节安装位置、数量符合设计要求	
	4	排水立管及水平干管通球试验	第5.2.5条	已进行通球试验,通球试验结果符合要求	

				施工单位检查评定记录	监理(建设)单位验收记录
一般项目	1	生活污水管道上设检查口和清扫口	第5.2.6、5.2.7条	检查口的设置符合规范要求	一般项目检查符合施工验收规范的要求,超差点在允许偏差范围内
	2	金属盒塑料管道支吊架安装	第5.2.8、5.2.9条	支吊架安装位置、构造合理符合要求	
	3	排水通气管安装	第5.2.10条	屋顶通气高度均大于2m,并且高于门700m	
	4	医院污水和饮食业工艺排水	第5.2.11、5.2.12条	/	
	5	室内排水管道安装	第5.2.13、5.2.14、5.2.15条	管道安装拐弯以及采用的管件符合规范要求	

排水管安装允许偏差(第6项)

横管纵横方向弯曲:

项目		允许偏差	实测值
坐标		15	15 12 13 14 15 14 ⚠ 13 14 12
标高		±15	+13 +13 +13 +14 -14 -14 -14 -15 ⚠ +14
铸铁管	每1m	≥1	
铸铁管	全长(25m)以上	≥25	
钢管 每1m	管径≤100mm	1	
钢管 每1m	管径>100mm	1.5	
钢管 全长25m以上	管径≤100mm	≥25	
钢管 全长25m以上	管径>100mm	≥38	
塑料管	每1m	1.5	1 1 1 0 1 1 ⚠ 1 1 1
塑料管	全长(25m)以上	≥38	
钢筋混凝土管、混凝土管	每1m	3	
钢筋混凝土管、混凝土管	全长(25m)以上	≥75	

立管垂直度:

项目		允许偏差	实测值
铸铁管	每1m	3	
铸铁管	全长(25m)以上	≥15	
钢管	每1m	3	
钢管	全长(25m)以上	≥10	
塑料管	每1m	3	2 1 3 2 2 1 2 2 2 3
塑料管	全长(25m)以上	≥15	

专业工长(施工员)	施工班组长
施工单位检查评定结果	主控项目全部符合规范要求;一般项目安装满足规范规定要求,允许偏差项目抽查40点,超差点3点,合格率92.5%,满足规范规定要求。1~5层室内排水管道及配件安装项目评定合格 项目专业质量检查员: 年 月 日
监理(建设)单位验收结论	同意施工单位评定结果,验收合格 专业监理工程师: 年 月 日

成套配电柜、控制柜(屏、台)和动力、照明配电箱(盘)
安装检验批质量验收记录表
照明配电箱(盘)

单位(子单位)工程名称											
分部(子分部)工程名称				验收部位			地下二层配电室				
施工单位				项目经理							
分包单位				分包项目经理							
施工执行标准名称及编号	1.《建筑电气工程施工质量验收规范》(GB50303—2002) 2.《建筑电气工程施工工艺标准》(QB018—2005)										

		施工质量验收规范的规定			施工单位检查评定记录				监理(建设)单位 验收记录		
主控项目	1	金属箱体的接地或接零	第6.1.1条		箱体做可靠接地,开启的箱门用裸编制铜线连接				主控项目符合设计及规范要求		
	2	电击保护和保护导体截面积	第6.1.2条		箱内保护导线的最小截面:16mm² 以下的相线为同截面,16mm² 以上的相线为同截面1/2						
	3	箱(盘)间线路绝缘电阻值测试	第6.1.6条		导线绝缘电阻值大于 0.5MΩ						
	4	箱(盘)内结线及开关动作	第6.1.9条		配线整齐,压接牢固,开关动作灵敏						
一般项目	1	箱(盘)内检查试验	第6.2.4条		控制开关、保护装置选型符合设计要求				所报项目按规定数量及要求进行查验,均符合各相关条文质量要求		
	2	低压电器组合	第6.2.5条		/						
	3	箱(盘)间配线	第6.2.6条		配线选用塑铜线,额定电压不低于 750V,线芯截面不小于 2.5mm²						
	4	箱与其面板间可动部位的配线	第6.2.7条		可动部位的导线采用多股软线,外套绝缘保护管						
	5	箱(盘)安装位置、开孔、回路编号等	第4.2.8条		位置正确,开孔适宜,编号清晰						
	6	垂直度允许偏差	≤1.5%	1	1	0.5	0.4	0.5	1	0.4	1	0.5

施工单位检查评定结果	专业工长(施工员)		施工班组长		
	检查工程主控项目、一般项目均符合《建筑电气工程施工质量验收规范》(GB50303—2002)的规定,评定合格 项目专业质量检查员:			年 月 日	
监理(建设)单位验收结论	同意施工单位评定结果,验收合格 监理工程师:			年 月 日	

电线、电缆穿管和线槽敷线检验批质量验收记录表

单位(子单位)工程名称				
分部(子分部)工程名称	电线、电缆穿管和线槽敷设		验收部位	首层公共走廊
施工单位			项目经理	
分包单位			分包项目经理	
施工执行标准名称及编号	1.《建筑电气工程施工质量验收规范》(GB50303—2002) 2.《建筑电气工程施工工艺标准》(QB018—2005)			

施工质量验收规范(GB50303—2002)的规定			施工单位检查评定记录	监理(建设)单位验收记录
主控项目	1	交流单芯电缆不得单独穿于钢导管内	第15.1.1条	/	主控项目符合设计及规范要求
	2	电线穿管	第15.1.2条	同一交流回路的导线穿同一金属导管内,管内导线无接头	
	3	爆炸危险环境照明线路的电线、电缆选用和穿管	第15.1.3条	/	
一般项目	1	电线、电缆管内清扫和管口处理	第15.2.1条	管内杂物清理干净,管口无毛刺,管口均戴塑料护口	所报项目按规定数量及要求进行查验,均符合各相关条文质量要求
	2	同一建筑物、构筑物内电线绝缘层颜色的选择	第15.2.2条	同一建筑物的导线绝缘层外皮颜色选择一致,符合规范要求	
	3	线槽敷线	第15.2.3条	导线在线槽内留有余量,并按回路编号,绑扎间距为1.5m	

	专业工长(施工员)		施工班组长	
施工单位检查评定结果	检查工程主控项目、一般项目均符合《建筑电气工程施工质量验收规范》(GB50303—2002)的规定,评定合格 项目专业质量检查员:　　　　　　　　　　　　年　月　日			
监理(建设)单位验收结论	同意施工单位评定结果,验收合格 监理工程师:　　　　　　　　　　　　年　月　日			

普通灯具安装检验批质量验收记录表

单位(子单位)工程名称				
分部(子分部)工程名称		电气照明安装	验收部位	十三层
施工单位			项目经理	
分包单位			分包项目经理	
施工执行标准名称及编号		1.《建筑电气工程施工质量验收规范》(GB50204—2002) 2.《建筑电气工程施工工艺标准》(QB018—2005)		

		施工质量验收规范的规定		施工单位检查评定记录	监理(建设)单位验收记录
主控项目	1	灯具的固定	第19.1.1条	灯具的固定方式可靠	主控项目符合设计及规范要求
	2	花灯吊钩选用、固定及悬吊装置的过载试验	第19.1.2条	/	
	3	钢管吊灯灯杆检查	第19.1.3条	钢管内径为12mm,管壁厚度为2mm	
	4	灯具的绝缘材料耐火检查	第19.1.4条	灯具的绝缘材料耐燃烧	
	5	灯具的安装高度和使用电压等级	第19.1.5条	/	
	6	距地高度小于2.4m的灯具金属外壳的接地或接零	第19.1.6条	低于2.4m的灯具,其金属外壳均做可靠接地	
一般项目	1	引向每个灯具的电线线芯最小截面积	第19.2.1条	导线线芯的最小截面积均大于0.5mm^2	所报项目按规定数量及要求进行查验,均符合各相关条文质量要求
	2	灯具的外形,灯头及其接线检查	第19.2.2条	灯具外形无损伤,相线接在螺口灯芯上,灯具的软线接头均刷锡、压接	
	3	变电所内灯具的安装位置	第19.2.3条	/	
	4	装有白炽灯泡的吸顶灯具隔热检查	第19.2.4条	/	
	5	在重要场所的大型灯具的玻璃罩安全措施	第19.2.5条	/	
	6	投光灯的固定检查	第19.2.6条	/	
	7	室外壁灯的防水检查	第19.2.7条	/	

施工单位检查评定结果	专业工长(施工员)		施工班组长	
	检查工程主控项目、一般项目均符合《建筑电气工程施工质量验收规范》(GB50303—2002)的规定,评定合格 项目专业质量检查员:			年 月 日
监理(建设)单位验收结论	同意施工单位评定结果,验收合格 监理工程师:			年 月 日

开关、插座、风扇安装检验批质量验收记录表

单位(子单位)工程名称				
分部(子分部)工程名称	开关、插座安装		验收部位	十层
施工单位			项目经理	
分包单位			分包项目经理	
施工执行标准名称及编号	1.《建筑电气工程施工质量验收规范》(GB50303—2002) 2.《建筑电气工程施工工艺标准》(QB018—2005)			

施工质量验收规范(GB50303—2002)的规定			施工单位检查评定记录	监理(建设)单位验收记录
主控项目	1	交流、直流或不同电压等级在同一场所的插座应有区别	第22.1.1条	/	主控项目符合设计及规范要求
	2	插座的接线	第22.1.2条	左侧零线、右侧相线、上侧PE线,相序正确。	
	3	特殊情况下的插座安装	第22.1.3条	/	
	4	照明开关的选用、开关的通断位置	第22.1.4条	照明开关的通、断方向正确,操作灵活,接触可靠。	
	5	吊扇的安装高度、挂钩选用和吊扇的组装及试运转	第22.1.5条	/	
	6	避扇、防护罩的固定及试运转	第22.1.6条	/	
一般项目	1	插座安装和外观检查	第22.2.1条	插座面板紧贴墙面,四周无缝隙,面板安装端正、牢固。	所报项目按规定数量及要求进行查验,均符合各相关条文质量要求
	2	照明开关的安装位置、控制顺序	第22.2.2条	安装位置距门口0.15m,距地面14m,控制有序。	
	3	吊扇的吊杆、开关和表面检查	第22.2.3条	/	
	4	壁扇的高度和表面检查	第22.2.4条	/	

施工单位检查评定结果	专业工长(施工员)	施工班组长
	检查工程主控项目、一般项目均符合《建筑电气工程施工质量验收规范》(GB50303—2002)的规定,评定合格 项目专业质量检查员:	年 月 日
监理(建设)单位验收结论	同意施工单位评定结果,验收合格 监理工程师:	年 月 日

接地装置安装检验批质量验收记录表

单位(子单位)工程名称						
分部(子分部)工程名称		防雷及接地装置安装		验收部位		地下二层
施工单位				项目经理		
分包单位				分包项目经理		
施工执行标准名称及编号		1.《建筑电气工程施工质量验收规范》(GB50303—2002) 2.《建筑电气工程施工工艺标准》(QB018—2005)				

施工质量验收规范(GB50303—2002)的规定				施工单位检查 评定记录	监理(建设)单位 验收记录
主控项目	1	接地装置测试点的设置	第24.1.1条	利用建筑物的地板钢筋	主控项目符合设计及规范要求
	2	接地电阻值测试	第24.1.2条	测试接地电阻值为0.6Ω,符合设计要求	
	3	防雷接地的人工接地装置的接线干线埋设	第24.1.3条	/	
	4	接地模块设置应垂直或水平就位	第24.1.4条	接地模块埋设基坑,埋深为模块周长的1.3倍,间距为模块长度的4倍	
	5	接地模块设置应垂直或水平就位	第24.1.5条	接地模块垂直就位,与基坑土壤接触良好	
一般项目	1	接地装置埋设深度、间距和搭接长度	第24.2.1条	符合设计要求	所报项目按规定数量及要求进行查验,均符合各相关条文质量要求
	2	接地装置的材质和最小允许规格	第24.2.2条	接地装置的材质符合设计要求	
	3	接地模块与干线的连接和干线材质选用	第24.2.3条	用干线把接地模块并联成一个环路,干线采用40×4mm热浸镀锌扁钢	
施工单位检查 评定结果		专业工长(施工员)		施工班组长	
		检查工程主控项目、一般项目均符合《建筑电气工程施工质量验收规范》(GB50303—2002)的规定,评定合格 项目专业质量检查员:			年 月 日
监理(建设)单位 验收结论		同意施工单位评定结果,验收合格 监理工程师:			年 月 日

通风与空调设备安装工程检验批质量验收记录表

单位(子单位)工程名称												

分部(子分部)工程名称		除尘系统		验收部位		××生产车间						

施工单位			项目经理									

分包单位			分包项目经理									

施工执行标准名称及编号		1.《通风与空调工程施工质量验收规范》(GB50243—2002) 2.《通风与空调工程施工工艺标准》(QB019—2005)										

施工质量验收规范的规定				施工单位检查 评定记录								监理(建设)单位 验收记录
主控项目	1	防尘器安装	第7.2.4条	√								所报项目按规定数量及要求进行查验,均符合各相关条文质量要求
	2	静电空气过滤器安装	第7.2.7条	√								
	3	电加热器安装	第7.2.8条	√								
	4	过滤吸收器安装	第7.2.10条	√								
一般项目	1	防尘器部件及阀安装	第7.3.5条	√								所报项目按规定数量及要求进行查验,均符合各相关条文质量要求
	2	允许偏差(mm) (1)平面位移	≤10	6	9	7	10	9	7	6	8 5 9	
		(2)标高	±10	9	6	5	7	4	-9	7	⚠ -8 -7.5	
		(3)垂直度 每米	≤2									
		总偏差	≤10									
	3	现场组装静电除尘器安装	第7.3.6条									
	4	现场组装布袋除尘器安装	第7.3.7条									
	5	消声器安装	第7.3.13条									
	6	空气过滤器安装	第7.3.14条									
	7	蒸汽加湿器安装	第7.3.18条									
	8	空气风幕机安装	第7.3.19条									
	9	变风量末端装置的安装	第7.3.20条									

施工单位检查 评定结果	专业工长(施工员)		施工班组长	
	检查工程主控项目、一般项目均符合《通风与空调施工质量验收规范》(GB50243—2002)的规定,评定合格 项目专业质量检查员:		年 月 日	

监理(建设)单位 验收结论	同意施工单位评定结果,验收合格 监理工程师:	年 月 日

空调制冷系统安装工程检验批质量验收记录

单位(子单位)工程名称												
分部(子分部)工程名称		制冷设备系统			验收部位				Ⅰ段设备层			
施工单位					项目经理							
分包单位					分包项目经理							
施工执行标准名称及编号		1.《通风与空调工程施工质量验收规范》(GB50243—2002) 2.《通风与空调工程施工工艺标准》(QB019—2005)										

施工质量验收规范的规定				施工单位检查评定记录								监理(建设)单位验收记录
主控项目	1	制冷设备与附属设备安装	第8.2.1条	√								所报项目按规定数量及要求进行查验,均符合各相关条文质量要求
	2	设备混凝土基础验收	第8.2.1条	√								
	3	表冷器的安装	第8.2.2条	√								
	4	燃油、燃气系统设备安装	第8.2.3条	/								
	5	制冷设备严密性试验及试运行	第8.2.4条	√								
	6	制冷管道及配件安装	第8.2.5条	√								
	7	燃油管道系统接地	第8.2.6条	/								
	8	燃气系统安装	第8.2.7条	/								
	9	氨管道焊接无损检测	第8.2.8条	/								
	10	乙二醇管道系统规定	第8.2.9条	/								
	11	制冷剂管道试验	第8.2.10条	√								
一般项目	1	制冷及附属设备安装	平面位移 mm	10	9	8	9	10	7	8	6 9 7 6	所报项目按规定数量及要求进行查验,均符合各相关条文质量要求
			标高 mm	±10	5	7	8	6	9	5	5 6 4 7	
	2	模块式冷水机组安装	第8.3.2条	/								
	3	泵安装	第8.3.3条	√								
	4	制冷剂管道安装	第8.3.4-1,2,3,4条	√								
	5	阀门安装	第8.3.4-5,6条	√								
	6	管道焊接	第8.3.5-2-5条	√								
	7	阀门试压	第8.3.5-1条	√								
	8	制冷系统吹扫	第8.3.6条	√								

施工单位检查评定结果	专业工长(施工员)		施工班组长	
	检查工程主控项目、一般项目均符合《通风与空调工程施工质量验收规范》(GB50243—2002)的规定,评定合格 项目专业质量检查员:			年 月 日
监理(建设)单位验收结论	同意施工单位评定结果,验收合格 监理工程师:			年 月 日

模板分项工程质量验收记录

编号：

单位(子单位)工程名称			结构类型	框架剪力墙
分部(子分部)工程名称	主体混凝土结构		检验批数	58
施工单位			项目经理	

序号	检验批名称及部位、区段	施工单位检查评定结果	监理(建设)单位验收结论
1	首层墙、板	√	合格
2	二层墙、板	√	合格
3	三层墙、板	√	合格
4	四层墙、板	√	合格
5	五层墙、板	√	合格
6	六层墙、板	√	合格
7	七层墙、板	√	合格
8	八层墙、板	√	合格
9	九层墙、板	√	合格
10	十层墙、板	√	合格
11	层顶电梯机房	√	合格
12	层顶水箱间	√	合格
检查结论	首层至屋顶水箱间模板安装及拆除工程施工质量符合《混凝土结构工程施工质量验收规范》(GB50204—2002)(2011年版)的要求,模板分项工程合格 项目专业技术负责人： 　　年　月　日	验收结论	同意施工单位检查结论,验收合格 监理工程师：　　　年　月　日

钢筋分项工程质量验收记录

单位(子单位)工程名称			结构类型	框架剪力墙
分部(子分部)工程名称	主体混凝土结构		检验批数	71
施工单位			项目经理	

序号	检验批名称及部位、区段	施工单位检查评定结果	监理(建设)单位验收结论
1	首层墙、板	√	合格
2	二层墙、板	√	合格
3	三层墙、板	√	合格
4	四层墙、板	√	合格
5	五层墙、板	√	合格
6	六层墙、板	√	合格
7	七层墙、板	√	合格
8	八层墙、板	√	合格
9	九层墙、板	√	合格
10	十层墙、板	√	合格
11	屋顶电梯机房	√	合格
12	层顶水箱间	√	合格
检查结论	首层至屋顶水箱间钢筋加工及安装施工质量符合《混凝土结构工程施工质量验收规范》(GB50204—2002)(2011年版)的要求,模板分项工程合格 项目专业技术负责人: 　　　　年 月 日		同意施工单位检查结论,验收合格 监理工程师: 　　　　年 月 日

混凝土分项工程质量验收记录

单位(子单位)工程名称				结构类型	框架剪力墙
分部(子分部)工程名称		主体混凝土结构		检验批数	60
施工单位				项目经理	

序号	检验批名称及部位、区段	施工单位检查评定结果	监理(建设)单位验收结论
1	首层墙、板	√	合格
2	二层墙、板	√	合格
3	三层墙、板	√	合格
4	四层墙、板	√	合格
5	五层墙、板	√	合格
6	六层墙、板	√	合格
7	七层墙、板	√	合格
8	八层墙、板	√	合格
9	九层墙、板	√	合格
10	十层墙、板	√	合格
11	屋顶电梯机房	√	合格
12	层顶水箱间	√	合格
检查结论	首层至屋顶水箱间混凝土材料、配合比设计及混凝土施工质量符合《混凝土结构工程施工质量验收规范》(GB50204—2002)(2011 年版)的要求,混凝土分项工程合格 项目专业技术负责人: 　　　　　年 月 日		同意施工单位检查结论,验收合格 监理工程师: 　　　　　年 月 日

一般抹灰分项工程质量验收记录

单位(子单位)工程名称			结构类型	框架剪力墙
分部(子分部)工程名称	一般抹灰工程		检验批数	10
施工单位			项目经理	

序号	检验批名称及部位、区段	施工单位检查评定结果	监理(建设)单位验收结论
1	一层①~⑪/Ⓐ~Ⓖ轴(室内)	√	各分项工程检验批验收合格
2	二层①~⑪/Ⓐ~Ⓖ轴(室内)	√	各分项工程检验批验收合格
3	三层①~⑪/Ⓐ~Ⓖ轴(室内)	√	各分项工程检验批验收合格
4	四层①~⑪/Ⓐ~Ⓖ轴(室内)	√	各分项工程检验批验收合格
5	五层①~⑪/Ⓐ~Ⓖ轴(室内)	√	各分项工程检验批验收合格
6	六层①~⑪/Ⓐ~Ⓖ轴(室内)	√	各分项工程检验批验收合格
7	七层①~⑪/Ⓐ~Ⓖ轴(室内)	√	各分项工程检验批验收合格
8	八层①~⑪/Ⓐ~Ⓖ轴(室内)	√	各分项工程检验批验收合格
9		√	
10		√	
11		√	
12		√	
检查结论	一至八层①~⑪/Ⓐ~Ⓖ轴(室内)抹灰工程施工质量符合《建筑装饰装修工程质量验收规范》(GB50210—2001)的要求,一般抹灰分项工程合格	验收结论	同意施工单位检查结论,验收合格
	项目专业技术负责人:　　年 月 日	监理工程师:　　年 月 日	

屋面节能工程检验批/分项工程质量验收表

单位(子单位)工程名称				
分部(子分部)工程名称		建筑节能工程	验收部位	①~⑩轴
施工单位			项目经理	
分包单位			分包项目经理	
施工执行标准名称及编号		《建筑节能工程施工质量验收规范》(GB50411—2007)		

施工质量验收规范的规定				施工单位检查评定记录	监理(建设)单位验收记录
主控项目	1	保温隔热材料进场验收	第7.2.1条	符合设计要求和相关标准规定	合格
	2	保温隔热材料的性能及复验	第7.2.2条 第7.2.3条	符合设计要求	
	3	保温隔热层施工质量及热桥部位的做法	第7.2.4条	符合设计要求和相关标准规定	
	4	通风隔热架空层的施工	第7.2.5条	符合设计要求及有关标准要求	
	5	采光屋面的性能及节点的构造做法	第7.2.6条	符合设计要求及相关标准要求	
	6	采光屋面的安装	第7.2.7条	符合规范要求	
	7	隔汽层施工	第7.2.8条	隔汽层位置正确完整、严密	
一般项目	1	屋面保温隔热层的施工	第7.3.1条	符合规范和施工方案的要求	符合要求
	2	金属板保温夹芯屋面的施工	第7.3.2条	符合规范要求	
	3	坡屋面、内架空屋面当采用敷设于屋面内侧的保温材料做保温隔热层时的施工	第7.3.3条	有保护层,其做法符合设计要求	

施工单位检查评定结果	专业工长(施工员)		施工班组长	
	检查工程主控项目、一般项目均符合《建筑节能工程施工质量验收规范》(GB50411—2007)的规定,评定合格 项目专业质量检查员:			年 月 日
监理(建设)单位验收结论	同意施工单位评定结果,验收合格 监理工程师:			年 月 日

门窗节能工程检验批/分项工程质量验收表

单位(子单位)工程名称					
分部(子分部)工程名称		建筑节能工程		验收部位	①~⑩轴
施工单位				项目经理	
分包单位				分包项目经理	
施工执行标准名称及编号		《建筑节能工程施工质量验收规范》(GB50411—2007)			

		施工质量验收规范的规定		施工单位检查 评定记录	监理(建设)单位 验收记录
主控项目	1	建筑外门窗的进场验收	第6.2.1条	符合设计要求和相关标准规定	合格
	2	外窗的性能参数及复检	第6.2.2条 第6.2.3条	复验合格	
	3	建筑门窗采用的玻璃品种及中空玻璃密封	第6.2.4条	符合要求	
	4	金属外门窗隔断热桥措施	第6.2.5条	符合设计要求和产品标准规定	
	5	建筑外窗采用推拉窗或凸窗的气密性试验	第6.2.6条	检测结果符合设计要求	
	6	外门窗框或副框与洞口之间的密封;外门窗框与副框之间的密封	第6.2.7条	符合规范要求	
	7	外窗遮阳设施的性能及安装	第6.2.9条	符合设计、产品标准及规范要求	
	8	特种门的性能及安装	第6.2.10条	符合设计和产品标准要求	
	9	天窗安装	第6.2.11条	符合设计和规范要求	
一般项目	1	门窗扇密封条和玻璃镶嵌密封条的性能及安装	第6.3.1条	符合设计和规范要求	所报项目按规定进行查验,均符合规范及设计要求
	2	门窗镀(贴)膜玻璃的安装及密封	第6.3.2条	镀(贴)膜方向正确,均压管已密封	
	3	外门窗遮阳设施调节应灵活、能调节到位	第6.3.3条	灵活,能调节到位	

施工单位检查 评定结果	专业工长(施工员)		施工班组长		
	检查工程主控项目、一般项目均符合《建筑节能工程施工质量验收规范》(GB50411—2007)的规定,评定合格 项目专业质量检查员:				年 月 日
监理(建设)单位 验收结论	同意施工单位评定结果,验收合格 专业监理工程师:				年 月 日

主体混凝土结构分部(子分部)工程质量验收记表

单位(子单位)工程名称			结构类型及层数	框架剪力墙
施工单位		技术部门负责人	质量部门负责人	
分包单位		分包单位负责人	分包技术负责人	
序号	子分部(分项)工程名称	检验批数	施工单位检查评定	验收意见
1	模板	12	√	混凝土子分部工程的各分项工程验收合格主要结构柱梁断面尺寸、楼层标高、轴线位置符合设计要求。
2	钢筋	12	√	
3	混凝土	12	√	
4	砼现浇结构	12	√	
质量控制资料		共×项,经审查符合要求×项		各分项工程质量控制资料齐全
安全和功能检验(检测)报告		共×项,经审查符合要求×项		同意施工单位评定
观感质量验收		混凝土的表面平整度、界面尺寸、标高及洞口尺寸、位置均符合设计要求和(GB50204—2002)的规定		同意施工单位评定
验收单位	分包单位		项目经理:	年 月 日
	施工单位		项目经理:	年 月 日
	勘察单位		项目经理:	
	设计单位		项目经理:	年 月 日
	监理(建设)单位		各分项工程均符合施工质量验收规范要求,质量控制资料及安全和功能检验(检测)报告齐全,合格,观感质量良好,同意施工单位评定结果,验收合格 总监理工程师: 年 月 日	

主体结构分部(子分部)工程质量验收记录

单位(子单位)工程名称	框架剪力墙×层		结构类型及层数	
施工单位		技术部门负责人	质量部门负责人	
分包单位			分包技术负责人	

序号	子分部(分项)工程名称	检验批数	施工单位检查评定	验收意见
1	砌体结构	12	√	
2	混凝土结构	12	√	
				主体结构各子分部工程验收合格,主体结构各主要构件的截面尺寸、轴线位置及楼层标高符合设计要求
	质量控制资料	共×项,经审查符合要求×项		各子分部工程质量控制资料齐全
	安全和功能检验(检测)报告	共×项,经审查符合要求×项		同意施工单位要求
	观感质量验收	观感质量好		同意施工单位评定
验收单位	分包单位		项目经理:	年　月　日
	施工单位		项目经理:	年　月　日
	勘察单位		项目负责人:	年　月　日
	设计单位		项目负责人:	年　月　日
	监理单位		各子分部工程均符合施工质量验收规范要求,质量控制资料及安全和功能检验(检测)报告齐全,合格,观感质量良好,同意施工单位评定结果,验收合格 总监理工程师:　　　　年　月　日	

墙体节能工程检验批/分项工程质量验收表

工程名称					
分包工程名称		建筑节能工程		验收部位	四层①~⑩轴
施工单位				项目经理	
分包单位				分包项目经理	
施工执行标准名称及编号		《建筑节能工程施工质量验收规范》(GB50411—2007)			

		施工质量验收规范的规定		施工单位检查评定记录	监理(建设)单位验收记录
主控项目	1	材料、构件等进场验收		材料合格证检测报告均齐全	合格
	2	保温隔热材料的性能		检验报告符合设计要求	
	3	保温材料、粘结材料复验		检测符合设计要求	
	4	基层处理情况		符合设计和施工方案的要求	
	5	各层构造做法		符合设计和施工方案	
	6	墙体节能工程的施工		符合设计和规范要求	
	7	预制保温板浇筑混凝土墙体		符合设计和规范要求	
	8	保温浆料的同条件试件		导热系数、干密度、压缩强度符合设计要求	
	9	各类饰面层的基层及面层施工		符合设计和规范要求	
	10	保温砌块砌筑的墙体施工		强度符合设计要求,灰缝饱满度符合规范要求	
	11	预制保温板墙体施工		符合规范要求	
	12	隔汽层的设置及做法		符合设计和相关标准规定	
	13	外墙或毗邻不采暖空间墙体上的门窗洞口、凸窗四周的侧面的保温措施		符合设计和规范要求	
一般项目	1	保温材料与构件的外观与包装		符合设计和相关标准规定	符合要求
	2	加强网的铺贴和搭接		符合设计和施工方案	
	3	设置空调房间外墙热桥部位		符合设计要求	
	4	穿墙套管、脚手架、孔洞等		符合施工方案的规定	
	5	墙体保温板材接缝方法		符合施工方案的规定	
	6	墙体采用保温浆料施工情况		符合设计和规范要求	
	7	阳角、门窗口及不同材料基体的交接处等特殊部位		符合设计和规范要求	
	8	采用现场喷涂或模板浇筑的有机类保温材料做外保温		符合设计和规范要求	

施工单位检查评定结果	专业工长(施工员)		施工班组长	
	检查主控项目、一般项目均符合《建筑节能工程施工质量验收规范》(GB50411—2007)的规定。评定合格 项目专业质量检查员:		年 月 日	
监理(建设)单位验收结论	同意施工单位评定结果,验收合格 监理工程师:		年 月 日	

电梯安装土建交接质量验收记录表

单位(子单位)工程名称					
分部(子分部)工程名称		自动扶梯、自动人行道安装		验收部位	扶梯井道
施工单位				项目经理	
分包单位				分包项目经理	
施工执行标准名称及编号		1.《电梯工程施工质量验收规范》(GB50310—2002) 2.《电梯工程施工工艺标准》(QB20—2005)			

施工质量验收规范的规定				施工单位检查评定记录	监理(建设)单位验收记录
主控项目	1	机房内部、井道土建(钢架)结构布置	必须符合电梯土建布置图要求	√	所报项目按规定进行查验,均符合规范及设计要求
	2	主电源开关	第4.2.2条	√	
	3	井道	第4.2.3条	√	
一般项目	1	机房还应符合的规定	第4.2.4条	√	所报项目按规定进行查验,均符合规范及设计要求
	2	井道还应符合的规定	第4.2.5条	√	

施工单位检查评定结果	专业工长(施工员)		施工班组长	
	检查工程主控项目、一般项目均符合《电梯工程施工质量验收规范》(GB50310—2002)的规定,评定合格 项目专业质量检查员:			年 月 日

监理(建设)单位验收结论	同意施工单位评定结果,验收合格 专业监理工程师:	年 月 日

电梯安装工程设备进场质量验收记录表

单位(子单位)工程名称				
分部(子分部)工程名称		建筑节能工程	验收部位	
施工单位			项目经理	
分包单位			分包项目经理	
施工执行标准名称及编号		1.《电梯工程施工质量验收规范》(GB50310—2002) 2.《电梯工程施工工艺标准》(QB20—2005)		

施工质量验收规范的规定			施工单位检查 评定记录		监理(建设)单位 验收记录
主控项目	1	随机文件必须包括	(1)土建布置图	√	主控项目符合设计及规范要求
			(2)产品出厂合格证	第4.1.1条 第5.1.1条 √	
			(3)门锁装置、限速器、安全钳及缓冲器的形式试验合格证书复印件	√	
一般项目	1	随机文件还应包括	(1)装箱单	√	所报项目按规定数量及要求进行查验,均符合相关条文质量要求
			(2)安装、使用维护说明书	√	
			(3)动力和安全电路的电气原理图	第4.1.2条 第5.1.2条 √	
			(4)液压系统原理图	√	
	2	设备零部件与装箱单		内容相符 √	
	3	设备外观		无明显损坏 √	

施工单位检查 评定结果	专业工长(施工员)	施工班组长
	检查工程主控项目、一般项目均符合《电梯工程施工质量验收规范》(GB50310—2002)的规定,评定合格 项目专业质量检查员:	年 月 日

监理(建设)单位 验收结论	同意施工单位评定结果,验收合格 监理工程师:	年 月 日

单位(子单位)工程质量竣工验收记录 编号：

单位(子单位)工程名称				结构类型	框架剪力墙
施工单位				层数	18
技术负责人		项目经理		建筑面积	19324m²
项目技术负责人		开工日期		竣工日期	

序号	项 目	验收记录	验收结论
1	分部工程	共8分部,核查8分部,符合标准及设计要求8分部	经各专业分部工程验收,工程质量符合验收标准
2	质量控制资料核查	共54项,经审查符合要求54项,经核定符合规范要求54项	质量控制资料经核查共54项符合有关规范规定
3	安全和主要使用功能核查及抽查结果	共核查31项,符合要求31项,共抽查4项,符合要求4项,经返工处理符合要求0项	安全和主要使用功能共31项符合要求,抽查其中4项使用功能均满足
4	观感质量验收	共抽查20项,符合要求20项,不符合要求0项	观感质量验收为好
5	综合验收结论	经对本工程综合验收,各分项分部工程符合设计要求,施工质量均满足有关质量验收规范和标准规定,单位工程竣工验收合格	

参加验收单位	建设单位	监理单位	施工单位	设计单位
	单位盖章	单位盖章	单位盖章	单位盖章
	单位(项目)负责人： 年 月 日	总监理工程师： 年 月 日	单位(项目)负责人： 年 月 日	单位(项目)负责人： 年 月 日

单位(子单位)工程安全和功能检验资料核查及主要功能抽查记录

单位(子单位)工程名称				施工单位			
序号	项目	安全和功能检查项目	份数	核查意见	抽查结果	核查人(抽查)人	
1	建筑与结构	屋面淋水试验记录	3	试验记录齐全	符合要求		
2		地下室防水效果检查记录	3	检查记录齐全	符合要求		
3		有防水要求的地面蓄水试验记录	12	厕浴间防水记录齐全	符合要求		
4		建筑物垂直度、标高、全高测量记录	2	记录符合测量规范要求	符合要求		
5		抽气(风)道检查记录	3	检查记录齐全	符合要求		
6		幕墙及外窗气密性、水密性、耐风压检测报告	2	"三性"试验报告符合要求	符合要求		
7		建筑物沉降观测测量记录	1	符合要求	符合要求		
8		节能、保温测试记录	2	保温测试记录符合要求	符合要求		
9		室内环境检测报告	1	有害物指标满足要求	符合要求		
10							
1	给排水与采暖	给水管道通水试验记录	15	通水试验记录齐全	符合要求		
2		暖气管道、散热器压力试验记录	23	压力试验记录齐全	符合要求		
3		卫生器具满水试验记录	45	满水试验记录齐全	符合要求		
4		消防管道、燃气管道压力试验记录	47	压力试验符合要求	符合要求		
5		排水干管通球试验记录	15	试验记录齐全	符合要求		
6							
1	电气	照明全符合试验记录		符合要求	符合要求		
2		大型灯具牢固性试验记录		试验记录符合要求	符合要求		
3		避雷接地电阻测试记录		记录齐全符合要求	符合要求		
4		线路、插座、开关接地检验记录		检验记录齐全	符合要求		
5							

续表

序号	项目	安全和功能检查项目	份数	核查意见	抽查结果	核查人（抽查）人
1	智能建筑	系统试运行记录		系统运行记录齐全	符合要求	
2		系统电源及接地检测报告		检测报告符合要求	符合要求	
3						
1	通风与空调	通风、空调系统试运行记录		符合要求	符合要求	
2		风量、温度测试记录		有不同风量、温度记录	符合要求	
3		洁净室洁净度测试记录		测试记录符合要求	符合要求	
4		制冷机组试运行调试记录		机组运行调试正常	符合要求	
5						
1	电梯	电梯运行记录		运行记录符合要求	符合要求	
2		电梯安全装置检测报告		安检报告齐全	符合要求	
3						
1	建筑节能	粘结强度和锚固力核查试验报告		试验报告符合要求	符合要求	
2		幕墙及外窗气密性检测报告		检测报告符合要求	符合要求	
3		冷凝水收集及排放系统通水试验记录		试验齐全	符合要求	
4		活动遮阳设施牢固程度测试记录		测试记录符合要求	符合要求	
5		遮阳设施牢固程度测试记录		测试记录符合要求	符合要求	
6		天窗淋水试验记录		试验记录符合要求	符合要求	
7		系统试运行记录		试运行记录符合要求	符合要求	
8						

结论：

    对本工程安全、功能资料进行核查，基本符合要求。对单位工程的主要功能进行抽样检查，其检查结果合格，满足使用功能，同意竣工验收

施工单位项目经理：   总监理工程师：

   年 月 日   年 月 日

单位(子单位)工程观感质量检查记录表　　　　编号：

单位(子单位)工程名称													施工单位			

序号	项 目		抽查质量状况											质量评价		
														好	一般	差
1	建筑与结构	室外墙面	√	√	√	√	√	√	○	√	√	√	√	√		
2		变形缝	√	√	√	√	√	√	√	√	√	√		√		
3		水落管、屋面	√	√	√	√	√	√	√	√	√	√		√		
4		室内墙面	√	√	√	√	√	√	√	√	√	√		√		
5		室内顶棚	√	√	√	√	○	√	√	√	√	√		√		
6		室内地面	√	○	√	√	√	√	√	√	√	√		√		
7		楼梯、踏步、护栏	√	√	√	○	√	√	√	√	√	√		√		
8		门窗	√	○	√	○	○	√	○	√	○	√				√
1	给排水与采暖	管道接口、坡度、支架	√	√	√	√	√	√	√	√	√	√		√		
2		卫生器具、支架、阀门	√	√	√	√	√	√	√	√	√	√		√		
3		检查口、扫除口、地漏	√	√	√	√	√	√	√	√	√	√		√		
4		散热器、支架	○	√	√	○	○	√	√	○	√	○				√
1	建筑电气	配电箱、盘、板、接线盒	√	√	√	√	○	√	√	√	√	√		√		
2		设备器具、开关、插座	√	○	√	○	√	√	√	√	√	√		√		
3		防雷、接地	√	√	√	√	√	√	√	√	√	√		√		
1	通风与空调	风管、支架	√	√	○	√	√	√	○	√	√	√		√		
2		风口、风阀	√	√	√	√	√	√	√	○	√	√		√		
3		风机、空调设备	√	○	√	√	○	○	√	○	√	√				√
4		阀门、支架	√	○	√	○	√	√	√	√	√	√		√		
5		水泵、冷却塔														
6		绝热														
1	电梯	运行、平层、开关门	√	√	√	√	√	√	√	√	√	√		√		
2		层门、信号系统	○	√	√	√	√	√	√	√	√	√		√		
3		机房	√	√	√	√	√	√	√	√	√	√		√		
1	智能建筑	机房设备安装及布局														
2		现场设备安装														
3																
观感质量综合评价			好													
检查结论	工程观感质量综合评价为好,验收合格															
	施工单位项目经理：　　　　　　　　　　　总监理工程师：　　　　　年 月 日　　　　　　　　　　　　　　　　　年 月 日															

26 编写质量评估报告

26.1 质量评估报告编写指南

工程质量评估报告是在单位工程、分部（子分部）工程和重要的分项工程完工和质量验收合格的基础上，监理机构向建设单位提交的对工程施工质量予以评定并具有结论的报告。质量评估报告是对工程施工质量的合格性进行评述，是反映工程施工质量的验收文件。

工程质量评估报告的主题词应是"质量"和"评估"，换言之，工程质量评估报告是在施工单位自行质量检查评定的基础上，监理单位对工程施工质量达到合格与否进行评述的、有结论性意见的质量验收报告。

单位工程工程质量评估报告编制要点如下：

26.1.1 工程概况

工程项目名称（全称）和参建各单位名称（建设、勘察、设计、施工、监理等单位）；工程规模（如建筑面积、层数、高度、跨径、长度）及用途；工程所在地理位置及地址概括；设计主要要求，如抗震设防、防火及地下室人防、防水、建筑节能等；工程特点，如工程的功能、地基与基础和主体工程的结构形式、特点、跨度×开间或柱网间距、装饰装修特色、建筑节能形式、建筑设备安装特色；道路的路基、基层、面层的结构，道路长度；桥梁的桥形、跨径、孔数与桥长等；其他内容，主要是施工图是否符合审查制度、施工许可证的颁发机构和日期、合同约定的开工日期、竣工日期。也可列表表述工程概况。

26.1.2 质量评估依据

《建设工程施工质量验收统一标准》，相关的《施工质量验收规范》（只列出与本工程相关的专业工程施工质量验收规范），设计文件，《施工承包合同》和《委托监理合同》。

26.1.3 编写前必须完成的质量检查与核验程序

施工单位自行检查并评定合格，向监理单位提交了《工程竣工预验收报验表》；总监收到《工程竣工预验收报验表》后，组织对工程质量进行预验收，并对施工单位的竣工资料进行核查，对工程实体和资料上存在的问题提出限期整改指令，且通过了整改复查。

26.1.4　质量控制评述

简述施工单位施工质量控制及效果，监理单位质量控制措施、方法、工作及效果。

26.1.5　其他

（1）列表分别说明和汇总各检验批、分项、分部工程施工质量验收情况。

（2）说明室外工程质量验收情况。

（3）说明质量控制资料核查情况。

（4）说明主要结构安全和使用功能项目的抽查结果，主要有：桩基检测，地基与基础、主体混凝土结构结构实体检测，建筑物沉降观测检测，幕墙检测，内装饰检测，室内环境检测，通风与空调调试检测，消防工程检测，节能工程检测，线路绝缘电阻检测，防雷接地检测，建筑排水通球试验，人防检测和验收等。

（5）说明工程感观质量检查情况。

（6）质量事故及处理情况。

（7）质量评估结论。综合评述工程结构安全和使用功能是否达到设计要求；建筑物有无异常的沉降、裂缝、倾斜、渗漏等质量问题以及处理情况和结论；根据本工程是否符合国家法律法规规定，是否符合《建筑工程施工质量验收统一标准》和相关施工质量验收规范要求，提出结论性综合意见和建议，如预验收是否合格或是否达到合同质量目标，是否具备竣工验收条件，是否可组织正式竣工验收。

（8）质量评估报告必须项目总监签字、监理单位技术负责人审核签发、盖监理单位章。

26.2　编写单位工程质量评估报告案例

××大楼工程竣工验收质量评估报告详见附录六。

27 施工阶段工程计量的监理控制工作

27.1 工程计量监理控制的目的和意义

（1）根据合同审核施工单位按时段实际完成的工程各项数量，为支付提供依据。

（2）工程计量是工程投资控制的一个重要环节，计量得准确与否，直接关系到建设单位、施工单位的切身利益，也反映监理的业务水平，甚至会影响到施工质量和进度。

27.2 工程计量监理控制的内容

（1）审核施工图纸和设计变更的工程量；

（2）进行现场计量，审核工程计量的数据和原始凭证，审核工程量清单；

（3）审批施工工程量月报表；

（4）分析工程变更签证的原因，复核该签证所发生的变更工程量；

（5）处理合同外临时承包的工程项目；

（6）审核工程的专项施工技术方案及其相应工程量。

27.3　工程计量监理控制的程序

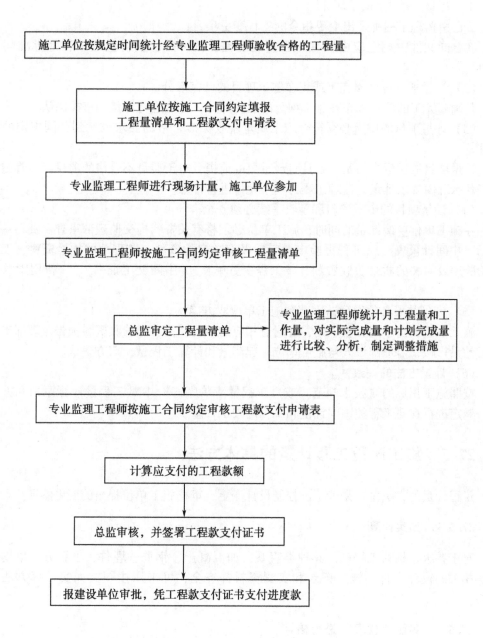

施工单位按规定时间统计经专业监理工程师验收合格的工程量

施工单位按施工合同约定填报
工程量清单和工程款支付申请表

专业监理工程师进行现场计量，施工单位参加

专业监理工程师按施工合同约定审核工程量清单

总监审定工程量清单 → 专业监理工程师统计月工程量和工作量，对实际完成量和计划完成量进行比较、分析，制定调整措施

专业监理工程师按施工合同约定审核工程款支付申请表

计算应支付的工程款额

总监审核，并签署工程款支付证书

报建设单位审批，凭工程款支付证书支付进度款

27.4　工程计量监理控制的原则

（1）计量的项目必须是合同中规定的项目。

在工程计量中，只计量合同中规定的项目，对合同规定以外的项目，如施工单位为方便施工所采用的施工措施（增加施工便道、临时栈桥、脚手架等），施工单位超过施工图纸要求增加工程量及因自身原因造成的返工工程量等将不予计量。

应计量的项目只包括：

①工程量清单中的全部项目；

②已由监理工程师发出变更指令的工程变更项目；

③合同文件中规定应由监理工程师现场确认的，并已获得监理工程师批准同意的项目。

（2）计量项目应确属完工或正在施工项目的已完部分。

凡确属完工的项目和正在施工项目的已完部分，方能进行计量和审核确认。

（3）计量项目的质量必须符合施工质量验收标准合格的要求或达到合同规定的技术标准。

计量项目的质量合格是工程计量最重要的前提。对于质量不合格的项目，不管施工单位以什么理由要求计量，监理工程师均不允许进行计量。

（4）计量项目的申报资料和验收手续必须齐全。

在施工单位申请计量的同时，施工单位必须将有关资料提交监理部审查。资料一般应包括《中间计量表》，《工程报验申请表》及有关自检资料、监理部的抽检资料、工程质量检验表及有关的质量验收资料、《工程变更单》、《中间交工证书》、《费用索赔审批表》。

（5）计量结果必须得到监理部和施工单位双方确认。

施工单位提出中间交验申请，并附有相应的试验、检验和验收资料报告监理部申请计量或计量审核，监理部派人与施工单位一起测量和计算工程量，双方确认。

（6）计量方法的一致性。

按照施工招标的《技术规范》或《工程量清单序言》中对工程量计算原则和方法的统一规定进行在建工程的中间计量和工程的竣工计量。

27.5　施工阶段工程计量的具体方法

工程计量的方法主要是验工、控制设计变更，审核施工单位提出的变更签证。

27.5.1　如实计算

对于要求审核的工程量，其种类直观，如混凝土、钢筋、埋件、土石方、草皮种植等，相关的设计文件、施工记录和实测资料都齐全，可采用按图文如实计算方法进行审核。

27.5.2　参照"代表"进行核算

有些工程项目持续时间长或者其工程量涉及的资料非常多甚至不齐全，可先寻求"代表"，然后参照"代表"进行推算。例如复核工程的围堰基坑抽水量时，坑内的实际渗透和降雨总量（共同构成抽水总量）很难准确计算，可以在某一个具有代表性的时段内找出实际抽水总量记录，然后再按此推算在整个时段内基坑所发生的抽水总量。

27.5.3　先调查后分析计算

对提供的工程量相关资料若有疑问，可以先调查相关的施工人员及其相关记录或者去现场补充查看，然后判断资料的真实性，再进行分析计算。

27.6　施工阶段土建工程计量监理控制中的几项主要原则规定

进行土建工程计量监理控制工作时，通常是依照合同文件和国家及部颁规范，根据各工程部位实际完成的施工图或监理单位、建设单位文件中的各项工程量进行计量。对于土建工程量是否可以另计，混凝土工程、土石方工程和建筑装修工程各有原则规定。

27.6.1　钢筋混凝土工程

一般来说，施工图中所列钢筋数量已计入搭接和加工损耗等补充量，但若经核实确实缺少这方面的工程量，则视合同的具体规定可以考虑补计。因施工方法不当造成超挖从而引起回填混凝土量的增加，则不予考虑。

27.6.2　土石方工程

开挖料作为永久或者临时填料时，其开挖工程量不得重计，要么仅计算填筑量，要么计了开挖量之后，填筑量则按直接利用方计算。

在开挖过程中，若遇到淤泥等较差的地质基础，为了加快施工进度，经监理部同意，铺设石渣道路之后，可以单独计算石渣量。

由于地质原因，开挖沿线出现坍塌，施工单位为此进行清除和修坡，则要考虑增加计量。

料场开挖完成之后，清理工程量不再计量；但若另有要求（如设围栏或植草绿化等），可单独计量。

27.6.3　建筑装修工程

对于已完成的砌体，设计或者监理部要求凿洞或者拆除，可以另计工程量。在进行室内外建筑装修时，遇有机电设备保护要求，或者因工程需要改变作业顺序，或者有特殊的施工难度等情况，在经监理部同意的前提下，可以考虑增加相应的工程量。

27.7　建立工程计量台账

建立工程计量台账，是管理计量精确程度的有效手段，尤其在对某些按比例或部位计量的工程项目中，能清晰反映其进度，同时可为工程的竣工结算和资料归档奠定良好的基础。

27.7.1　工程计量台账建立的依据

依据包括：合同文件、技术规范、工程量清单，设计图纸，工程变更单，经审批机构审批的完善设计图纸和核准的工程数量，每月的中期支付证书及审批的月支付报表。

27.7.2 工程计量台账建立的要求

首先按施工设计图认真清理并统计出设计工程数量，然后经施工单位、监理部双方核对无误，统一口径后建立台账。台账按工程量清单项目号、顺序、分项工程（在分项工程中又按设计自然段细分）建立。

27.7.3 工程计量台账的管理要求

（1）在每月收到施工单位上报的月支付报表时，必须先核对台账，无问题后再按计量的有关规定审核报表。

（2）工程计量台账应由专人负责，以保证工程计量准确、真实、不重不漏。

28 现场签证管理工作

28.1 现场签证的含义

现场签证是工程项目建设过程中实际发生而施工合同里没有包括的施工内容，经项目监理部签字予以确认。它是监理部就施工过程中涉及合同价款之外的责任事件所做的签认证明。

现场签证是对施工过程中某些特殊情况实施的书面依据，据此发生的价款是工程造价的组成部分。

现场签证作为向建设单位索赔的一种方式，有着严格的时间要求，需及时搜集证据，抓紧办理。

28.2 现场签证的签发原则

（1）严格现场经费签证、机械台班签证等，由现场代表认真核实后签证，并注明原因、背景、时间、部位等。例如，由于业主或别的非施工单位的原因造成机械台班窝工，后者只负责租赁费或摊销费而不是机械台班费。

（2）应在合同中约定的，不能以签证形式出现。例如，人工浮动工资、议价项目、材料价格等，合同中没约定，应由有关管理人员以补充协议的形式约定。现场施工代表不能以工程签证的形式取代。

（3）应在施工组织方案中审批的，不能做签证处理。例如，临设的布局、塔吊台数、挖土方式、钢筋搭接方式等，应在施工组织方案中严格审查，不能随便做工程签证处理。

（4）工程签证单建设单位要随时留一份，以避免添加、涂改等现象，并且要求施工单位编号报审，避免重复签证。

（5）材料价格的确认要注明是采购价还是预算价，以避免采购保管费重复计取。

28.3 现场签证的控制原则

（1）现场跟踪原则。工程量签证对发生设计变更和现场签证的施工内容，监理部应当和施工人员以及造价审核人员一同查看，深入现场，及时收集和掌握施工有关资料，在工程施工过程中，必要时，要求记录现场证明（照片、录像等）。

（2）及时有效原则。一方面，由于工程建设自身的特点，很多工序会被下一道工序覆盖；另一方面，由于参建各方人员都可能变动，因此，现场签证应当做到一次一签，一事一签，及时处理，及时审核。

（3）动态监控原则。监理部造价控制人员经常深入施工现场，对照图纸查看施工情况，有时可与施工单位人员进行座谈，了解、收集工程的有关资料，及时掌握现场施工动态；及时审核因设计变更、现场签证等发生的费用，相应调整控制目标，并为工程总结算提供依据和做好必要的准备工作。

（4）准确无误原则。工程量签证要尽可能做到详细，不能笼统、含糊其辞，以预算审批部门进行工程量计算方便为原则。凡是可明确计算工程量的内容，只能签工程量而不能签人工工日和机械台班数量。

（5）实事求是原则。凡是无法计算工程量的内容，只签所发生的人工工日或机械台班数量；但应严格把握，实际发生多少签多少，不得将其他因素考虑进去以增大数量进行补偿。

（6）废料回收原则。因现场签证中许多是障碍物拆除和措施性工程，所以，凡是拆除和措施性工程中发生的材料或设备需要回收的（不回收的需注明），应签明回收单位，并由回收单位出具回收证明。

28.4 现场签证的管理措施

（1）规范施工合同中签证方面的内容。尽量使用国家规定的标准施工合同文本，对签证要明确和细述的部分，可以在施工合同专用条款中重点写明，规定签证的程序，严格控制签证的范围和内容。

（2）增强施工现场签证价款的意识。施工现场签证是一项政策性、技术性、经济性很强的工作，各方应委派综合能力强、业务素质高并具有造价专业知识的人员进行管理。

（3）提高现场签证人员的素质。在思想素质方面，要加强现场人员的职业道德和廉政建设的教育，制定施工现场签证制度，严禁采取不正当手段牟取私利；在业务素质方面，应该加强现场签证人员的业务知识培训，使他们掌握工程造价方面的相关知识。

（4）适时改变施工签证的模式。部分大型建设项目建设单位在工程造价方面采取了一种新的管理模式，即另行聘请了造价跟踪审计单位共同参与建设项目工程造价管理工作。这样，可以由业主、监理、施工、审图四方共同实施，可以增强签证的透明度、规范性和准确性。

（5）杜绝重复签证。凡计价清单、相关文件中有明确规定的项目，不得另行签证。若把握不准，签证人员可向工程造价中介机构或工程造价主管部门进行咨询。

（6）规范签证形式。施工现场签证的内容、原因、项目、部位、详图、计算式、日期、办理人、签章等在签证单中都要全面、详细地表达清楚。

（7）及时签办。现场签证要及时办理，不应拖延或过后回忆补签。对于一些重大的现场变化，还应拍照或录像，作为签证的参考证据。

（8）编号归档。在结算送审中，签证单统一由送审单位和监理单位复查、编号并加盖送审资料单。其主要目的：一是确认所有签证内容符合实际，并已全部实施完成；二是核查施工单位有否将核减的签证单抽掉，而只报核增的签证单；三是防止审核过程中施工单位根据自己需要自行补交签证单。

28.5 现场签证应注意的问题

（1）工程技术签证。它是建设单位与施工单位就某一施工环节、技术要求或具体施工方法进行联系确定的一个方面（包括技术联系单），是施工组织设计方案的具体化和有效补充，因其有时涉及的价款数额较大，故不可忽视。对因客观条件发生变化造成的一些重大施工组织设计方案、技术措施的临时修改，应征求相关人员意见，必要时，应组织专家论证，使之尽可能做到安全、适用、经济。

（2）工程隐蔽签证。它是指该部位施工完成后将被覆盖的工程签证。此类签证资料一旦缺失，将难以完成结算，其中，应特别注意的有：

①基坑开挖验槽记录；

②基坑换土材质、深度、宽度记录；

③桩入土深度及混凝土灌注量记录；

④钢筋验收记录等。

签证必须真实和及时，不要过后补签。因隐蔽部分一旦被覆盖再发生争议就很麻烦，有些是不能揭开的，即使能够做到也会造成很大损失。

（3）工程经济签证。它是指在工程施工期间由于建设单位要求、场地变化、环境变化等可能造成工程实际工程实际造价与合同造价之间产生差额的各类签证，主要包括合同缺陷、业主违约、非承包方引起的工程变更及工程环境变化等。因涉及面广，项目繁多复杂，要切实把握造价方面的规定，尤其是严格控制签证的范围和内容。

（4）工程工期（进度）签证。它是指在工程实施过程中因不可预见的气候变化、工程主要材料和设备进场时间及主要原因造成的延期开工、暂停开工、工期延误的签证。在建筑工程结算中，同一工程、不同时期完成的工程量，由于其材料和人工单价不同而引起的综合单价的调整和新综合单价的确认等都会不同，不少工程没有办理工程工期（进度）签证或没有如实办理签证，往往造成在结算时发生扯皮现象。

29 安全管理工作

29.1 安全管理工作程序

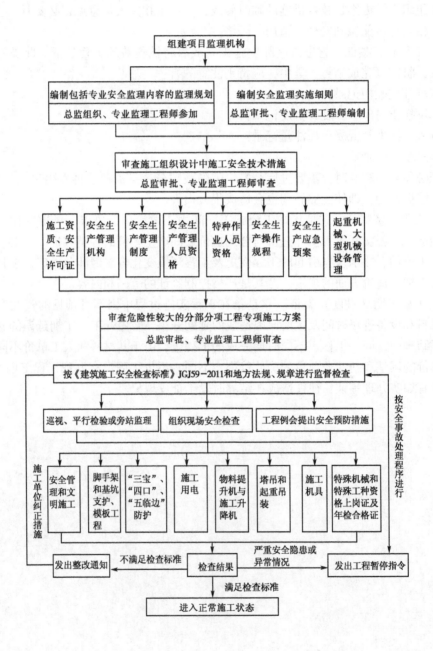

⠀

29.2 安全管理的主要工作

29.2.1 施工准备阶段安全管理的主要工作

（1）按照工程建设的强制性标准和建设工程监理规范的要求，编制包括专门安全监理内容的监理规划，明确安全生产监理工作的范围、目标、内容、工作程序、制度要点和检查方案以及人员配备计划和职责等，重点是编制针对本工程危险性较大的分部分项工程和危险源的控制要点。

下面列出一些危险性较大的分部分项工程，可作为编写包括安全监理内容的监理规划参考。

部分安全危险性较大的分部分项工程一览表

序号	危险性较大的分部分项工程名称	安全管理主要内容
1	基坑支护、降水	无方案或方案安全技术措施不符合要求，施工过程安全员不在场监督，施工质量不好，漏水漏沙，监测监控不力，抢救措施不到位，排水不及时等
2	基坑挖土	不对称挖土，不均衡挖土，局部超挖，挖掘机碰撞基坑支护结构，挖土太快，基坑周边荷载太大等
3	人工挖扩孔桩工程	提升设备、孔边堆土、临电作业、洞口临边防护、孔底气体检测与排风、应急软爬梯未配置等
4	模板工程及支撑体系	横距、纵距、步距超规范，立杆不落地，横杆不连续，缺斜杆、扫地杆，搭设材料差，扣件扭矩不足等
5	脚手架工程	与主体连接件不足，横距、纵距、步距超规范，立杆不落地，横杆不连续，缺剪刀撑、扫地杆，搭设材料差，扣件扭矩不足等
6	起重吊装及安装拆卸工程	单位资质、安全生产许可证、安装人员资格不符，基础未验算，未经检测合格，未经政府部门备案通过等
7	拆除与爆破工程	专业施工资质，拆除顺序高空作业等
8	建筑幕墙安装工程	高空作业，电焊，吊篮施工，石材运输、悬挂作业等
9	钢结构、网架和索膜结构安装工程	焊接作业，拼装作业，吊装作业等

序号	危险性较大的 分部分项工程名称	安全管理主要内容
10	预应力工程	先张法：张拉工具与预应力筋应同一直线上、顶紧锚塞时不能用力过猛、压力表读数控制、放张顺序等。 后张法：操作千斤顶和测量伸长值的人员，要严格遵守操作规程，应站在千斤顶侧面操作。油泵开运过程中，不得擅自离开岗位，如需离开，必须把油阀门全部松开或切断电路；钢丝、钢绞线、热处理钢筋及冷拉Ⅳ级钢筋，严禁采用电弧切割等

（2）对于危险性较大的分部分项工程和规模较大的工程，编制有针对性的和可操作性的安全监理实施细则。实施细则应当明确安全监理的重点、方法和措施、控制要点和目标等，并制定对施工单位安全检查、安全技术交底、安全教育培训、应急救援、安全设施验收和文明施工等的监督检查方案。

（3）审核施工单位编制的施工组织设计中安全技术措施和危险性较大的分部工程安全专项施工方案是否符合工程建设的强制性标准要求，并签署意见。审查的主要内容应当包括：

①施工单位编制的地下管线保护措施方案是否符合标准和规范要求；

②基坑支护与降水、土方开挖、模板及高大模板支撑系统、起重吊装、落地式外脚手架、悬挑式脚手架、附着式升降脚手架、悬挑式钢平台、施工升降机、物料提升机、吊篮脚手架、塔吊安装及拆除等分部分项工程的安全生产技术措施和安全专项施工方案是否符合标准和规范要求；

③施工现场临时用电施工组织设计或者安全用电技术措施和电气防火措施是否符合标准和规范要求；

④冬季、雨季等季节性施工方案的制定是否符合实际需要；

⑤施工总平面布置图是否合理，办公、宿舍、食堂、道路等临时设施设置以及排水、防火措施是否符合安全技术标准和文明施工的要求。

（4）审查施工单位安全生产保证体系、安全生产责任制的建立、健全情况，督促施工单位检查各分包企业的安全生产制度。

（5）审查施工单位资质和安全生产许可证是否合法有效。

（6）审查项目经理和专职安全生产管理人员是否具备资格，专职安全生产管理人员的配备是否满足相关要求。

（7）审核建筑电工、架子工、起重信号司索工、起重机械司机、起重机械安装拆卸工、高处作业吊篮安装拆卸工等特种作业人员是否取得特种作业操作资格证书。

（8）审核施工单位应急救援预案和安全防护措施费用使用计划。

29.2.2 施工阶段安全管理的主要工作

（1）在第一次工地例会上就安全监理工作对施工单位的安全生产责任制和安全检查、

安全技术交底、安全教育、安全验收、文明施工、应急救援及分包单位安全生产管理等提出要求。

（2）监督施工单位按照施工组织设计中的安全技术措施和安全专项施工方案组织施工，及时制止违规施工作业。

（3）监督安全专项方案实施。

①对建设部规定的危险性较大的分部分项工程（基坑支护与降水工程，土方开挖工程，模板支撑，起重吊装工程，脚手架工程，拆除、爆破工程）及其他危险性较大的分部分项工程，施工前施工单位必须编制专项施工方案，经单位技术负责人审批和总监理工程师审查签字确认后，项目部方可组织实施。

②施工现场临时用电设备在5台及以上，或设备总容量在50kW及以上时，应编制施工用电组织设计，报项目监理部审批确认后方可组织实施。

③超过一定规模的危险性较大的分部分项工程专项方案，必须由施工单位组织专家进行论证。实行施工总承包的，由施工总承包单位组织专家论证。

④针对施工现场的安全生产管理建立检查、验收制度，对重点工序、重点部位进行重点监控，严禁随意更改专项施工方案。

（4）督促施工单位进行安全检查工作。

①施工单位必须建立安全检查制度，定期组织安全检查。公司必须由分管经理组织每月不少于一次的安全检查，并按检查标准评定，每季度将检查情况汇总上报；项目负责人必须组织有关人员，并会同监理部进行每周不少于一次的安全检查；

②施工过程中出现6级以上大风及雨、雪、大雾等恶劣天气，施工单位和监理必须立即组织检查。遇到影响施工作业的异常天气，应停止施工；

③对检查出的事故隐患，必须按定人、定时、定措施的"三定"原则进行整改，并做好书面记录，及时存档。

（5）督促施工单位做好安全技术交底工作。

①施工作业前，施工单位技术部门的技术人员应将分部分项工程有关安全施工的技术要求向施工班组、作业人员进行安全技术交底。项目部安全管理人员应参加并监督实施情况。

②安全交底必须有针对性，认真交代注意事项、个人防护用具、公共防护措施、危险因素、预防措施、应急措施等。

③安全技术交底应形成书面记录，交底和被交底双方签字，严禁代签。

（6）督促施工单位做好安全教育培训工作。

①施工单位的主要负责人、项目负责人、专职安全生产管理人员经建设行政主管部门考核合格，取得合格证后方可任职。

②施工单位必须制定安全教育培训制度。

③施工单位应对安全生产管理人员、作业人员每年进行不少于一次的安全生产教育培训。

④作业人员进入新的岗位或新的施工现场前，应当接受安全生产教育培训，并形成书面记录。

⑤项目负责人每周应组织有关人员召开安全生产会。安全会议应总结本周存在的问题和不足，有针对性地对下周安全生产工作进行计划和安排，并形成会议记录。

（7）每天在工程施工时进行巡视检查，并在专门的安全监理日记上做好安全监理记录；危险性较大的分部分项工程施工时，应当实行旁站监理。

监理过程中发现存在安全隐患的，应及时发出监理工程师通知单，要求施工单位整改；情况严重的，签发工程暂停令，要求施工单位暂时停止施工，并及时报告建设单位；施工单位拒不整改或者不停止施工的，应及时向建设行政主管部门报告。

（8）核查施工现场建筑施工机械和安全设施的验收手续及建筑起重机械的备案登记手续，并签署意见。

（9）检查施工现场各种安全标志和安全网架设、临时用电设备等安全防护、文明施工措施是否符合有关工程技术标准规范要求，并签认所发生费用。

（10）加强分包安全管理工作。

①分包单位应取得企业安全生产许可证，其企业资质应与工程要求相符。建设工程实行施工总承包的，由总承包单位对施工现场的安全生产负总责。总承包单位依法将建设工程分包给其他单位的，分包合同中应明确各自的安全生产管理方面的权利、义务。总承包单位和分包单位对分包工程的安全生产承担连带责任。分包单位应当服从总承包单位的安全生产管理，分包单位不服从管理而导致生产安全事故的，由分包单位承担主要责任。

②劳务分包企业建设工程项目施工人员 50 人以下的，应当设置 1 名专职安全生产管理人员；50~200 人的，应设 2 名专职安全生产管理人员；200 人以上的，应根据所承担的分部分项工程施工危险实际情况增配安全生产管理人员，配备的安全生产管理人员应不少于企业总人数的 5‰。

③分包单位自行采购或自带的安全物资，必须向发分包单位提供证明其质量合格的资料。

29.3　安全管理工作的现场安全监管用表

深基坑工程现场安全监管用表

工程名称		监管依据名称及编号	《危险性较大分部分项工程安全管理办法》（建质［2009］87 号）；《建筑地基基础工程施工质量验收规范》（GB50202—2002）；《建筑边坡工程技术规范》（GB50330—2002）；《建筑基坑支护技术规程》（JGJ120—99）
项目经理		施工负责人	
总监		监管负责人	

监管项目		重点监管(检查)内容	监管/检查记录
主控项目	行为核查	核查深基坑施工单位(分包单位)资质、安全生产许可证、B类证书、C类证书及特殊工种证书(如电工、焊工等)	
	安全专项施工方案	程序性:建筑施工企业专业工程技术人员编制,施工企业技术部门专业技术人员及监理单位专业监理工程师进行审核,审核合格,由施工企业技术负责人、监理部总监理工程师签字	
		强制性:内容要符合有关强制性标准,不得有违反强制性条文的内容,安全技术措施符合要求	
		针对性:按工程项目的特点制定有针对性的内容,并应组织专家论证审查,有专家论证审查报告	
		时效性:应及时编制和审核,当项目环境有重大变化原编制的内容不能指导施工,应要求承包单位根据项目的具体情况重新编制或增补内容	
		闭合性:会审意见要闭合且符合时间逻辑	
	基坑支撑	基坑支撑结构的施工质量应符合设计及规范要求,拆除顺序应同基坑支护结构的设计计算工况相一致。必须严格遵守先支撑后开挖的原则	
	基坑开挖	土方开挖顺序、方法必须与设计工况相一致,并遵循"开槽支撑,先撑后挖,分层(对称/均衡)开挖,严禁超挖"原则	
一般项目		深基坑施工过程中应严格按安全专项施工方案执行	
		深基坑施工前应技术交底,施工过程中安全员应现场监督	
		基坑支护桩施工质量应符合设计、规范要求	
		基坑开挖前应作出系统的开挖监控方案,监控方案应包括监控目的、监测项目、监控报警值、监测方法及精度要求、监测点的布置、监测周期、工序管理和记录制度以及信息反馈系统等;基坑变形或变形速率超过报警值应及时组织专家论证,采取处理措施	
		基坑边界周围地面应设排水沟,且应避免漏水渗水、进入坑内;放坡开挖时,应对坡顶、坡面、坡脚采取降排水措施	
		基坑周边严禁超堆荷载或振动荷载	
		基坑开挖过程中,应采取措施防止碰撞支护结构、工程桩或扰动基底原状土	
		开挖至坑底标高后坑底应及时满封闭并进行基础工程施工	
监理结论		专项监管负责人: 总监理工程师:	年 月 日

161

高大模板支撑系统工程现场安全监管用表

工程名称			监管依据名称及编号	《危险性较大的分部分项工程安全管理办法》(建质〔2009〕87号);《建筑工程高大模板支撑系统施工安全监督管理导则》(建质〔2009〕254号);《建筑施工扣件式钢管脚手架安全技术规范》(JGJ130—2011);《建筑施工模板安全技术规范》(JGJ162—2008);已论证批准的《高大模板专项施工方案》
项目经理			施工负责人	
总监			监管负责人	
监管项目			重点监管(检查)内容	监管/检查情况记录
主控项目	行为核查		核查高大模板施工单位(分包单位)资质、安全生产许可证、B类证书、C类证书及特殊工种证书(如架子工等)	
	安全专项施工方案		程序性:建筑施工企业专业工程技术人员编制,施工企业技术部门专业技术人员及监理单位专业监理工程师进行审核,审核合格,由施工企业技术负责人、监理单位总监理工程师签字	
			强制性:内容要符合有关强制性标准,不得有违反强制性条文的内容,安全技术措施符合要求	
			针对性:按工程项目的特点制定有针对性的内容,有计算书,并应组织专家论证审查,有专家论证审查报告	
			时效性:应及时编制和审核,当项目环境有重大变化原编制的内容不能指导施工,应要求承包单位根据项目的具体情况重新编制或增补内容	
			闭合性:会审意见要闭合且符合时间逻辑	
	支模材质		钢管、扣件、方木等材料直径或规格符合方案规定要求,钢管上严禁打孔,弯曲、腐蚀严重的不得使用	
	资质与交底		对模板支撑施工队进行全面的安全技术交底,支撑搭设人员应持证上岗	
一般项目	现场搭设验收		立杆基础应有足够承载力并按方案设置垫板,牢固稳定	
			立杆间距、步距必须符合方案及规范要求	
			模板支撑扫地杆、水平杆应双向设置	
			立杆高度大于2m时,设置两道水平杆;立杆高度大于4m时,每2m设置道水平杆(或按施工方案搭设)	
			按方案要求设置水平剪刀撑和垂直剪刀撑,并满足支架立杆四边及中间每隔四跨设置一道纵向剪刀撑	
			扣件螺栓拧紧扭力矩值符合规定要求(40~65N·m)	
			混凝土浇筑前模板支撑应经监理验收批准	
	荷载控制		荷载满足设计要求,堆料、设备堆放要分散,滑模、爬模等模板的施工,应使每个提升设备的荷载均匀,保持模板受力状态良好	
	模板拆除		拆除模板时,混凝土强度应满足规范要求;拆模板工人应进行安全技术交底	
			模板拆除前混凝土应达到规定强度要求并应经监理审批	
	作业环境		模板施工作业区按高处作业规定设置临边防护和空洞封闭措施,交叉作业有隔离防护措施	
监理结论			专项监管负责人: 总监理工程师: 年 月 日	

悬挑/落地脚手架工程现场安全监管用表

工程名称		监管依据名称及编号	《危险性较大的分部分项工程安全管理办法》(建质[2009]87号);《建筑施工扣件式钢管脚手架安全技术规范》(JGJ130—2011);已批准的《脚手架专项施工方案》	
项目经理		施工负责人		
总监		监管负责人		
监管项目		重点监管(检查)内容		监管/检查情况记录
主控项目	行为核查	核查脚手架工程施工单位(分包单位)资质、安全生产许可证、B类证书、C类证书及特殊工种证书(如架子工等)		
	施工方案	程序性:建筑施工企业专业工程技术人员编制,施工企业技术部门专业技术人员及监理单位专业监理工程师进行审核,审核合格,由施工企业技术负责人、监理部总监理工程师签字		
		强制性:内容要符合有关强制性标准,不得有违反强制性条文的内容,安全技术措施符合要求		
		针对性:按工程项目的特点制定有针对性的内容,有计算书		
	材质荷载	钢管外径不得小于48mm,壁厚不低于3.5mm,无严重锈蚀、裂纹、变形,悬挑梁材料与方案一致;荷载分布均匀,不超载		
	交底持证	对脚手架施工队进行全面的安全技术交底,作业人员必须经专业培训,持证上岗		
一般项目	搭设与验收	支承基础满足设计要求,钢管脚手架有底座,排水措施合理		
		立杆垂直偏差满足规范要求,立杆纵、横向间距应与方案相符,相邻节点应错开		
		扫地杆、纵横水平拉杆设置(步距、连续)应与方案相符,小横杆出架体不小于100mm		
		每隔9m设一道剪刀撑,夹角为45°~60°,搭接长度不小于1m,不少于3个扣件		
		架体应按方案要求的高度、宽度与结构拉结且牢固、可靠		
		悬挑梁与建筑物固定连接可靠,埋件固定与方案一致,钢丝绳与悬挑梁及建筑物固定可靠,符合要求		
		扣件扭矩符合规定要求(40~65N·m)		
		脚手板绑扎牢固,在施工层及每隔10m均须满铺脚手板。脚手架外侧设置标准的密目式安全网并绑扎严密,施工层设1.2m高的栏杆和180mm的挡脚板		
		施工层脚手架内杆与建筑物间水平防护应水平封闭,施工层以下每隔10m以内封闭一次,架体搭设应超过作业层1.25m		
		脚手架应进行分段验收,合格证挂牌		
	避雷	按规定设置避雷接地装置		
	卸料平台	卸料平台的搭设应符合设计要求		
		卸料平台应与脚手架分离		
		钢丝绳与结构连接的预埋环应为圆钢		
		卸料平台要有限定荷载标牌		
	架体拆除	拆除作业必须由上而下逐层进行,严禁上下同时作业		
		连墙件必须随脚手架逐层拆除,严禁先将连墙件整层或数层拆除后再拆脚手架;分段拆除高差不应大于2步,如高差大于2步,应增设连墙件加固		
监理结论		专项监管负责人: 总监理工程师:		年 月 日

塔吊工程现场安全监管用表

工程名称		监管依据 名称及编号	《特种设备安全监察条例》(国务院令 373 号);《建筑起重机 械安全监督管理规定》(建设部令第 166 号);《建筑机械使用 安全技术规程》(JGJ33—2011);《建筑起重机械备案登记办 法》(建质[2008]76 号);《建筑施工塔式起重机安装、使用、拆 卸安全技术规程》(JGJ196—2010);《塔式起重机混凝土基础 工程技术规程》(JGJT187—2009);已批准的《塔吊安装与拆卸 专项施工方案》
项目经理		施工负责人	
总监		监管负责人	
监管项目		重点监管(检查)内容	监管/检查 情况记录
主控项目	行为核查	核查塔吊工程施工单位(分包单位)资质、安全生产许可证、B类证书、C类证书及特殊工种证书(如塔吊司机、安装与拆卸工、司索信号工等)	
	方案	审核塔吊安装、拆卸专项施工方案,包括塔吊基础方案、附墙方案、升节方案等。塔吊方案要经塔吊安装单位和施工单位企业技术负责人签字,相关计算书、图纸齐全。如塔吊基础借用工程桩或支护桩,还要原设计单位同意签字	
	进场	审查设备的型号(查施组)、生产许可证、出厂合格证	
	安装	审查安装单位资质和安装人员的上岗证备案	
		有资质的检测机构进行检测,并出具检测合格证明文件报监理	
	验收	由承包单位组织安装单位、设备出租单位及检测单位进行安装验收,出具合格证明文件	
		塔吊安装验收合格起的30日内,向当地建设主管部门办理使用登记,使用登记证要悬挂于设备显著位置	
	审批	符合以上程序和提供有效资料合格后审批同意投入使用	
	禁用塔吊	属国家明令淘汰或禁止使用的	
		超过安全技术标准或者制造厂家规定的使用年限的	
一般项目	塔吊使用监督检查	塔吊司机及指挥人员必须持证上岗	
		严格执行塔吊"十不吊"及相关操作规程要求	
		督促施工单位定期对塔吊进行安全检查、维修、保养,并把记录上报监理。塔吊的变幅指示器、力矩限制器,重量限制器以及各种限位开关等安全保护装置,应完好齐全,灵敏可靠	
		严禁使用塔吊进行斜拉、斜吊	
	报告责任	发现塔吊存在生产安全事故隐患的,应当要求安装单位、使用单位限期整改,对安装单位、使用单位拒不整改的,及时向建设单位或主管部门报告	
监理结论		专项监管负责人: 总监理工程师: 年 月 日	

吊篮工程现场安全监管用表

<table>
<tr>
<td colspan="2">工程名称</td>
<td>监管依据
名称及编号</td>
<td>《建筑施工特种作业人员管理规定》(建质〔2008〕75号);《危险性较大的分部分项工程安全管理办法》(建质〔2009〕87号);《建筑施工安全检查标准》(JGJ59—2011);《高处作业吊篮安全规则》(JGJ5027—1992);《高处作业吊篮》(GB19155—2003)</td>
</tr>
<tr>
<td colspan="2">项目经理</td>
<td>施工负责人</td>
<td></td>
</tr>
<tr>
<td colspan="2">总监</td>
<td>监管负责人</td>
<td></td>
</tr>
<tr>
<td colspan="2">监管项目</td>
<td colspan="2">重点监管(检查)内容</td>
<td>监管/检查
情况记录</td>
</tr>
<tr>
<td rowspan="8">主控项目</td>
<td>行为
核查</td>
<td colspan="2">核查吊篮工程施工单位(分包单位)资质、安全生产许可证、B类证书、C类证书及特殊工种证书(如吊篮安装拆卸工等)</td>
<td></td>
</tr>
<tr>
<td>吊篮施工专项方案</td>
<td colspan="2">1. 编制、审批手续是否齐全。编制人、审核人、批准人签字和施工单位盖章应齐全
2. 主要内容应齐全。内容应包括吊篮安装、使用、维修保养、拆卸、施工管理及安全事故应急救援预案等方面安全要求
3. 应符合国家、地方现行法律法规和工程建设强制性标准、规范的规定
4. 应具有合理性。如必要的计算方法和数据应注明其来源和依据,选用的力学模型应与实际情况相符;施工方案应与施工进度计划相一致,施工进度计划应正确体现施工的总体部署等</td>
<td></td>
</tr>
<tr>
<td>进场</td>
<td colspan="2">1. 审查吊篮制造厂家资质证书及安全生产许可证
2. 审查吊篮出厂时相关技术文件;产品合格证;吊篮的型号(查方案);安装、使用和维修保养说明书;安装图、易损件图、电气原理图及接线图、液压系统图等
3. 自制的,应有安全技术措施的计算书并附具安全验算结果</td>
<td></td>
</tr>
<tr>
<td rowspan="2">安装</td>
<td colspan="2">审查吊篮安装、拆卸工资格证书</td>
<td></td>
</tr>
<tr>
<td colspan="2">严格按已批准的吊篮施工方案要求进行安装</td>
<td></td>
</tr>
<tr>
<td>验收</td>
<td colspan="2">由承包单位组织吊篮出租单位(如有)、检测中心进行安装验收,并出具检测合格报告</td>
<td></td>
</tr>
<tr>
<td>审批</td>
<td colspan="2">符合以上程序和提供有效资料合格后审批同意投入使用</td>
<td></td>
</tr>
<tr>
<td></td>
<td colspan="2"></td>
<td></td>
</tr>
<tr>
<td rowspan="5">一般项目</td>
<td rowspan="4">吊篮使用监督检查</td>
<td colspan="2">吊篮使用前应督促施工单位对操作使用人员进行安全技术交底,书面记录报监理部备案</td>
<td></td>
</tr>
<tr>
<td colspan="2">吊篮操作人员应有技术培训和考核合格证书</td>
<td></td>
</tr>
<tr>
<td colspan="2">吊篮使用严禁超载</td>
<td></td>
</tr>
<tr>
<td colspan="2">督促施工单位定期对吊篮进行安全检查、维修、保养,并将记录上报监理。检查重点是吊篮的安全装置、升降操作、外侧防护、防护顶板、架体稳定等</td>
<td></td>
</tr>
<tr>
<td>报告责任</td>
<td colspan="2">发现吊篮存在生产安全事故隐患的,应当要求使用单位限期整改,对使用单位拒不整改的,及时向建设单位或主管部门报告</td>
<td></td>
</tr>
<tr>
<td colspan="2">监理结论</td>
<td colspan="3">专项监管负责人:
总监理工程师:

　　　　　　　　　　　　　　　　　　　年　　月　　日</td>
</tr>
</table>

主体结构施工现场安全监管用表

工程名称			监管依据名称及编号	《建筑施工高处作业安全技术规范》(JGJ80—91);《施工现场临时用电安全技术规程》(JGJ46—2005)	
项目经埋			施工负责人		
总监			监管负责人		
监管项目			重点监管(检查)内容		监管/检查记录
施工用电	专项方案		必须按规范要求编制施工用电专项方案并经公司技术负责人审批,内容应包括现场勘测、负荷计算、变电所设计、配电线路设计、配电装置设计、接地设计、防雷设计、外电防护措施等,最后方案报监理部审核批准		
	外电防护		在建工程和机械设备与外电线路达不到安全距离时,必须有可靠的防护措施,且要严密,防护要有一定的强度		
	接地接零		必须采用接零保护,严禁采用接地保护,工作零线和保护零线必须从总配电柜处分开,重复接地不少于3处,接地电阻、接地线机、接地体应符合要求		
	电箱、配电箱		电箱制作要内外油漆,有防雨措施,门锁齐全;金属电箱外壳要有接零保护,箱内电气装置齐全可靠;线路、位置安装要合理,设有零排,电线进出配电箱应下进下出;总配电箱必须分别设有动力和照明总隔离开关;用电设备各自设有专用开关箱,并配有合格漏电开关		
	开关箱、熔丝		开关箱要符合"一机一闸一漏",箱内无杂物;配电箱与开关箱之间距离30m左右,用电设备与专用开关箱不超过3m,电箱不得放在地面使用,其下端离地距离应符合要求;箱内严禁动力、照明混用;严禁用其他金属丝代替熔丝,熔丝安装要合理		
	支线架设		配电箱引入引出线要采用套管和横担;进出电线要排列整齐,匹配合理;严禁使用绝缘差、老化、破皮电线,防止漏电;线路过道路要有可靠的保护;线路直接埋地,敷设深度小于0.6m,引出地面从2m高度至地下0.2m处,必须架设防护套管		
	变配电装置		露天变压器接零保护设置符合规范要求,配电间安全防护措施和安全用具、警告标志齐全;配电间门要朝外开,高处正中装20cm×30cm玻璃		
高空作业	人员资格		攀登和悬空高处作业人员以及搭设高处作业安全设施的人员,必须经过专业技术培训及专业考试合格,持证上岗		
	技术交底		施工前,应逐级进行安全技术教育及交底,落实所有安全技术措施和人身防护用品(安全带),未经落实时不得进行施工		
	临边作业		临边作业应设置防护栏杆,栏杆应由上、下两道横杆及栏杆柱构成。横杆离地高度,规定为上杆1.0~1.2m,下杆0.5~0.6m		
	洞口作业		各种板与墙的孔口和洞口,各种预留洞口,桩孔上口,杯形、条形基础上口,电梯井口必须视具体情况分别设置牢固的盖板、防护栏杆、密目式安全网或其他防坠落的设施		
	悬空作业		悬空作业必须建立牢靠的立足点后,方可进行施工。如,搭设操作平台、脚手架或吊篮等		
	交叉作业		进行交叉作业时,不得在同一垂直方向上下同时操作下层作业的位置,必须处于依上层高度确定的可能坠落范围半径之外。若不符合此条件,中间应设置安全防护层		
监理结论			专项监管负责人: 总监理工程师:		年 月 日

施工机具现场安全监管用表

工程名称		监管依据名称及编号	《建筑机械使用安全技术规程》(JGJ33—2012) 《建筑施工安全检查标准》(JGJ59—2011) 《施工现场机械设备检查技术规程》(JGJ160—2008)	
项目经理		施工负责人		
总监		监管负责人		
序号	监管项目	重点监管(检查)内容		监管情况
1	施工方案	中小型施工机械和手持(移动)用电设备,使用前绝缘测试应符合要求,其明露的传动部位应有牢固、适用的防护罩,露天使用应设有防雨操作棚,并挂有安全操作规程牌起重设备额定起重量牌;机械安装稳固;按规定做好保护接零;各自设有专用开关箱(随机开关箱)或移动开关箱,箱内低压电器完好,设有合格的漏电保护器;使用手持(按钮)开关应采用36V安全电压;机械不用、作业人员离开时,应切断电源;安装后,必须有验收合格手续;卷筒上的钢丝绳不得少于3圈,绳尾应用压板固定牢固;机械的润滑、传动、紧固、清洁符合要求;机械运行时,严禁维修、清理、保养;作业场地应有良好的排水措施		
2	搅拌机与砂浆机	混凝土搅拌机进料斗设有挂耳和挂钩;电气限位开关和机械限位装置完好;机械上护线管完好,导线无外露;离合器与制动系统完好,运行正常;钢丝绳和夹头符合规定要求;操作手柄有保险装置;手动出料手柄应用圆盘式;砂浆机进料口应有安全装置		
3	木工加工机械	木工加工机械加工刀口部位必须设置有效的安全防护装置;禁止使用双向(倒顺)开关;木屑等杂物应随做随清,加工场所应设灭火器,严禁吸烟		
4	钢筋加工	冷拉、闪光对焊等危险区域,应设防护措施并设警戒区,切断机刀片无裂纹,固定螺栓紧固,刀片间隙合适;弯钩机不应使用倒顺开关;一次性加工钢筋的总截面不得超过机械铭牌规定		
5	手持电动工具	外壳无破损,开关和自锁按钮工作灵敏可靠;工具上电源线必须使用电缆线且完好无损,不得接长或更换加长;严禁超负荷运行;操作者应穿绝缘鞋、戴绝缘手套;严格按使用说明操作;危险场合禁止使用I类手持电动工具		
6	交直流电焊机与对焊机	焊接机四周外侧防护挡板和防护罩必须完好;手把电缆应不大于30m,手把钳应绝缘良好,无破损且与电缆连接紧固;二次线与焊接件连接正确;操作者个人防护用品齐全;旋转式直流焊机换向器火花应小于1.5级,焊接时不得调节电流;硅整流直流焊机冷却风扇必须运行正常;对焊机电源线截面与设备容量相适应,使其工作时电压符合要求;冷却水量不小于规定值,且出水温度不得大于40℃,工作时闪光区应设挡板;夹具和电极完好		
7	潜水泵	潜水泵必须配有专用(移动)开关箱,并配有合适的漏电保护器,做好保护接零;在水中使用时,泵四周设有防杂物堵塞措施;严禁带电移动,运行时周边水中不得有人;搬移水泵时必须用绳扣在泵体耳环上,严禁拉电缆和出水管;电缆长度不得少于5m,且完好无损,无接头		
8	气瓶	氧气、乙炔瓶减压器及仪表必须完好;乙炔瓶必须站立使用,严禁未装防回火装置使用;两瓶间距离应大于5m,距明火必须大于10m;露天高温使用时应有防晒措施;防振圈和瓶口防护帽应齐全;氧、乙炔气管颜色分别为红色、黑色,应分色使用,不得老化、破损;气管连接应用管卡固定;瓶中均应留一定的剩余压力,不得全部将气用完;气瓶存放处应符合要求		
监理结论		专项监管负责人: 总监理工程师:		
				年 月 日

悬挑式钢平台现场安全监管用表

工程名称			检查日期		载重量(kg)	
监管依据		《建筑施工高处作业安全技术规范》(JGJ80—91)	层次			
	序号		验收要求			验收记录
设计制作安装要求	1	按规范设计和制作,计算书及图纸编入施工组织设计				
	2	搁置点与上部拉结点必须位于建筑物上,符合设计要求				
	3	斜拉杆或钢丝绳,构造上两边各设前后两道,两道中的每道均应做单道受力计算				
	4	设置4个经过验算的吊环,用甲类A3号沸腾钢制作,连接部位应使用卡环,非制作件需要有质保书				
	5	安装时,钢丝绳采用绳卡时每个接头绳卡数量和间距符合规范要求,并设安全弯				
	6	建筑物锐角利口围系钢丝绳处应加衬软垫物,平台外口应略高于内口,左右不得晃动				
	7	平台铺设牢固、密封,不准使用竹笆,三侧面设有不低于1.2m高栏杆				
	8	标明容许荷载值,严禁超过设计的容许荷载,并应标明责任人				
验收意见						
参加验收人员						
工程项目负责人				验收日期		

落地操作平台搭设现场安全监管用表

工程名称		施工单位	
监管依据	《建筑施工扣件式钢管脚手架安全技术规范》(JGJ130—2001);《建筑施工高空作业安全技术规范》(JGJ80—91)	平台面积	
搭设负责人		容许荷载(kg)	

序号	验收要求	验收记录
1	平面布置、设计计算资料、审批验收时间、手续齐全	
2	底部坚实平整、有排水措施	
3	立杆垂直、间距符合方案要求、大小横杆纵横平稳	
4	斜撑、剪刀撑的间距、角度、设置、搭设符合规定	
5	连墙件拉结、支撑设置的间距、方式符合规定	
6	架体横平竖直、整体稳定牢固,符合方案	
7	架体的材质、连接部位的方式符合规定	
8	操作平台四周防护严密、可靠、安全	
9	操作平台面铺设材料符合规定,不留间隙	
10	移动平台必须设登高扶梯	
11	进入平台作业面的通道铺设牢固、平整、无明显高低并设置栏杆	
12	设置操作平台的限载标志牌(内外)	
13	架体与构筑物的连接及架体的水平支撑符合设计方案	

验收意见			
验收人员		验收日期	

起重吊装现场安全监管用表

工程名称			监管依据 名称及编号	《建筑起重机械安全监督管理规定》(建设部令第166号),《建筑机械使用 安全技术规程》(JGJ33—2011),已批准的《起重吊装专项施工方案》	
项目经理			施工负责人		
总监			监管负责人		
监管项目			重点监管(检查)内容		监管/检查 情况记录
主控项目	行为核查		核查起重吊装施工单位(分包单位)资质、安全生产许可证、B类证书、C类证书及特殊工种证书(如起重工、指挥工、电焊工等)		
	方案		审核起重吊装专项施工方案,包括现场环境、工程概况、施工工艺、起重机械的选型依据、起重扒杆的设计计算、地锚设计、钢丝绳及索具的设计选用、地基承载力及对道路的要求、构件堆放就位图以及吊装过程中的各种防护措施等。吊装方案应经吊装单位和施工单位技术负责人签字和盖公章		
	起重机		起重机械按施工方案要求选型,运到现场重新组装后,应进行试运转试验和验收,确认符合要求并有记录、签字		
			起重机经检测后并持有市级有关部门定期核发的准用证方可使用		
			安全装置包括超高限位器、力矩限制器、臂杆幅度指示器及吊钩保险装置均符合要求。当该机说明书中尚有其他安全装置时应按说明书规定进行检查		
	起重扒杆		起重扒杆的选用应符合作业工艺要求,扒杆的规格尺寸通过设计计算确定,其设计计算应按照有关规范标准进行并经上级技术部门审批		
			扒杆选用的材料、截面以及组装形式,必须按设计图纸要求进行,组装后应经有关部门检验确认符合要求		
			扒杆与钢丝绳、滑轮、卷扬机等组合后,应先经试吊确认。检查扒杆,地锚及缆风绳情况,确认符合设计要求		
	钢丝绳与地锚		钢丝绳断丝数在一个节距中超过10%、钢丝绳锈蚀或表面磨损达40%以及有死弯、结构变形绳芯挤出等情况时,应报废停止使用。断丝或磨损小于报废标准的应按比例折减承载能力		
			扒杆滑轮及地面导向滑轮的选用,应与钢丝绳的直径相适应		
			缆风绳应使用钢丝绳,其安全系数K=3.5,规格应符合施工方案要求,缆风绳应与地锚牢固连接		
			地锚的埋设做法应经计算确定,地锚的位置及埋深应符合施工方案要求和扒杆作业时的实际角度。当移动扒杆时,也必须使用经过设计计算的正式地锚,不准随意拴在电线杆、树木和构件上		
一般项目	吊点		根据重物的外形、重心及工艺要求选择吊点,并在方案中进行规定		
	地基承载力		起重机作业区路面的地基承载力应符合该机说明书要求,并应对相应地基承载力报告结果进行审查		
			作业道路平整坚实,一般情况纵向坡度不大于3‰,横向坡度不大于1‰。行驶或停放时,应与沟渠、基坑保持5m以外,且不得放在斜坡上		
	起重作业		起重机司机应对施工作业中所起吊重物重量切实清楚,并有交底记录		
			司机必须熟知该机车起吊高度及幅度情况下的实际起吊重量,并清楚机车中各装置正确使用,熟悉操作规程,做到不超载作业		
	高处作业		起重吊装高处作业时,应按规定设置安全措施防止高处坠落;悬空作业处应有牢靠的立足处,并必须视具体情况,配置防护栏网、栏杆或其他安全设施		
	警戒		起重吊装作业前,应根据施工方案要求规定危险作业区域,设置醒目的警示标志,防止无关人员进入		
监理结论	专项监管负责人: 总监理工程师:				年 月 日

29.4 建筑施工安全分项检查评分表

安全管理检查评分表

序号	检查项目		扣分标准	应得分数	扣减分数	实得分数
1	保证项目	安全生产责任制	未建立安全生产责任制，扣10分 安全生产责任制未经责任人签字确认，扣3分 未备有各工种安全技术操作规程，扣2~10分 未按规定配备专职安全员，扣2~10分 工程项目部承包合同中未明确安全生产考核指标，扣5分 未制定安全资金保障制度，扣5分 未编制安全资金使用计划或未按计划实施，扣2~5分 未制定伤亡控制、安全达标、文明施工等管理目标，扣5分 未进行安全责任目标分解，扣5分 未建立对安全生产责任制和责任目标的考核制度，扣5分 未按考核制度对管理人员定期考核，扣2~5分	10		
2		施工组织设计及专项施工方案	施工组织设计中未制定安全技术措施，扣10分 危险性较大的分部分项工程未编制安全专项施工方案，扣10分 未按规定对超过一定规模危险性较大的分部分项工程专项方案进行专家论证，扣10分 施工组织设计、专项施工方案未经审批，扣10分 安全措施、专项方案无针对性或缺少设计计算，扣2~8分 未按施工组织设计、专项施工方案组织实施，扣2~10分	10		
3		安全技术交底	未进行书面安全技术交底，扣10分 未按分部分项进行交底，扣5分 交底内容不全面或针对性不强，扣2~5分 交底未履行签字手续，扣4分	10		
4		安全检查	未建立安全检查制度，扣10分 未有安全检查记录，扣5分 事故隐患的整改未做到定人、定时间、定措施，扣2~6分 对重大事故隐患整改通知书所列项目未按期整改和复查，扣5~10分	10		
5		安全教育	未建立安全教育培训制度，扣10分 施工人员入场未进行三级安全教育和考核，扣5分 未明确具体安全教育培训内容，扣2~8分 变换工种或采用新技术、新工艺、新设备、新材料施工时未进行安全教育，扣5分 施工管理人员、专职安全员未按规定进行年度教育培训考核，每人扣2分	10		

序号	检查项目		扣分标准	应得分数	扣减分数	实得分数
6		应急救援	未制定安全生产应急救援预案，扣10分 未建立应急救援组织或未按规定配备救援人员，扣2~6分 未定期进行应急救援演练，扣5分 未配置应急救援器材和设备，扣5分	10		
		小计		60		
7	一般项目	分包单位安全管理	分包单位资质、资格、分包手续不全或失效，扣10分 未签订安全生产协议书，扣5分 分包合同、安全生产协议书，签字盖章手续不全，扣2~6分 分包单位未按规定建立安全机构或未配备专职安全员，扣2~6分	10		
8		持证上岗	未经培训从事施工、安全管理和特种作业，每人扣5分 项目经理、专职安全员和特种作业人员未持证上岗，每人扣2分	10		
9		生产安全事故处理	生产安全事故未按规定报告，扣10分 生产安全事故未按规定进行调查分析、制定防范措施，扣10分 未依法为施工作业人员办理保险，扣5分	10		
10		安全标志	主要施工区域、危险部位未按规定悬挂安全标志，扣2~6分 未绘制现场安全标志布置总平面图，扣3分 未按部位和现场设施的变化调整安全标志设置，扣2~6分 未设置重大危险源公示牌，扣5分	10		
		小计		40		
	检查项目合计			100		

文明施工检查评分表

序号	检查项目		扣分标准	应得分数	扣减分数	实得分数
1	保证项目	现场围挡	市区主要路段的工地未设置封闭围挡或围挡高度小于2.5m，扣5~10分 一般路段的工地未设置封闭围挡或围挡高度小于1.8m，扣5~10分 围挡未达到坚固、稳定、整洁、美观，扣5~10分	10		
2		封闭管理	施工现场进出口未设置大门，扣10分 未设置门卫室，扣5分 未建立门卫值守管理制度或未配备门卫值守人员，扣2~6分 施工人员进入施工现场未佩戴工作卡，扣2分 施工现场出入口未标有企业名称或标识，扣2分 未设置车辆冲洗设施，扣3分	10		
3		施工场地	施工现场主要道路及材料加工区地面未进行硬化处理，扣5分 施工现场道路不畅通、路面不平整坚实，扣5分 施工现场未采取防尘措施，扣5分 施工现场未设置排水设施或排水不通畅、有积水，扣5分 未采取防止泥浆、污水、废水污染环境措施，扣2~10分 未设置吸烟处、随意吸烟，扣5分 温暖季节未进行绿化布置，扣3分	10		
4		材料管理	建筑材料、构件、料具未按总平面布局码放，扣4分 材料码放不整齐、未标明名称、规格，扣2分 施工现场材料存放未采取防火、防锈蚀、防雨措施，扣3~10分 建筑物内施工垃圾的清运未使用器具或管道运输，扣5分 易燃易爆物品未分类储藏在专用库房、未采取防火措施，扣5~10分	10		
5		现场办公与宿舍	施工作业区、材料存放区与办公、生活区未采取隔离措施，扣6分 宿舍未设置可开启式窗户，扣4分 宿舍未设置床铺、床铺超过2层或通道宽度小于0.9m，扣2~6分 宿舍人员人均面积或人员数量不符合规范要求，扣5分 冬季宿舍内未采取采暖和防一氧化碳中毒措施，扣5分 夏季宿舍内未采取防暑降温和防蚊蝇措施，扣5分 生活用品摆放混乱、环境卫生不符合要求，扣3分	10		

序号	检查项目		扣分标准	应得分数	扣减分数	实得分数
6		现场防火	施工现场未制定消防安全管理制度、消防措施，扣10分 施工现场的临时用房和作业场所的防火设计不符合规范要求，扣10分 施工现场消防通道、消防水源的设置不符合规范要求，扣5~10分 施工现场灭火器材布局、配置不合理或灭火器材失效，扣5分 未办理动火审批手续或未指定无动火监护人员，扣5~10分	10		
		小计		60		
7		综合治理	生活区未设置供作业人员学习和娱乐场所，扣2分 施工现场未建立治安保卫制度或责任未分解到人，扣3~5分 施工现场未制定治安防范措施，扣5分	10		
8		公示标牌	大门口处设置的公示标牌内容不齐全，扣2~8分 标牌不规范、不整齐，扣3分 未设置安全标语，扣3分 未设置宣传栏、读报栏、黑板报，扣2~4分	10		
9	一般项目	生活设施	未建立卫生责任制度，扣5分 食堂与厕所、垃圾站、有毒有害场所的距离不符合规范要求，扣2~6分 食堂未办理卫生许可证或未办理炊事人员健康证，扣5分 食堂使用的燃气罐未单独设置存放间或存放间通风条件不良，扣2~4分 食堂未配备排风、冷藏、消毒、防鼠、防蚊蝇等设施，扣4分 厕所内的设施数量和布局不符合规范要求，扣2~6分 厕所卫生未达到规定要求，扣4分 不能保证现场人员卫生饮水，扣5分 未设置淋浴室或淋浴室不能满足现场人员需求，扣4分 生活垃圾未装容器或未及时清理，扣3~5分	10		
10		社区服务	夜间未经许可施工，扣8分 施工现场焚烧各类废弃物，扣8分 施工现场未制定防粉尘、防噪声、防光污染等措施，扣5分 未制定施工不扰民措施，扣5分	10		
		小计		40		
检查项目合计				100		

扣件式钢管脚手架检查评分表

序号	检查项目		扣分标准	应得分数	扣减分数	实得分数
1	保证项目	施工方案	架体搭设未编制专项施工方案或未按规定审核、审批，扣10分 架体结构设计未进行设计计算，扣10分 架体搭设超过规范允许高度，专项施工方案未按规定组织专家论证，扣10分	10		
2		立杆基础	立杆基础不平、不实，不符合专项施工方案要求，扣5~10分 立杆底部缺少底座、垫板或垫板的规格不符合规范要求，扣5分 未按规范要求设置纵、横向扫地杆，扣5~10分 扫地杆的设置和固定不符合规范要求，扣5分 未采取排水措施，扣8分	10		
3		架体与建筑结构拉结	架体与建筑结构拉结方式或间距不符合规范要求，每处扣2分 架体底层第一步纵向水平杆处未按规定设置连墙件或未采用其他可靠措施固定，每处扣2分 搭设高度超过24m的双排脚手架，未采用刚性连墙件与建筑结构可靠连接，扣10分	10		
4		杆件间距与剪刀撑	立杆、纵向水平杆、横向水平杆间距超过设计或规范要求，每处扣2分 未按规定设置纵向剪刀撑或横向斜撑，每处扣5分 剪刀撑未沿脚手架高度连续设置或角度不符合要求，扣5分 剪刀撑斜杆的接长或剪刀撑斜杆与架体杆件固定不符合要求，每处扣2分	10		
5		脚手板与防护栏杆	脚手板未满铺或铺设不牢、不稳，扣5~10分 脚手板规格或材质不符合规范要求，扣5~10分 架体外侧未设置密目式安全网封闭或网间连接不严，扣5~10分 作业层防护栏杆不符合规范要求，扣5分 作业层未设置高度不小于180mm的挡脚板，扣3分	10		
6		交底与验收	架体搭设前未进行交底或交底未有文字记录，扣5~10分 架体分段搭设、分段使用未进行分段验收，扣5分 架体搭设完毕未办理验收手续，扣10分 验收内容未进行量化或未经责任人签字确认，扣5分	10		
	小计			60		

序号	检查项目		扣分标准	应得分数	扣减分数	实得分数
7	一般项目	横向水平杆设置	未在立杆与纵向水平杆交点处设置横向水平杆，每处扣2分 未按脚手板铺设的需要增加设置横向水平杆，每处扣2分 单排脚手架横向水平杆只固定一端，每处扣2分 单排脚手架横向水平杆插入墙内小于180mm，每处扣2分	10		
8		杆件连接	纵向水平杆搭接长度小于1m或固定不符合要求，每处扣2分 立杆除尘顶层顶步外采用搭接，每处扣4分 杆件对接扣件的布置不符合规范要求，扣2分 扣件紧固力矩小于40N·m或大于65N·m，每处扣2分	10		
9		层间防护	作业层脚手板下未采用安全平网兜底或作业层以下每隔10m未采用安全平网封闭，扣5分 作业层与建筑物之间为按规定进行封闭，扣5分	10		
10		构配件材质	钢管直径、壁厚、材质不符合要求，扣5分 钢管弯曲、变形、锈蚀严重，扣4~5分 扣件未进行复试或技术性能不符合标准，扣5分	5		
11		通道	未设置人员上下专用通道，扣5分 通道设置不符合要求，扣2分	5		
		小计		100		
检查项目合计						

门式钢管脚手架检查评分表

序号	检查项目		扣分标准	应得分数	扣减分数	实得分数
1	保证项目	施工方案	未编制专项施工方案或未进行设计计算，扣10分 专项施工方案未按规定审核、审批，扣10分 架体搭设超过规范允许高度，专项施工方案未组织专家论证，扣10分	10		
2		架体基础	架体基础不平、不实，不符合专项施工方案要求，扣5~10分 架体底部未设置垫板或垫板的规格不符合要求，扣2~5分 架体底部未按规范要求设置底座，每处扣2分 架体底部未按规范要求设置扫地杆，扣5分 未采取排水措施，扣8分	10		
3		架体稳定	架体与建筑物结构拉结方式或间距不符合规范要求，每处扣2分 未按规范要求设置剪刀撑，扣10分 门架立杆垂直偏差超过规范要求，扣5分 交叉支撑的设置不符合规范要求，每处扣2分	10		
4		杆件锁臂	未按规定组装或漏装杆件、锁臂，扣2~6分 未按规范要求设置纵向水平加固杆，扣10分 扣件与连接的杆件参数不匹配，每处扣2分	10		
5		脚手板	脚手板未满铺或铺设不牢、不稳，扣5~10分 脚手板规格或材质不符合要求，扣5~10分 采用挂扣式钢脚手板时挂钩未挂扣在横向水平杆上或挂钩未处于锁住状态，每处扣2分	10		
6		交底与验收	架体搭设前未进行交底或交底未有文字记录，扣5~10分 架体分段搭设、分段使用未办理分段验收，扣6分 架体搭设完毕未办理验收手续，扣10分 验收内容未进行量化，或未经责任人签字确认，扣5分	10		
	小计			60		

续表

序号	检查项目		扣分标准	应得分数	扣减分数	实得分数
7	一般项目	架体防护	作业层防护栏杆不符合规范要求，扣5分 作业层未设置高度不小于180mm的挡脚板，扣3分 架体外侧未设置密目式安全网封闭或网间连接不严，扣5~10分 作业层脚手板下未用安全平网兜底或作业层以下每隔10m未采用安全平网封闭，扣5分	10		
8		构配件材质	杆件变形、锈蚀严重，扣10分 门架局部开焊，扣10分 构配件的规格、型号、材质或产品质量不符合规范要求，扣5~10分	10		
9		荷载	施工荷载超过设计规定，扣10分 荷载堆放不均匀，每处扣5分	10		
10		通道	未设置人员上下专用通道，扣10分 通道设置不符合要求，扣5分	10		
	小计			40		
检查项目合计				100		

碗扣式钢管脚手架检查评分表

序号	检查项目		扣分标准	应得分数	扣减分数	实得分数
1	保证项目	施工方案	未编制专项施工方案或未进行设计计算，扣10分 专项施工方案未按规定审核、审批，扣10分 架体搭设超过规范允许高度，专项施工方案未组织专家论证，扣10分	10		
2		架体基础	架体基础不平、不实，不符合专项施工方案要求，扣5~10分 架体底部未设置垫板或垫板的规格不符合要求，扣2~5分 架体底部未按规范要求设置底座，每处扣2分 架体底部未按规范要求设置扫地杆，扣5分 未设置排水措施，扣8分	10		
3		架体稳定	架体与建筑结构未按规范要求拉结，每处扣2分 架体底层第一步水平杆处未按规范要求设置连墙件或未采用其他可靠措施固定，每处扣2分 连墙件未采用刚性杆件，扣10分 未按规范要求设置专用斜杆或八字形斜撑，扣5分 专用斜杆两端未固定在纵、横向水平杆与立杆汇交的碗扣节点处，每处扣2分 专用斜杆或八字形斜撑未沿脚手架高度连续设置或角度不符合要求，扣5分	10		
4		杆件锁件	立杆间距、水平杆步距超过设计或规范要求，每处扣2分 未按专项施工方案设计的步距在立杆连接碗扣节点处设置纵、横向水平杆，每处扣2分 架体搭设高度超过24m时，顶部24m以下的连墙件层未按规定设置水平斜杆，扣10分 架体组装不牢或上碗扣紧固不符合要求，每处扣2分	10		
5		脚手板	脚手板未满铺或铺设不牢、不稳，扣5~10分 脚手板规格或材质不符合要求，扣5~10分 采用挂扣式钢脚手板时挂钩未挂扣在横向水平杆上或挂钩处于锁住状态，每处扣2分	10		
6		交底与验收	架体搭设前未进行交底或交底未有文字记录，扣5~10分 架体分段搭设、分段使用未进行分段验收，扣5分 架体搭设完毕未办理验收手续，扣10分 验收内容进行量化，或未经责任人签字确认，扣5分	10		
		小计		60		

序号	检查项目		扣分标准	应得分数	扣减分数	实得分数
7	一般项目	架体防护	架体外侧未采用密目式安全网封闭或网间不严，扣 5~10 分 作业层防护栏杆不符合规范要求，扣 5 分 作业层外侧未设置高度不小于 180 mm 的挡脚板，扣 3 分 作业层脚手板下未采用安全平网兜底或作业层以下每隔 10m 未用安全平网封闭，扣 5 分	10		
8		构配件材质	杆件弯曲、变形、锈蚀严重，扣 10 分 钢管、构配件的规格、型号、材质或产品质量不符合规范要求，扣 5~10 分	10		
9		荷载	施工荷载超过设计规定，扣 10 分 荷载堆放不均匀，每处扣 5 分	10		
10		通道	未设置人员上下专用通道，扣 10 分 通道设置不符合要求，扣 5 分	10		
		小计		40		
检查项目合计				100		

承插型盘扣式钢管脚手架查评分表

序号	检查项目		扣分标准	应得分数	扣减分数	实得分数
1		施工方案	未编制专项施工方案或未进行设计计算，扣 10 分 专项施工方案未按规定审核、审批，扣 10 分	10		
2	保证项目	架体基础	架体基础不平、不实，不符合专项施工方案要求，扣 5~10 分 架体立杆底部缺少垫板或垫板的规格不符合规范要求，每处扣 2 分 架体立杆底部未按要求设置可调底座，每处扣 2 分 未按规范要求设置纵、横向扫地杆，扣 5~10 分 未采取排水措施，扣 8 分	10		
3		架体稳定	架体与建筑结构未按规范要求拉结，每处扣 2 分 架体底层第一步水平杆处未按规范要求设置连墙件或未采用其他可靠措施固定，每处扣 2 分 连墙件未采用刚性杆件，扣 10 分 未按规范要求设置竖向斜杆或剪刀撑，扣 5 分 竖向专用斜杆两端未固定在纵、横向水平杆与立杆汇交的盘扣节点处，每处扣 2 分 斜杆或剪刀撑未沿脚手架高度连续设置或角度不符合规范要求，扣 5 分	10		
4		杆件设置	架体立杆间距、水平杆步距超过设计或规范要求，每处扣 2 分 未按专项施工方案设计的步距在立杆连接插盘处设置纵、横向水平杆，每处扣 2 分 双排脚手架的每步水平杆，当无挂扣钢脚手板时未按规范要求设置水平斜杆，扣 5~10 分	10		
5		脚手板	脚手板不满铺或铺设不牢、不稳，扣 5~10 分 脚手板规格或材质不符合要求，扣 5~10 分 采用挂扣式钢脚手板时挂钩未挂扣在水平杆上或挂钩未处于锁住状态，每处扣 2 分	10		
6		交底与验收	架体搭设前未进行交底或交底未有文字记录，扣 5~10 分 架体分段搭设、分段使用未进行分段验收，扣 5 分 架体搭设完毕未办理验收手续，扣 10 分 验收内容未进行量化，或未经责任人签字确认，扣 5 分	10		
		小计		60		

序号	检查项目		扣分标准	应得分数	扣减分数	实得分数
7	一般项目	架体防护	架体外侧未采用密目式安全网封闭或网间连接不严，扣5~10分 作业层防护栏杆不符合规范要求，扣5分 作业层外侧未设置高度不小于180mm的挡脚板，扣3分 作业层脚手板未采用安全平网兜底或作业层以下每隔10m未采用安全平网封闭，扣5分	10		
8		杆件材质	立杆竖向接长位置不符合要求，每处扣2分 剪刀撑的斜杆接长不符合要求，扣8分	10		
9		构配件材质	钢管、构配件的规格、型号、材质或产品质量不符合规范要求，扣5分 钢管弯曲、变形、锈蚀严重，扣10分	10		
10		通道	未设置人员上下专用通道，扣10分 通道设置不符合要求，扣5分	10		
	小计			40		
检查项目合计				100		

附着式升降脚手架检查评分表

序号	检查项目		扣分标准	应得分数	扣减分数	实得分数
1	保证项目	施工方案	未编制专项施工方案或未进行设计计算，扣10分 专项施工方案未按规定审核、审批，扣10分	10		
2		架体基础	架体基础不平、不实，不符合专项施工方案要求，扣5~10分 架体底部未设置垫板或垫板的规格不符合规范要求，每处扣2~5分 架体底部未按规范要求设置底座，每处扣2分 架体底部未按规范要求设置扫地杆，扣5分 未采取排水措施，扣8分	10		
3		架体稳定	架体四周与中间未按规范要求设置竖向剪刀撑或专用斜杆，扣10分 未按规范要求设置水平剪刀撑或专用水平斜杆，扣10分 架体高宽比超过规范要求时未采取与结构拉结或其他可靠的稳定措施，扣10分	10		
4		杆件锁件	架体立杆间距、水平杆步距超过设计和规范要求，每处扣2分 杆件接长不符合要求，每处扣2分 架体搭设不牢或杆件节点紧固不符合要求，每处扣2分	10		
5		脚手板	脚手板不满铺或铺设不牢、不稳，扣5~10分 脚手板规格或材质不符合要求，扣5~10分 采用挂扣式钢脚手板时挂钩未挂扣在水平杆上或挂钩未处于锁住状态，每处扣2分	10		
6		交底与验收	架体搭设前未进行交底或交底未有文字记录，扣5~10分 架体分段搭设、分段使用未进行分段验收，扣5分 架体搭设完毕未办理验收手续，扣10分 验收内容未进行量化，或未经责任人签字确认，扣5分	10		
	小计			60		

序号	检查项目			扣分标准	应得分数	扣减分数	实得分数
7	一般项目		架体防护	作业层防护栏杆不符合规范要求，扣5分 作业层外侧未设置高度不小于180mm挡脚板，扣3分 作业层脚手板下未采用安全平网兜底或作业层以下每隔10m未采用安全平网封闭，扣5分	10		
8			构配件材质	钢管、构配件的规格、型号、材质或产品质量不符合规范要求，扣5~10分 杆件弯曲、变形、锈蚀严重，扣10分	10		
9			荷载	架体的施工荷载超过设计和规范要求，扣10分 荷载堆放不均匀，每处扣5分	10		
10			通道	未设置人员上下专用通道，扣10分 通道设置不符合要求，扣5分	10		
			小计		40		
检查项目合计					100		

悬挑式脚手架检查评分表

序号	检查项目		扣分标准	应得分数	扣减分数	实得分数
1	保证项目	施工方案	未编制专项施工方案或未进行设计计算,扣10分 专项施工方案未按规定审核、审批,扣10分 架体搭设超过规范组织专家论证,扣10分	10		
2		悬挑钢架	钢梁截面高度未按设计确定或截面形式不符合设计和规范要求,扣10分 钢梁固定段长度小于悬挑段长度的1.25倍,扣5分 钢梁外端未设置钢丝绳或钢拉杆与上一层建筑结构锚固措施不符合设计和规范要求,扣5~10分 钢梁间距未按悬挑架体立杆纵距设置,扣5分	10		
3		架体稳定	立杆底部与悬挑钢梁连接处未采取可靠固定措施,每处扣2分 承插式立杆接长未采用螺栓或销钉固定,每处扣2分 纵横向扫地杆的设置不符合规范要求,扣5~10分 未在架体外侧设置横向斜撑,扣5分 架体未按规定与建筑结构拉结,每处扣5分	10		
4		脚手板	脚手板规格、材质不符合要求,扣5~10分 脚手板未满铺或铺设不严、不牢、不稳,扣5~10分	10		
5		荷载	脚手架施工荷载超过设计规定,扣10分 施工荷载堆放不均匀,每处扣5分	10		
6		交底与验收	架体搭设前未进行交底或交底未有文字记录,扣5~10分 架体分段搭设、分段使用未进行分段验收,扣6分 架体搭设完毕未办理验收手续,扣10分 验收内容未进行量化,或未经责任人签字确认,扣5分	10		
		小计		60		

序号	检查项目		扣分标准	应得分数	扣减分数	实得分数
7	一般项目	杆件间距	立杆间距、纵向水平杆步距超过设计或规范要求，每处扣2分 未在立杆与纵向水平杆交点处设置横向水平杆，每处扣2分 未按脚手板铺设的需要增加设置横向水平杆，每处扣2分	10		
8		架体防护	作业层防护栏杆不符合规范要求，扣5分 作业层架体外侧未设置高度不小于180mm的挡脚板，扣3分 架体外侧未采用密目式安全网封闭或网间不严，扣5~10分	10		
9		层间防护	作业层脚手板下未采用安全平网兜底或作业层以下每隔10m未采用安全平网封闭，扣5分 作业层与建筑物之间未进行封闭，扣5分 架体底层沿建筑结构边缘，悬挑钢梁与悬挑钢梁之间未采取封闭措施或封闭不严，扣2~8分 架体底层未进行封闭不严，扣2~10分	10		
10		构配件材质	型钢、钢管、构配件规格及材质不符合规范要求，扣5~10分 型钢、钢管、构配件弯曲、变形、锈蚀严重，扣10分	10		
		小计		40		
检查项目合计				100		

附着式升降脚手架检查评分表

序号	检查项目		扣分标准	应得分数	扣减分数	实得分数
1		施工方案	未编制专项施工方案或未进行设计计算，扣10分 专项施工方案未按规定审核、审批，扣10分 脚手架提升超过规定允许高度，专项施工方案未按规定组织专家论证，扣10分	10		
2	保证项目	安全装置	未采用防坠落装置或技术性能不符合规范要求，扣10分 防坠落装置与升降设备未分别独立固定在建筑结构上，扣10分 防坠落装置未设置在竖向框架处并与建筑结构附着，扣10分 未安装防倾斜装置或防倾斜装置不符合规范要求，扣5~10分 升降或使用工况，最上和最下两个防倾斜装置之间的最小间距不符合规范要求，扣8分 未安装同步控制装置或技术性能不符合规范要求，扣5~8分	10		
3		架体构造	架体高度大于5倍楼层高，扣10分 架体宽度大于1.2m，扣5分 直线布置的架体支承跨度大于7m或折线、曲线布置的架体支承跨度大于5.4m，扣8分 架体的水平悬挑长度大于2m或大于跨度1/2，扣10分 架体悬臂高度大于架体高度2/5或大于6m，扣10分 架体全高与支撑跨度的乘积大于110m²，扣10分	10		
4		附着支座	未按竖向主框架所覆盖的每个楼层设置一道附着支座，扣10分 使用工况未将竖向主框架与附着支座固定，扣10分 升降工况未将防倾、导向装置设置在附着支座上，扣10分 附着支座与建筑结构连接固定方式不符合规范要求，扣5~10分	10		
5		架体安装	主框架及水平支承桁架的节点未采用焊接或螺栓连接，扣10分 各杆件轴线未汇交于节点，扣3分 水平支承桁架的上弦及下弦之间设置的水平支撑杆件未采用焊接或螺栓连接，扣5分 架体立杆底端未设置在水平支撑桁架上弦杆件节点处，扣10分 竖向主框架组装高度低于架体高度，扣5分 架体外立面设置的连续剪刀撑未将竖向立主框架、水平支承桁架和架体构架连成一体，扣8分	10		
6		架体升降	两跨以上架体升降采用手动升降设备，扣10分 升降工况附着支座与建筑结构连接处混凝土强度未达到设计和规范要求，扣10分 升降工况架体上有施工荷载或有人员停留，扣10分	10		
		小计		60		

序号	检查项目		扣分标准	应得分数	扣减分数	实得分数
7	一般项目	检查验收	主要构配件进场未进行验收，扣 6 分 分区段安装、分区段使用未进行分区段验收，扣 8 分 架体搭设完毕未办理验收手续，扣 10 分 验收内容未进行量化，或未经责任人签字确认，扣 5 分 架体提升未有检查记录，扣 6 分 架体提升后、使用前未履行验收手续或资料不全，扣 2~8 分	10		
8		脚手板	脚手板未满铺设不严、不牢，扣 3~5 分 作业层与建筑结构之间空隙封闭不严，扣 3~5 分 脚手板规格、材质不符合要求，扣 5~10 分	10		
9		架体防护	脚手架外侧未采用密目式安全网封闭或网间连接不严，扣 5~10 分 作业层防护栏杆不符合规范要求，扣 5 分 作业层未设置高度不小于 180mm 的挡脚板，扣 3 分	10		
10		安全作业	操作前未向有关技术人员和作业人员进行安全技术交底或交底未有文字记录，扣 5~10 分 作业人员未经培训或未定岗定责，扣 5~10 分 安装拆除单位资质不符合要求或特种作业人员未持证上岗，扣 5~10 分 安装、升降、拆除时未设置安全警戒区及专人监护，扣 10 分 荷载不均匀或超载，扣 5~10 分	10		
		小计		40		
检查项目合计				100		

高处作业吊篮检查评分表

序号	检查项目		扣分标准	应得分数	扣减分数	实得分数
1	保证项目	施工方案	未编制专项施工方案或未对吊篮支架支撑处结构的承载力进行验算，扣10分 专项施工方案未按规定审核、审批，扣10分	10		
2		安装装置	未安装防坠安全锁或安全锁失灵，扣10分 防坠安全锁超过标定期限仍在使用，扣10分 未设置挂设安全带专用安全绳及安全锁扣或安全绳未固定在建筑物可靠位置，扣10分 吊篮未安装上限位置或限位装置失灵，扣10分	10		
3		悬挂机构	悬挂机构前支架支撑在建筑物女儿墙上或挑檐边缘，扣10分 前梁外伸长度不符合产品说明书规定，扣10分 前支架与支撑面不垂直或脚轮受力，扣10分 上支架未固定在前支架调节杆与悬挑梁连接的节点处，扣5分 使用破损的配重块或采用其他替代物，扣10分 配重块未固定或重量不符合设计规定，扣10分	10		
4		钢丝绳	钢丝绳有断丝、松股、硬弯、锈蚀或有油污附着物，扣10分 安全钢丝绳规格、型号与工作钢丝绳不相同或未独立悬挂，扣10分 安全钢丝绳不悬垂，扣5分 电焊作业时未对钢丝绳采取保护措施，扣5~10分	10		
5		安装作业	吊篮平台组装长度不符合产品说明书和规范要求，扣10分 吊篮组装的构配件不是同一生产厂家的产品，扣5~10分	10		
6		升降作业	操作升降人员未经培训合格，扣10分 吊篮内作业人员数量超过2人，扣10分 吊篮内作业人员未将安全带用安全锁扣挂置在独立设置的专用安全绳上，扣10分 作业人员未从地面进出吊篮，扣5分	10		
		小计		60		

序号	检查项目		扣分标准	应得分数	扣减分数	实得分数
7	一般项目	交底与验收	未履行验收程序，验收表未经责任人签字确认，扣5~10分 验收内容未进行量化，扣5分 每天班前班后未进行检查，扣5分 吊篮安装使用前未进行交底或交底未留有文字记录，扣5~10分	10		
8		安全防护	吊篮平台周边的防护栏杆或挡脚板的设置不符合规范要求，扣5~10分 多层或立体交叉作业未设置防护顶板，扣8分	10		
9		吊篮稳定	吊篮作业未采取防摆动措施，扣5分 吊篮钢丝绳不垂直或吊篮距建筑物空隙过大，扣5分	10		
10		荷载	施工荷载超过设计规定，扣10分 荷载堆放不均匀，扣5分	10		
		小计		40		
检查项目合计				100		

基坑工程检查评分表

序号	检查项目		扣分标准	应得分数	扣减分数	实得分数
1	保证项目	施工方案	基坑工程未编制专项施工方案，扣10分 专项施工方案未按规定审核、审批，扣10分 超过一定规模条件的基坑工程专项施工方案未按规定组织专家论证，扣10分 基坑周边环境或施工条件发生变化，专项施工方案未重新进行审核、审批，扣10分	10		
2		基坑支护	坑槽开挖设置安全边坡不符合安全要求扣10分 特殊支护的做法不符合设计方案，扣5~8分 支护设施已产生局部变形又未采取措施调整，扣6分 砼支护结构未达到设计强度提前开挖，超挖，扣10分 支撑拆除没有拆除方案，扣10分 未按拆除方案施工，扣5~8分 用专业方法拆除支撑，施工队伍没有专业资质，扣10分	10		
3		降排水	基坑开挖深度范围内有地下水未采取有效的降排水措施，扣10分 基坑边沿周围地面未设排水沟或排水沟设置不符合规范要求，扣5分 放坡开挖对坡顶、坡面、坡脚未采取降排水措施，扣5~10分 基坑底四周未设排水沟和集水井或排除积水不及时，扣5~8分	10		
4		基坑开挖	支护结构未达到设计要求的强度提前开挖下层土方，扣10分 未按设计和施工方案的要求分层、分段开挖或开挖不均衡，扣10分 基坑开挖过程中未采取防止碰撞支护结构或工程桩的有效措施，扣10分 机械在软土场地作业，未采取铺设渣土、砂石等硬化措施，扣10分	10		
5		坑边荷载	基坑边堆置土、料具等荷载超过基坑支护设计允许要求，扣10分 施工机械与基坑边沿的安全距离不符合设计要求，扣10分	10		

序号	检查项目		扣分标准	应得分数	扣减分数	实得分数
6		安全防护	开挖深度 2m 及以上的基坑周边未按规范要求设置防护栏杆或栏杆设置不符合规范要求，扣 5~10 分 基坑内未设置供施工人员上下的专用梯道或梯道设置不符合规范要求，扣 5~10 分 降水井口未设置防护盖板或围栏，扣 10 分	10		
		小计		60		
7	一般项目	基坑监测	未按要求进行基坑工程监测，扣 10 分 基坑监测项目不符合设计和规范要求，扣 5~10 分 监测的时间间隔不符合监测方案要求或监测结果变化速率较大未加密观测次数，扣 5~8 分 未按设计要求提交监测报告或监测报告内容不完整，扣 5~8 分	10		
8		安全防护	吊篮平台周边的防护栏杆或挡脚板的设置不符合规范要求，扣 5~10 分 多层或立体交叉作业未设置防护顶板，扣 8 分	10		
9		吊篮稳定	吊篮作业未采取防摆动措施，扣 5 分 吊篮钢丝绳不垂直或吊篮距建筑物空隙过大，扣 5 分	10		
10		荷载	施工荷载超过设计规定，扣 10 分 荷载堆放不均匀，扣 5 分	10		
		小计		40		
检查项目合计				100		

模板支架检查评分表

序号	检查项目		扣分标准	应得分数	扣减分数	实得分数
1		施工方案	未编制专项施工方案或结构设计未经计算，扣10分 专项施工方案未经审核、审批，扣10分 超规模模板支架专项施工方案未按规定组织专家论证，扣10分	10		
2		支架基础	基础不坚实平整，承载力不符合专项施工方案要求，扣5～10分 支架底部未设置垫板或垫板的规格不符合规范要求，扣5～10分 支架底部未按规范要求设置底座，每处扣2分 未按规范要求设置扫地杆，扣5分 未采取排水设施，扣5分 支架设在楼面结构上时，未对楼面结构的承载力进行验算或楼面结构下方未采取加固措施，扣10分	10		
3	保证项目	支架构造	立杆纵、横间距大于设计和规范要求，每处扣2分 水平杆步距大于设计和规范要求，每处扣2分 水平杆未连续设置，扣5分 未按规范要求设置竖向剪刀撑或专用斜杆，扣10分 未按规范要求设置水平剪刀撑或专用水平斜杆，扣10分 剪刀撑或斜杆设置不符合规范要求，扣5分	10		
4		支架稳定	支架高宽比超过规范要求未采取与建筑结构刚性连接或增加架体宽度等措施，扣10分 立杆伸出顶层水平杆的长度超过规范要求，每处扣2分 浇筑混凝土未对支架的基础沉降、架体变形采取监测措施，扣8分	10		
5		施工荷载	荷载堆放不均匀，每处扣5分 施工荷载超过设计规定，扣10分 浇筑混凝土未对混凝土堆积高度进行控制，扣8分	10		
6		交底与验收	支架搭设、拆除前未进行交底或无文字记录，扣5～10分 架体搭设完毕未办理验收手续，扣10分 验收内容未进行量化，或未经责任人签字确认，扣5分	10		
		小计		60		

续表

序号	检查项目		扣分标准	应得分数	扣减分数	实得分数
7	一般项目	杆件连接	立杆连接不符合规范要求，扣3分 水平杆连接不符合规范要求，扣3分 剪刀撑斜杆接长不符合规范要求，每处扣3分 杆件各连接点的紧固不符合规范要求，每处扣2分	10		
8		底座与托撑	螺杆直径与立杆内径不匹配，每处扣3分 螺杆旋入螺母内的长度或外伸长度不符合规范要求，每处扣3分	10		
9		构配件材质	钢管、构配件的规格、型号、材质不符合规范要求，扣5~10分 杆件弯曲、变形、锈蚀严重，扣10分	10		
10		支架拆除	支架拆除前未确认混凝土强度达到设计要求，扣10分 未按规定设置警戒区或未设置专人监护，扣5~10分	10		
		小计		40		
检查项目合计				100		

高处作业检查评分表

序号	检查项目	扣分标准	应得分数	扣减分数	实得分数
1	安全帽	施工现场人员未佩戴安全帽，每人扣5分 未按标准佩戴安全帽，每人扣2分 安全帽质量不符合现行国家相关标准的要求，扣5分	10		
2	安全网	在建工程外脚手架架体外侧未采用密目式安全网封闭或网间连接不严，扣2~10分 安全网质量不符合现行国家相关标准的要求，扣10分	10		
3	安全带	高处作业人员未按规定系挂安全带，每人扣5分 安全带系挂不符合要求，每人扣5分 安全带质量不符合现行国家相关标准的要求，扣10分	10		
4	临边防护	工作面边沿无临边防护，扣10分 临边防护设施的构造、强度不符合规范要求，扣5分 防护设施未形成定型化、工具式，扣3分	10		
5	洞口防护	在建工程的孔、洞未采取防护措施，每处扣5分 防护措施、设施不符合要求或不严密，每处扣3分 防护设施未形成定型化、工具式，扣3分 电梯井内未按每隔两层且不大于10m设置安全平网，扣5分	10		
6	通道口防护	未搭设防护棚或防护不严、不牢固，扣5~10分 防护棚两侧未进行封闭，扣4分 防护棚宽度小于通道口宽度，扣4分 防护棚长度不符合要求，扣4分 建筑物高度超过24m，防护棚顶未采用双层防护，扣4分 防护棚的材质不符合规范要求，扣5分	10		
7	攀登作业	移动式梯子的梯脚底部垫高使用，扣3分 折梯未使用可靠拉撑装置，扣5分 梯子的材质或制作质量不符合规范要求，扣10分	10		
8	悬空作业	悬空作业处未设置防护栏杆或其他可靠的安全设施，扣5~10分 悬空作业所用的索具、吊具等未经验收，扣5分 悬空作业人员未系挂安全带或佩带工具袋，扣2~10分	10		

序号	检查项目	扣分标准	应得分数	扣减分数	实得分数
9	移动式操作平台	操作平台未按规定进行设计计算，扣8分 移动式操作平台，轮子与平台的连接不牢固可靠或立柱底端距离地面超过80mm，扣5分 操作平台的组装不符合设计和规范要求，扣10分 平台台面铺板不严，扣5分 操作平台四周未按规定设置防护栏杆或未设置登高扶梯，扣10分 操作平台的材质不符合规范要求，扣10分	10		
10	悬挑式物料钢平台	未编制专项施工方案或未经设计计算，扣10分 悬挑式钢平台的下部支撑系统或上部拉结点，未设置在建筑结构上，扣10分 斜拉杆或钢丝绳未按要求在平台两侧各设置两道，扣10分 钢平台未按要求设置固定的防护栏杆或挡脚板，扣3~10分 钢平台台面铺板不严或钢平台与建筑结构之间铺板不严，扣5分 未在平台明显处设置荷载限定标牌，扣5分	10		
检查项目合计			100		

施工用电检查评分表

序号	检查项目		扣分标准	应得分数	扣减分数	实得分数
1	保证项目	外电防护	外电线路与在建工程及脚手架、起重机械、场内机动车道之间的安全距离不符合规范要求且未采取防护措施，扣10分 防护设施未设置明显的警示标志，扣5分 防护设施与外电线路的安全距离及搭设方式不符合规范要求，扣5~10分 在外电架空线路正下方施工、建造临时设施或堆放材料物品，扣10分	10		
2		接地与接零保护系统	施工现场专用的电源中性点直接接地的低压配电系统未采用TN-S接零保护系统，扣20分 配电系统未采用同一保护系统，扣20分 保护零线引出位置不符合规范要求，扣5~10分 电气设备未接保护零线，每处扣2分 保护零线装设开关、熔断器或通过工作电流，扣20分 保护零线材质、规格及颜色标记不符合规范要求，每处扣2分 工作接地与重复接地的设置、安装及接地装置的材料不符合规范要求，扣10~20分 工作接地电阻大于4Ω，重复接地电阻大于10Ω，扣20分 施工现场起重机、物料提升机、施工升降机、脚手架防雷措施不符合规范要求，扣5~10分 做防雷接地机械上的电气设备，保护零线未做重复接地，扣10分	20		
3		配电线路	线路及接头不能保证机械强度和绝缘强度，扣5~10分 线路未设短路、过载保护，扣5~10分 线路截面不能满足负荷电流，每处扣2分 线路的设施、材料及相序排列、栏距、与邻近线路或固定物的距离不符合规范要求，扣5~10分 电缆沿地面明设，沿脚手架、树木等敷设或敷设不符合规范要求，扣5~10分 线路敷设的电缆不符合规范要求，扣5~10分 室内明敷主干线距地面高度小于2.5m，每处扣2分	10		

序号	检查项目		扣分标准	应得分数	扣减分数	实得分数
4		配电箱与开关箱	配电系统未采用三级配电、二级漏保护系统，扣10~20分 用电设备未有各自专用的开关箱，每处扣2分 箱体结构、箱内电器设置不符合规范要求，扣10~20分 配电箱零线端子板的设置、连接不符合规范要求，扣5~10分 漏电保护器参数不匹配或检测不灵敏，每处扣2分 配电箱与开关箱电器损坏或进出线混乱，每处扣2分 箱体未设置系统接线图和分路标记，每处扣2分 箱体未设门、锁，未采取防雨措施，每处扣2分 箱体安装位置、高度及周边通道不符合规范要求，每处扣2分 分配电箱与开关箱、开关箱与用电设备的距离不符合规范要求，每处扣2分	20		
		小计		60		
5	一般项目	配电室与配电装置	配电室建筑耐火等级未达到三级，扣15分 未配置适用于电气火灾的灭火器材，扣3分 配电室、配电装置布设不符合规范要求，扣5~10分 配电装置中的仪表、电气元件设置不符合规范要求或仪表、电气元件损坏，扣5~10分 备用发电机组未与外电线路进行连锁，扣15分 配电室未采取防雨雪和小动物侵入的措施，扣10分 配电室未设警示标志、工地供电平面图和系统图，扣3~5分	15		
6		现场照明	照明用电与动力用电混用，每处扣2分 特殊场所未使用36V及以下安全电压，扣15分 手持照明灯未使用36V以下电源供电，扣10分 照明变压器未使用双绕组安全隔离变压器，扣15分 灯具金属外壳未接保护零线，每处扣2分 灯具与地面、易燃物之间小于安全距离，每处扣2分 照明线路和安全电压线路的架设不符合规范要求，扣10分 施工现场未按规范要求配备应急照明，每处扣2分	15		

续表

序号	检查项目		扣分标准	应得分数	扣减分数	实得分数
7	一般项目	用电档案	总包单位与分包单位未订立临时用电管理协议，扣10分 未制定专项用电施工组织设计、外电防护专项方案或设计、方案缺乏针对性，扣5~10分 专项用电施工组织设计、外电防护专项方案未履行审批程序，实施后相关部门未组织验收，扣5~10分 接地电阻、绝缘电阻和漏电保护器检测记录未填写或填写不真实，扣3分 安全技术交底、设备设施验收记录未填写或填写不真实，扣3分 定期巡视检查、隐患整改记录未填写或填写不真实，扣3分 档案资料不齐全，未设专人管理，扣3分	10		
	小计			40		
检查项目合计				100		

物料提升机检查评分表

序号	检查项目		扣分标准	应得分数	扣减分数	实得分数
1	保证项目	安全装置	未安装起重量限制器、防坠安全器，扣15分 起重量限制器、防坠安全器不灵敏，扣15分 安全停层装置不符合规范要求或未达到定型化，扣5~10分 未安装上行程限位，扣15分 上行程限位不灵敏，安全越程不符合规范要求，扣10分 物料提升机安装高度超过30m，未安装渐进式防坠安全器、自动停层、语音及影像信号监控装置，每项扣5分	15		
2		防护设施	未设置防护围栏或设置不符合规范要求，扣5~15分 未设置进料口防护棚或设置不符合规范要求，扣5~15分 停层平台两侧未设置防护栏杆、挡脚板，每处扣2分 停层平台脚手板铺设不严、不牢，每处扣2分 未安装平台门或平台门不起作用，扣5~15分 平台门未达到定型化，每处扣2分 吊笼门不符合规范要求，扣10分	15		
3		附墙架与缆风绳	附墙架结构、材质、间距不符合产品说明书要求，扣10分 附墙架未与建筑结构可靠连接，扣10分 缆风绳设置数量、位置不符合规范要求，扣5分 缆风绳未使用钢丝绳或未与地锚连接，扣10分 钢丝绳直径小于8mm或角度不符合45°~60°要求，扣5~10分 安装高度超过30m的物料提升机使用缆风绳，扣10分 地锚设置不符合规范要求，每处扣5分	10		
4		钢丝绳	钢丝绳磨损、变形、锈蚀达到报废标准，扣10分 钢丝绳绳夹设置不符合规范要求，每处扣2分 吊笼处于最低位置，卷筒上钢丝绳少于3圈，扣10分 未设置钢丝绳过路保护措施或钢丝绳拖地，扣5分	10		
5		安拆、验收与使用	安装、拆卸单位未取得专业承包资质和安全生产许可证，扣10分 未制定专项施工方案或未经审核、审批，扣10分 未履行验收程序或验收表未经责任人签字，扣5~10分 安装、拆除人员及司机未持证上岗，扣10分 物料提升机作业前未按规定进行例行检查或未填写检查记录，扣4分 实行多班作业未按规定填写交接班记录，扣3分	10		
	小计			60		

序号	检查项目		扣分标准	应得分数	扣减分数	实得分数
6		基础与导轨架	基础的承载力、平整度不符合规范要求，扣5~10分 基础周边未设排水设施，扣5分 导轨架垂直度偏差大于导轨架高度0.15%，扣5分 井架停层平台通道处的结构未采取加强措施，扣8分	10		
7	一般项目	动力与传动	卷扬机、曳引机安装不牢固扣10分 卷筒与导轨架底部导向轮的距离小于20倍卷筒宽度，未设置排绳器扣5分 钢丝绳在卷筒上排列不整齐扣5分 滑轮与导轨架、吊笼未采用刚性连接扣10分 滑轮与钢丝绳不匹配扣10分 卷筒、滑轮未设置防止钢丝绳脱出装置扣5分 曳引钢丝绳为2根及以上时，未设置曳引力平衡装置扣5分	10		
8		通信装置	未按规范要求设置通信装置扣5分 通信装置未设置语音和影像显示扣3分	5		
9		卷扬机操作棚	卷扬机未设置操作棚的扣10分 操作棚不符合规范要求的扣5~10分	10		
10		避雷装置	防雷保护范围以外未设置避雷装置的扣5分 避雷装置不符合规范要求的扣3分	5		
		小计		40		
检查项目合计				100		

施工升降机检查评分表

序号	检查项目		扣分标准	应得分数	扣减分数	实得分数
1	保证项目	安全装置	未安装起重量限制器或起重量限制器不灵敏，扣10分 未安装渐进式防坠安全器或防坠安全器不灵敏，扣10分 防坠安全器超过有效标定期限，扣10分 对重钢丝绳未安装防松绳装置或防松绳装置不灵敏，扣5分 未安装急停开关或急停开关不符合规范要求，扣5分 未安装吊笼和对重缓冲器或缓冲器不符合规范要求，扣5分 SC型施工升降机未安装安全钩，扣10分	10		
2		限位装置	未安装极限开关或极限开关不灵敏，扣10分 未安装上限位开关或上限位开关不灵敏，扣10分 未安装下限位开关或下限位开关不灵敏，扣5分 极限开关与上限位开关安全越程不符合规范要求，扣5分 极限开关与上、下限位开关共用一个触发元件，扣5分 未安装吊笼门机电连锁装置或不灵敏，扣10分 未安装吊笼顶窗电气安全开关或不灵敏，扣5分	10		
3		防护设施	未设置地面防护围栏或设置不符合规范要求，扣5~10分 未安装地面防护围栏门连锁保护装置或连锁保护装置不灵敏，扣5~8分 未设置出入口防护棚或设置不符合规范要求，扣5~10分 停层平台搭设不符合规范要求，扣5~8分 未安装层门或层门不起作用，扣5~10分 层门不符合规范要求、未达到定型化，每处扣2分	10		
4		附墙架	附墙架采用非配套标准产品未进行设计计算，扣10分 附墙架与建筑结构连接方式、角度不符合产品说明书要求，扣5~10分 附墙架间距、最高附着点以上导轨架的自由高度超过产品说明书要求，扣10分	10		
5		钢丝绳、滑轮与对重	对重钢丝绳绳数少于2根或未相对独立，扣5分 钢丝绳磨损、变形、锈蚀达到报废标准，扣10分 钢丝绳的规格、固定不符合产品说明书及规范要求，扣10分 滑轮未安装钢丝绳防脱装置或不符合规范要求，扣4分 对重重量、固定不符合产品说明书及规范要求，扣10分 对重未安装防脱轨保护装置，扣5分	10		

序号	检查项目		扣分标准	应得分数	扣减分数	实得分数
6		安拆、验收与使用	安装、拆卸单位未取得专业承包资质和安全生产许可证，扣10分 未编制安装、拆卸专项方案或专项方案未经审核、审批，扣10分 未履行验收程序或验收表未经责任人签字，扣5~10分 安装、拆除人员及司机未持证上岗，扣10分 施工升降机作业前未按规定进行例行检查，未填写检查记录，扣4分 实行多班作业未按规定填写交接班记录，扣3分	10		
		小计		60		
7	一般项目	导轨架	导轨架垂直度不符合规范要求，扣10分 标准节质量不符合产品说明书及规范要求，扣10分 对重导轨不符合规范要求，扣5分 标准节连接螺栓使用不符合产品说明书及规范要求，扣5~8分	10		
8		基础	基础制作、验收不符合产品说明书及规范要求，扣5~10分 基础设置在地下室顶板或楼面结构上，未对其支承结构进行承载力验算，扣10分 基础未设置排水设施，扣4分	10		
9		电气安全	施工升降机与架空线路距离不符合规范要求，未采取防护措施，扣10分 防护措施不符合规范要求，扣5分 未设置电缆导向架或设置不符合规范要求，扣5分 施工升降机在防雷保护范围以外未设置避雷装置，扣10分 避雷装置不符合规范要求，扣5分	10		
10		通信装置	未安装楼层信号联络装置，扣10分 楼层联络信号不清晰，扣5分	10		
		小计		40		
检查项目合计				100		

塔式起重机检查评分表

序号	检查项目		扣分标准	应得分数	扣减分数	实得分数
1	保证项目	载荷限制装置	未安装起重量限制器或不灵敏，扣10分 未安装力矩限制器或不灵敏，扣10分	10		
2		行程限位装置	未安装起升高度限位器或不灵敏，扣10分 起升高度限位器的安全越程不符合规范要求，扣6分 未安装幅度限位器或不灵敏，扣10分 回转不设集电器的塔式起重机未安装回转限位器或不灵敏，扣6分 行走式塔式起重机未安装行走限位器或不灵敏，扣10分	10		
3		保护装置	小车变幅的塔式起重机未安装断绳保护及断轴保护装置，扣8分 行走及小车变幅的轨道行程末端未安装缓冲器及止挡装置或不符合规范要求，扣4~8分 起重臂根部铰点高度大于50m的塔式起重机未安装风速仪或不灵敏，扣4分 塔式起重机顶部高度大于30m且高于周围建筑物未安装障碍指示灯，扣4分	10		
4		吊钩、滑轮、卷筒与钢丝绳	吊钩未安装钢丝绳防脱钩装置或不符合规范要求，扣10分 吊钩磨损、变形达到报废标准，扣10分 滑轮、卷筒未安装钢丝绳防脱装置或不符合规范要求，扣4分 滑轮及卷筒磨损达到报废标准，扣10分 钢丝绳磨损、变形、锈蚀达到报废标准，扣10分 钢丝绳的规格、固定、缠绕不符合产品说明书及规范要求，扣5~10分	10		
5		多塔作业	多塔作业未制定专项施工方案或施工方案未经审批，扣10分 任意两台塔式起重机之间的最小架设距离不符合规范要求，扣10分	10		
6		安拆、验收与使用	安装、拆卸单位未取得专业承包资质和安全生产许可证，扣10分 未制定安装、拆卸专项方案，扣10分 方案未经审核、审批，扣10分 未履行验收程序或验收表未经责任人签字，扣5~10分 安装、拆除人员及司机、指挥未持证上岗，扣10分 塔式起重机作业前未按规定进行例检查，未填写检查记录，扣4分 实行多班作业未按规定填写交接班记录，扣3分	10		
		小计		60		

序号	检查项目		扣分标准	应得分数	扣减分数	实得分数
7	一般项目	附着	塔式起重机高度超过规定未安装附着装置，扣10分 附着装置水平距离不满足产品说明书要求，未进行设计计算和审批，扣8分 安装内爬式塔式起重机的建筑承载结构未进行承载力验算，扣8分 附着装置安装不符合产品说明书及规范要求，扣5~10分 附着前和附着后塔身垂直度不符合规范要求，扣10分	10		
8		基础与轨道	塔式起重机基础未按产品说明书及有关规定设计、检测、验收，扣5~10分 基础未设置排水措施，扣4分 路基箱或枕木铺设不符合产品说明书及规范要求，扣6分 轨道铺设不符合产品说明书及规范要求，扣6分	10		
9		结构设施	主要结构件的变形、锈蚀不符合规范要求，扣10分 平台、走道、梯子、护栏的设置不符合规范要求，扣4~8分 高强螺栓、销轴、紧固件的紧固、连接不符合规范要求，扣5~10分	10		
10		电气安全	未采用TN-S接零保护系统供电，扣10分 塔式起重机与架空线路安全距离不符合规范要求，未采取防护措施，扣10分 防护措施不符合规范要求，扣5分 未安装避雷接地装置，扣10分 避雷接地装置不符合规范要求，扣5分 电缆使用及固定不符合规范要求，扣5分	10		
		小计		40		
检查项目合计				100		

起重吊装检查评分表

序号	检查项目		扣分标准	应得分数	扣减分数	实得分数
1	保证项目	施工方案	未编制专项施工方案或专项施工方案未经审核、审批，扣10分 超规模的起重吊装专项施工方案未按规定组织专家论证，扣10分	10		
2		起重机械	未安装荷载限制装置或不灵敏，扣10分 未安装行程限位装置或不灵敏，扣10分 起重拔杆组装不符合设计要求，扣10分 起重拔杆组装后未履行验收程序或验收表无责任人签字，扣5~10分	20		
3		钢丝绳与地锚	钢丝绳磨损、断丝、变形、锈蚀达到报废标准，扣10分 钢丝绳规格不符合起重机产品说明书要求，扣10分 吊钩、卷筒、滑轮磨损达到报废标准，扣10分 吊钩、卷筒、滑轮未安装钢丝绳防脱装置，扣5~10分 起重拔杆的缆风绳、地锚设置不符合设计要求，扣8分	10		
4		索具	索具采用编结连接时，编结部分的长度不符合规范要求，扣10分 索具采用绳夹连接时，绳夹的规格、数量及绳夹间距不符合规范要求，扣5~10分 索具安全系数不符合规范要求，扣10分 吊索规格不匹配或机械性能不符合设计要求，扣5~10分	10		
5		作业环境	起重机械行走作业处地面承载能力不符合产品说明书要求或未采用有效加固措施，扣10分 起重机与架空线路安全距离不符合规范要求，扣10分	10		
		小计		60		

序号	检查项目		扣分标准	应得分数	扣减分数	实得分数
6	一般项目	作业人员	起重机司机无证操作或操作证与操作机型不符，扣5~10分 未设置专职信号指挥和司索人员，扣10分 作业前未按规定进行安全技术交底或交底未形成文字记录，扣5~10分	10		
7		附着	塔式起重机高度超过规定未安装附着装置，扣10分 附着装置水平距离不满足产品说明书要求，未进行设计计算和审批，扣8分 安装内爬式塔式起重机的建筑承载结构未进行承载力验算，扣8分 附着装置安装不符合产品说明书及规范要求，扣5~10分	10		
8		高处作业	未按规定设置高处作业平台，扣10分 高处作业平台设置不符合规范要求，扣5~10分 未按规定设置爬梯或爬梯的强度、构造不符合规范要求，扣5~8分 未按规定设置安全带悬挂点，扣8分	10		
9		构件码放	构件码放荷载超过作业面承载能力，扣10分 构件码放高度超过规定要求，扣4分 大型构件码放无稳定措施，扣8分	10		
10		警戒监护	未按规定设置作业警戒区，扣10分 警戒区未设定专人监护，扣5分	10		
		小计		40		
检查项目合计				100		

<h3 style="text-align:center">施工机具检查评分表</h3>

序号	检查项目	扣分标准	应得分数	扣减分数	实得分数
1	平刨	平刨安装后未履行验收程序，扣5分 未设置护手安全装置，扣5分 传动部位未设置防护罩，扣5分 未做保护接零或未设置漏电保护器，扣10分 未设置安全防护棚，扣6分 使用多功能木工机具，扣10分	12		
2	圆盘锯	圆盘锯安装后未履行验收程序，扣5分 未设置锯盘护罩、分料器、防护挡板安全装置和传动部位未设置防护罩，每处扣3分 未做保护接零或未设置漏电保护器，扣10分 未设置安全防护棚，扣6分 使用多功能木工机具，扣10分	10		
3	手持电动工具	Ⅰ类手持电动工具未采取保护接零或未设置漏电保护器，扣8分 使用Ⅰ类手持电动工具不按规定穿戴绝缘用品，扣4分 使用手持电动工具随意接长电源线，扣4分	8		
4	钢筋机械	机械安装后未履行验收程序，扣5分 未做保护接零或未设置漏电保护器，扣10分 钢筋加工区未设置作业棚，钢筋对焊作业区未采取防止火花飞溅措施或冷拉作业区未设置防护栏板，每处扣5分 传动部位未设置防护罩，扣5分	10		
5	电焊机	电焊机安装后未履行验收程序，扣5分 未做保护接零或未设置漏电保护器，扣10分 未设置二次空载降压保护器，扣10分 一次线长度超过规定或未进行穿管保护，扣3分 二次线未采用防水橡皮护套铜芯软电缆，扣10分 二次线长度超过规定或绝缘层老化，扣3分 电焊机未设置防雨罩或接线柱未设置防护罩，扣5分	8		

序号	检查项目	扣分标准	应得分数	扣减分数	实得分数
6	搅拌机	搅拌机安装后未履行验收程序，扣 5 分 未做保护接零或未设置漏电保护器，扣 10 分 离合器、制动器、钢丝绳达不到规定要求，每项扣 5 分 上料斗未设置安全挂钩或止挡装置，扣 5 分 传动部位未设置防护罩，扣 4 分 未设置安全作业棚，扣 6 分	8		
7	气瓶	气瓶未安装减压器，扣 8 分 乙炔瓶未安装回火防止器，扣 8 分 气瓶间距小于 5m 或与明火距小于 10m 未采取隔离措施，扣 8 分 气瓶未设置防振圈和防护帽，扣 2 分 气瓶存放不符合要求，扣 4 分	8		
8	翻斗车	翻斗车制动、转向装置不灵敏，扣 5 分 驾驶员无证操作，扣 8 分 行车载人或违章行车，扣 8 分	8		
9	潜水泵	未做保护接零或未设置漏电保护器，扣 6 分 负荷线未使用专用防水橡皮电缆，扣 6 分 负荷线有接头，扣 3 分	6		
10	振捣器	未做保护接零或未设置漏电保护器，扣 8 分 未使用移动式配电箱，扣 4 分 电缆长度超过 30m，扣 4 分 操作人员未穿戴绝缘防护用品，扣 8 分	8		
11	桩工机械	机械安装后未履行验收程序，扣 10 分 作业前未编制专项施工方案或未按规定进行安全技术交底，扣 10 分 安全装置不齐全或不灵敏，扣 10 分 机械作业区域地面承载力不符合规定要求或未采取有效硬化措施，扣 12 分 机械与输电线路安全距离不符合规范要求，扣 12 分	6		
检查项目合计			100		

建筑施工安全检查评分汇总表

企业名称：

资质等级：

年　月　日

单位工程（施工现场）名称	建筑面积（m²）	结构类型	总计得分（满分100分）	项目名称及分值									
				安全管理（满分10分）	文明施工（满分15分）	脚手架（满分10分）	基坑工程（满分10分）	模板支架（满分10分）	高处作业（满分10分）	施工用电（满分10分）	物料提升机与施工升降机（满分10分）	塔式起重机与起重吊装（满分10分）	施工机具（满分5分）

评语：

| 检查单位 | | 负责人 | | 受检项目 | | 项目经理 | |

29.5 安全施工验收用表

施工机具验收表

工程名称：

机械名称			规格型号		验收日期	
检验项目	动力系统					
	传动机构					
	工作装置					
	电力系统					
	安全防护装置					
	技术资料（生产许可证、产品合格证等）					
	验收意见					
负责人： 使用单位（公章）			验收人： 承包单位（公章）		监理工程师： 监理单位（公章）	

接地电阻测验记录

单位名称			仪表型号	
工程名称			测验日期	
接地电阻（Ω）				
接地名称				
接地类型	规定电阻值（Ω）	时测电阻值（Ω）	测定结果	备注
检测人员： 公章			监理工程师： 公章	

临时施工用电验收表

项目名称：　　　　　　　　　　验收时间：

序号	验收项目	验收内容	验收结果
1	施工用电管理	用电设备5台及以上或总容量50kW及以上应编制临时用电组织设计，必须履行编制、审核、审批程序	
		用电设备5台以下或总容量50kW以下应编制用电和电气防火措施并经上级审批	
		各类用电人员应掌握安全用电基本知识，电工必须是经过国家现行标准考核合格后持证上岗	
		安全技术交底、调试记录、电阻参数测定、电工巡视维修记录等安全技术档案收集整理完善	
2	外电防护	外电架空线路下方应无生活设施、作业棚、堆放材料、施工作业区	
		在建工程（含脚手架）的周边与外电架空线路的边线之间，必须保证安全操作距离	
		起重机的任何部位或被吊物边缘在最大偏斜时与架空线路边线保持安全距离	
		达不到最小安全操作距离时必须采取绝缘隔离防护措施，并挂警告标志牌	
		电气设备四周不得存放易燃易爆等危险介质，避免物体和机械损伤或设置防护	
3	配电线路	架空线、电杆、横担应符合规定要求。架空线路地面距离：施工现场应大于4m，机动车道应大于6m	
		架空线必须在专用电杆上，不得架设在树木、脚手架上	
		电缆埋地敷设方式、深度应符合规范要求。过路及地下0.2m至地上2m应穿管保护	
		电缆架空敷设时应用绝缘子固定，高度不应低于2.5m；建筑物内电缆沿墙水平敷设高度不应低于2m	
		按规定使用五芯电缆	
		PE线的颜色应是绿/黄双色线，其截面应不小于工作零线的截面	
		室内配线应用绝缘子固定，距地面高度不应低于2.5m，排列整齐。室内配线必须是绝缘导线	
4	接地与防雷	施工现场TN-S系统中，电气设备的金属外壳必须与保护零线连接，同一供电系统电气设备接地、接零保护要保持一致	
		电机、电器、照明器具、手持电动工具等不带电金属外壳部分应做保护接零	

续表

序号	验收项目	验收内容	验收结果
4	接地与防雷	TN-S 系统中，保护零线每一处重复接地装置的接地电阻值不应大于 10Ω，在工作接地电阻允许达到 10Ω 的电力系统中，所有重复接地的等效电阻不应大于 10Ω	
		施工现场内的起重机、物料提升机、塔吊、外架等设备及正在施工的金属结构应按要求安装避雷装置	
5	配电箱	配电系统必须满足总配电箱、二级配电箱、开关箱的三级配电三级保护要求（即逐级配电、逐级保护），每台设备必须有专用开关箱	
		配电箱内有总隔离开关及分路隔离开关。开关箱做到一机一闸一漏一箱。漏电保护器参数应符合规范要求	
		配电箱、开关箱四周应通畅、无易燃易爆等危险的物质，箱体内不得有杂物	
		固定式配电箱安装高度为 1.4~1.6m，移动式配电箱安装高度为 0.8~1.6m（以箱体中心高度为准）	
		配电箱、开关箱内电器装置选用符合规范标准要求，并且可靠、完好	
6	现场照明	照明回路有单独的开关箱，配有专用漏电保护装置并符合要求	
		灯具金属外壳必须作保护接零。室外灯具安装高度不低于 3m，室内灯具安装高度不低于 2.5m，钠、铊、铟等金属卤化物灯具安装高度应不低于 3m	
		照明器具、器材应无绝缘老化或破损，照明器具的金属外壳必须与 PE 线相连接。开关箱内必须设隔离开关、短路与过载保护电器和漏电保护器	
		潮湿等特殊场所应按规定使用安全电压	
7	变配电装置	配电室内操作通道宽敞，配电室的天棚距地面不应低于 3m，耐火等级不低于 3 级，配电室应符合规范要求	
		门向外开关锁，应有防雨、火、水、雷和小动物出入等措施，通风良好	
		发电机组应采用中性点直接接地的三相四线制系统和独立设置 TN-S 接零保护系统，接地电阻应符合要求。发电机组与外电线路有联锁控制，严禁并列运行	

验收意见	

机电管理员：

安 全 员：

项目负责人：   总监理工程师：

公章   公章

吊篮安装验收表

项目名称：   验收日期：

施工 单位		规格型号		吊篮编号		
检验内容	验收项目	验收标准				验收结果
	基础资料	1. 设备要有生产许可证、出厂合格证和使用说明，编制专项方案				
		2. 操作人员要持有有效高处作业上岗证				
		3. 操作人员进场施工前要接受入场安全教育和安全操作规程培训				
		4. 安全锁一个标定周期（6个月）后要进行重新标定并有相应标记				
		5. 使用单位要有设备租赁合同（或购置合同）				
		6. 总包单位和分包单位要签订安全使用协议				
	钢丝绳	1. 工作钢丝绳（主绳）和安全钢丝绳（附绳）要按照说明书要求配置齐全				
		2. 安全钢丝绳应在吊篮外侧，工作钢丝绳应在吊篮里侧，两绳相距150mm，钢丝绳应固定、卡紧，安全钢丝绳直径不得小于13mm				
		3. 钢丝绳应采用厂家规定的钢丝绳				
		4. 钢丝绳无散股、扭结、松结或任何其他扭曲、变形				
		5. 钢丝绳无显著腐蚀迹象				
		6. 外层钢丝绳磨损未达到40%				
		7. 钢丝绳公称直径减少未达到6%				
		8. 钢丝绳的固定应按照GB5144、GB5976的规定执行				
		9. 钢丝绳绳卡数量不得少于3个，绳卡间距为钢丝绳直径的6~8倍，绳卡鞍座应放在承受拉力的长绳一边，U形卡环放在返回的短绳一边，方向要一致				
		10. 钢丝绳与悬臂结构、吊篮结构的接触面必须采用U形卡装置，减小摩擦，防止磨损				
	架体	1. 架体无歪斜、扭曲、裂缝				
		2. 紧固螺栓数量齐全、无缺漏，螺帽前应安装有垫片，防止螺帽打滑				
		3. 架体焊接处不得有脱焊、裂缝现象				
		4. 工作平台面不得有裂缝和破损面现象				
		5. 工作平台四周必须设置护身栏杆和挡脚板				
		6. 工作平台底板应有防滑措施				

续表

施工单位		规格型号		吊篮编号		
检验内容	验收项目	验收标准				验收结果
	电器装置	1. 设置 PE 线				
		2. 安装有上限位装置（下限位装置），装置是否灵敏可靠				
		3. 电机制动、过载保护装置应灵敏可靠				
	防护措施	1. 根据吊篮型号选用合适钢丝绳，安全锁工作可靠				
		2. 为工人配置有安全绳、安全索、安全带、安全帽等安全防护用品				
		3. 吊篮平台上须装有固定式的安全护栏，靠建筑物一侧的高度不小于800mm，后侧及两边高度不小于1100mm，护栏应能承受1000N 水平移动的集中载荷；吊篮平台安全护栏所有构件应光滑、无毛刺，安装后不应有歪斜、扭曲、变形及其他缺陷，沿吊篮平台底板四周应装有高度不小于 100~150mm 的挡板，挡板与底板间隙不得大于 5mm				
		4. 工作平台栏杆连接牢固，四周严禁用布以及其他不透风的材料围住，以防增加风阻系数				
		5. 吊篮下方应设立警戒区				
	悬挂机构及配重	1. 应按照说明书要求进行安装配重，配重安装要牢固、安全，并应有防移动措施				
		2. 悬臂支撑点位置选择要合理				
		3. 悬臂结构后端应利用钢丝绳套在建筑结构上，防止倾覆				
		4. 悬挂机构的配重应满足：$K=G \times b / F \times a \geqslant 2$（$G$ 为配重质量 kg，F 为工作平台、提升机、电器系统、钢丝绳、额定载荷、风压值等总和，a 为前梁伸出长度，b 为后梁长度）				
	固定装置	吊篮应有固定措施防止晃动，并要保证吊篮与建筑物之间水平距离（缝隙）不得大于 20 cm				
验收意见						
安装负责人： 公章		安全员： 负责人： 公章			总监理工程师： 公章	

落地式操作平台搭设验收表

类型：固定、移动

施工单位		验收日期		
工程名称		平台面积		
搭设高度		容许荷载　　kg		合格牌编号
序号	验收单位		检验结果	
1	施工组织设计、平面布置、设计计算资料齐全			
2	底部坚实平整、符合施工组织设计、有排水措施			
3	立杆垂直、间距符合规定、大小横杆纵横平稳			
4	剪刀撑搭设、间距、角度、设置符合规定			
5	拉结、支撑设置的间距、方式符合规定			
6	架体横平竖直、整体稳定牢固、材质符合规定			
7	架体的立杆材质、连接部位的方式符合规定			
8	操作、施工作业面四周防护严密、牢靠、安全			
9	操作平台面铺设材料符合规定、不留孔隙			
10	登高扶梯齐全			
11	进入作业面的通道铺设牢固、平整、无明显高低			
12	设置操作平台的限载标志牌（内外）			
验收意见：				
安全员： 项目经理： 公章		监理工程师： 公章		

悬挑式钢平台验收表

工程名称				载重量（kg）	
施工单位		层次		验收日期	
设计制作安装要求	序号	验收要求			检验结果
	1	按规范进行设计和制作，计算书及图纸编入施工组织设计，编制专项方案			
	2	伸出端与上部拉结点，必须位于建筑物上，不得设置在脚手架等施工设施或设备上，搁置点双道锚固			
	3	斜拉钢丝绳，构造上两边各设两道，两道中的每道均应作单道受力计算，斜拉绳的角度不少于45°			
	4	设置4个经过验收的吊环，用甲类3号沸腾钢制作，连接部位应使用卡环			
	5	安装时，钢丝绳采用绳卡时不得少于3个，间距不得小于6倍钢丝绳直径，并设安全弯，绳卡方向要正确			
	6	建筑物锐角利口围系钢丝绳处应加衬软垫物，平台外口应略高于内口，左右不得晃动			
	7	平台铺设牢固、密封、不准使用竹笆，三侧面设不低于1m高围护，栏杆红、白漆相间			
	8	设置荷载限定标牌，注明容许荷载值、人员和物料的总重量，严禁超过设计的容许荷载			
验收意见：					
项目安全员： 项目负责人： 公章			监理工程师： 公章		

悬挑式脚手架验收表

工程名称			搭设高度		验收日期	
序号	验收项目	验 收 内 容				验收结果
1	管理资料	有专项安全施工组织设计、设计计算书并经审批				
		有专项安全技术交底				
		搭设单位及人员具有相应的资质				
2	悬挑梁与架体稳定	悬挑梁或悬挑架应为型钢或定型桁架，安装时必须符合设计要求				
		多层悬挑架，分段搭设高度应不大于18m				
		悬挑梁的立杆间距应符合设计要求				
		悬挑梁安装数量、位置、间距、方式应符合设计要求，与建筑物连接稳固可靠				
		立杆底部应支托在悬挑梁接头柱上并有固定措施				
		架体连墙件的布置应按二步三跨设置，其位置应靠近主节点，与构筑物结构刚性拉结牢固				
3	材质	型钢应不低于16#工字钢，有产品合格证或质量保证书				
		钢管、扣件、脚手板等材料的质量必须符合要求				
4	脚手板与防护栏杆	架体外立杆内侧应用密目式安全网封严				
		作业层脚手板应铺满，有固定措施，不得有探头板，离开墙面120~150mm				
		自顶层作业层开始向下每隔12m，满铺一层脚手板，底层的脚手板应满铺且用安全网兜底				
		底层脚手板与建筑物空隙应封严				
		作业层外侧设置1.2m和0.6m双道防护栏和18cm高的挡脚板				
5	剪刀撑	脚手架外侧沿整个长度高度方向设置连续剪刀撑，剪刀撑的水平夹角为45°~60°				
		剪刀撑的搭接长度应大于1m，固定扣件应不少于2个。每道剪刀撑搭设宽度应大于4跨，且大于6m				
6	卸料平台	卸料平台支撑系统必须单独设置，固定在建筑物上，不得与脚手架连接				
验收意见						

安全员：
项目经理：
　　　　　　　　　　　　　　　　公章

总监理工程师：
　　　　　　　　　　　　　　　　公章

落地脚手架搭设验收表

工程名称		施工单位		
架体高度		验收日期		
序号	验收项目	搭设要求		验收结果
1	脚手架材质	应选用φ48钢管，壁厚符合设计要求（不得低于3.0mm），编制专项方案，搭设单位资质。无严重锈蚀、裂纹、变形。禁止使用竹、木脚手架。		
2	立杆基础	坚实平整、有排水措施，脚手架基础要夯实，立杆下垫板必须符合要求，设扫地杆		
3	架体与建筑物拉结	拉结材料符合要求，拉结点水平方向间距不得大于6m，竖向间距不得大于4m，呈梅花形布置		
4	脚手架宽度	按设计宽度（ ）m搭设		
5	立杆	立杆间距按设计（ ）m设置，立杆应采用对接，相邻接头不得在同一步内；垂直偏差在全高1/200以内。		
6	大小横杆	横杆水平、主节点处必须设置一道小横杆		
7	剪刀撑设置	每隔（ ）m设一道剪刀撑，夹角为45°~60°，剪刀撑搭接长度不得小于1m。		
8	防护栏杆及围网	自第二步起设栏杆扶手，按规定设置围档封闭，密目网符合要求，操作层三步应设踢脚板。		
9	水平防护	作业层脚手板应满铺，架体每隔四步应设一道水平防护，模板拆除作业层应满铺一层硬质防护		
10	通道口防护	按结构高度搭设通道防护棚（3~5m）		
11	安全网	应采用合格产品，所有网眼应绑扎牢固		
12	扣件	扣件要有生产许可证和出厂合格证，表面不得有裂缝，扣件紧固力矩45~60N·m		
13	脚手板	应按规范要求铺设并绑扎牢固，严禁出现探头板		
14	登高设施	应设在脚手架外侧，斜道坡度按设计（ / ）设置并设防滑条，上下爬梯装设稳固		
15	接地避雷装置	应按规定设置接地保护及避雷装置		
验收意见：				
安全员： 项目经理： 公章：		总（专业）监理工程师： 公章：		

建筑施工附着式升降脚手架

工程名称		施工单位		验收时间	
序号	验收项目	验收内容和要求			验收结果
1	使用条件	必须是经建设部发放生产和使用证的产品			
		安装必须报建设行政主管部门审核并批准			
2	架体构造	架体安装应符合鉴定时的技术参数，更改处应有设计计算，并符合规范要求			
		设置定型的主框架和水平梁架，在规范允许内的不定连接应小于2m，并有加强措施			
		架体悬高、悬挑、拐角尺寸应在规范内			
		架体构件安装齐全、牢固，无变形、无裂纹			
3	附着支撑	竖向框架应与每个楼层设置连接			
		附着装置应牢固可靠			
		卸料平台必须承载在建筑物上，不得靠提升架支撑			
4	升降装置	升降动力设备必须同一规格型号，不得使用手拉葫芦			
		升降动力装置必须同步：相邻提升点间的高度差不应大于30mm；整体架最大升降差不应大于80mm			
		升降运动应平稳，不得有抖动、卡死和提升设备空转等现象			
5	安全装置	防坠装置应每一提升吊点处设置一个，附着点应与提升梁分开设置			
		防超载装置应灵敏可靠			
		防倾装置齐全可靠			
6	电气	应设置独立供电的TN-S配电系统（建（2000）230号未做规定）			
		操纵台上各种仪表、按钮及指示灯必须齐全且标明明确			
7	防护	使用合格的密目安全网、钢丝网、脚手板			
		脚手架外侧、底层、作业层下方应封闭严密			
验收意见：					
安装单位技术负责人： 公章		施工单位技术负责人： 公章		总监理工程师： 公章	

洞口临边防护验收表

工程名称		施工单位	
验收层数		验收日期	
总要求	开工前，必须编制专项的防护方案，方案应有图纸，有设计，对防护所用材料，采取的方法和设施在一个现场内做到统一；方案要符合标准规范的要求，并经审批，并在施工中具体贯彻实施		
验收项目	防护标准要求		验收情况
楼梯口防护	1. 设置防护栏杆：上杆离地高度为1~1.2m，下杆离地高度为0.5~0.6m、最大间距不超过2m设栏杆柱，保证上杆任何方向能承受1000N的外力		
电梯口防护	1. 井口应设置固定栅门（门栅网格的间距不应大于15cm） 2. 井内每隔两层设置一道安全平网，网与井壁间隙不大于10cm 3. 不得采用硬质材料做水平防护		
预留洞口防护	1. 竖向洞口高度大于75cm、水平洞口短边尺寸大于25cm都必须进行防护 2. 采用定型盖板的，必须采取可靠固定措施		
通道口防护	1. 防护棚长度符合坠落半径的尺寸要求 2. 项部可采用5cm厚木板或相当于5cm厚木板强度的其他材料。防护棚应采用双层防护 3. 防护棚上严禁堆放材料 4. 防护棚两侧沿栏杆架用密目网封严		
临边防护	1. 工作面边沿无防护设施或围护设施高度低于80cm时，都要按规定设置临边防护栏杆 2. 设置防护栏杆的设置防护要求 3. 防护栏杆必须自上而下用密目网封闭，或在栏杆下边设置严密固定高度不低于18cm高的挡脚板 4. 临边外临街道时，在设置防护栏杆的同时，敞口面必须全封闭		
验收意见			
项目安全员： 项目经理： 公章		监理工程师： 公章	

塔式起重机验收表

工程名称		塔机型号		设备编号	
产权单位		验收高度		验收日期	
序号	验收项目	验收内容			验收结果
1	验收条件	塔机安装必须有相应资质的安装单位安装,并履行安装告知手续			
		塔机已由设备安装单位自检合格			
2	作业环境	起重机运动部分与周围建筑物及外围施工设施之间的距离应大于0.6m			
		与周围架空线路的距离大于安全距离			
		多塔作业,塔机之间的最小架设距离应符合规范,并制定防碰撞措施			
3	安全装置	力矩限制器应灵敏可靠			
		超高、变幅、行走、回转限位器应灵敏可靠			
		吊钩、卷筒、滑轮应设置可靠的防跳线装置			
		轨道式起重机应装设夹轨器、轨道端部缓冲器和端部止挡			
4	金属	主要受力构件不应存在失稳、严重塑性变形和裂纹,焊缝和螺栓连接牢固,无缺陷			
		塔身垂直度不应大于全高的4/1000			
		钢丝绳无缺陷			
5	基础	塔机基础应符合设计规范要求			
		路基两侧或中间应设排水沟,保证路基没有积水			
6	附墙装置	应是原厂生产的附着装置,设置位置应符合说明书和安装方案的规定。			
7	电气安全	电气线路对地的绝缘电阻,一般环境中不低于0.8MΩ,潮湿环境中不低于0.4MΩ			
		接地、接零符合要求,接地电阻不大于4Ω			
		零位保护、过电流保护、失压保护、断错相保护装置齐全有效			
		电气设备及电器元件构件应齐全完整、固定牢固,绝缘材料无破损或变质,电气连接应可靠			
8	塔机运行	整机运行正常,无异响,无漏油,制动可靠			
验收意见:					
安装负责人: 公章		安全员: 机管员: 项目负责人: 公章			总监理工程师: 公章

物料提升机验收表

工程名称		设备型号		设备编号	
产权单位		验收高度		验收日期	
序号	验收项目	验收内容			检验结果
1	验收条件	必须是符合国家和地方标准及规定的产品			
		设备已由设备安装单位自检合格			
2	吊笼	吊笼封闭符合标准要求			
		吊笼涂色应与架体有明显区别			
3	安全装置	断绳保护装置防坠距离不大于100mm，动作时不对架体造成损伤			
		停层装置灵敏可靠			
		上下限位和上下极限开关安装正确，动作可靠			
4	安全防护	吊笼进出口安全防护棚搭设符合规范要求			
		层站卸料口防护门和防护栏杆设施规范			
		底架上应设置不低于1.5m的地面防护围栏			
		卷扬机的收放绳通道应设置封闭式的过路保护			
5	金属结构	主要受力构件不应存在失稳、严重塑性变形和裂纹，焊缝螺栓连接牢固，无缺陷			
		架体垂直度不应大于全高的1.5/1000			
		钢丝绳无缺陷			
6	基础	基础应符合设计规范要求，并有排水措施			
7	附墙装置	附墙间距符合说明书要求，固定可靠			
		附墙装置不得与脚手架连接			
8	电气安全	施工升降机的控制、照明、信号回路的对地绝缘电阻不应小于0.5MΩ，动力电路的对地绝缘电阻不应小于1MΩ			
		接地、接零符合要求，接地电阻不大于4Ω			
		过电流保护、失压保护、断错相保护装置齐全有效			
		电气设备及电器元件构件应齐全完整、固定牢固、绝缘材料无破损或变质、电气连接应可靠			
9	整机运行	整机运行正常，无异响，无漏油，制动可靠			
验收意见：					
安装负责人： 公章	安全员： 项目负责人： 公章		总监理工程师： 公章		

施工升降机验收表

工程名称		电梯型号		设备编号	
产权单位		验收高度		验收日期	
序号	验收项目	验收内容			检验结果
1	验收条件	必须是符合国家和地方标准及规定的产品			
		设备已由设备安装单位自检合格			
2	作业环境	装载或卸载时，吊笼门框外缘与登机平台边缘之间的水平距离不应大于50mm（GB10055—2007第5.2.13条的规定）			
		吊笼、对重、随行电缆通道畅通			
		与周围架空线路的距离大于安全距离			
3	安全装置	防坠安全器在有效期限内，灵敏可靠			
		底笼门机电联锁装置齐全有效			
		各进出门限位、上下限位和上下极限开关、防断绳保险、吊笼安全钩安装正确，动作可靠			
4	安全防护	吊笼进出口安全防护棚搭设符合规范要求			
		层站卸料口防护门和防护栏杆设施规范			
		底架上应设置不低于1.5m的地面防护围栏			
5	金属结构	主要受力构件不应存在失稳、严重塑性变形和裂纹，焊缝和螺栓连接牢固，无缺陷			
		导轨架安装垂直度应符合规范要求			
		钢丝绳无缺陷			
6	基础	基础应符合设计规范要求，并有排水措施			
7	附墙装置	应是原厂生产的附着装置，设置位置应符合说明书和安装方案的规定			
		附墙装置不得与脚手架连接			
8	电气安全	施工升降机的控制、照明、信号回路的对地绝缘电阻不应小于0.5MΩ，动力电路的对地绝缘电阻不应小于1MΩ			
		接地、接零符合要求，接地电阻不大于4Ω			
		过电流保护、失压保护、断错相保护装置齐全有效			
		电气设备及电器元件构件应齐全完整、固定牢固、绝缘材料无破损或变质、电气连接应可靠			
9	整机运行	整机运行正常，无异响，无漏油，制动可靠			
验收意见：					
安装负责人： 公章	安全员： 项目负责人： 公章			总监理工程师： 公章	

30 监理台账工作

30.1 监理台账的作用

30.1.1 记录作用

通过台账的登录，将工程项目建设全过程所使用的原材料、构配件和设备；所发生的工程变更及现场计量、签证；所进行的试验及检测等如实记录，历历在目，一目了然，从中能知道资料是否齐全、工程进度和质量状况，还能防止遗失与遗忘。

30.1.2 统计作用

通过台账的登录，将建设过程中的工程质量，如已验收的检验批、分项工程、分部工程；工程进度，如完成的施工产值；工程造价，如工程计量、工程款支付等记录在账，分类建账，以方便统计数量。

30.1.3 追溯作用

从原材料台账可以清楚地知道每一种材料的进场、复检、使用部位、余额、去向；从预拌商品混凝土进场交货验收台账可以清楚地知道每车混凝土的进场、交货、浇筑部位；从混凝土试块见证、试验台账可以清楚地知道混凝土结构每个梁、柱、板的混凝土强度等级及其试验结果；从监理工程师通知单和工程师通知回复单台账可以清楚地知道两者是否一一对应，施工单位是否整改以及整改是否到位等。

30.2 建立应有的监理台账

现场监理台账主要包括：建筑材料进场台账，构配件/设备进场台账，预拌商品混凝土进场交货验收台账，钢筋原材料试验台账，混凝土试件试验台账，工程计量台账，工程款支付台账，工程变更台账，施工机械、设施安全验收台账，分项（检验批）工程质量验收台账，详见下列各表。

建筑材料进场台账

工程名称：

施工单位：

序号	名称	品种	规格型号	进场时间	数量	生产企业	出厂质量证明文件及编号	产品合格证及编号	见证取样时间	见证人

构配件/设备进场台账

工程名称：　　　　　　　　　　　　施工单位：

序号	进场时间	构配件、设备名称	规格/型号	单位	数量	生产单位	使用部位	产品合格证及编号	试验、检测报告及编号	进场检验记录及编号

预拌商品混凝土进场交货验收台账

工程名称：

施工单位：

搅拌车号	进场时间	使用部位	设计混凝土强度	开盘鉴定编号	发货单编号	实测坍落度（mm）	试件制作组数		查验拌合时间（分）	混凝土数量（m³）
							标准养护	同条件养护		

钢筋原材料试验台账

工程名称：

施工单位：

序号	钢材种类	规格、型号	材料使用部位	生产厂家	代表数量	见证人	试验日期	试验报告单编号	试验结论

混凝土试件试验台账

工程名称：　　　　　　　　　　　　　施工单位：

部位及构件名称 （××轴~××轴 层/××构件）	设计 强度值	见证人	标准养护试件			同条件养护试件			抗渗试件		
			试验 日期	试验报告 单编号	试验 结论	试验 日期	试验报 告单编号	试验 结论	试验 日期	试验报告 单编号	试验 结论

工程计量台账

工程名称：   施工单位：

分部、分项工程	工程计量		完成时间	计量人	质量验收记录表编号
	数量	单位			

工程款支付台账

工程名称：

施工单位：　　　　　　　　　　　　　　　　　　　　单位：万元

时间 年/月/日	工程形象进度 或分项工程名称	工程合同 总价款	预付工 程款	本期施工单位 申报工程款	本期监理 核定工程款	预付款 抵扣	工程款 累计	工程款 余额	合同外 付款	说明

工程名称：

工程变更台账
施工单位：

序号	变更单编号	变更单日期	变更部位	变更内容概述	变更理由

施工机械、设施安全验收台账

工程名称：

施工单位：

序号	施工单位	施工机械、设施名称	安全验收内容	验收日期	验收意见	验收人

分项（检验批）工程质量验收台账

施工单位：

工程名称：

序号	分项工程名称	检验批名称	主控项目		一般项目		验收结论	验收时间	验收人	质量评定
			项数	合格项数	项数	合格项数				

30.2.11 文件、资料接收记录

文件、资料接收记录

序号	文件、资料名称	文件、资料编号	接收日期	接收人	附注

30.2.12 文件、资料发放记录

文件、资料发放记录

序号	文件、资料名称	文件、资料编号	发送单位	签收	发送日期

31 监理文件及资料管理归档工作

31.1 职责与分工

（1）总监理工程师主持整理项目监理文件及资料；
（2）其他监理人员负责有关监理资料的记录、收集、汇总及整理；
（3）总监理工程师指定专人负责监理文件及资料的管理。

31.2 施工阶段监理文件及资料组成内容

（1）建设工程委托监理合同及建设工程合同文件；
（2）监理规划；
（3）监理实施细则；
（4）分包单位资格报审表；
（5）勘察设计文件、设计交底与图纸会审纪要；
（6）施工组织设计及专项施工方案报审表；
（7）施工控制测量成果报验；
（8）工程开工/复工报审表及工程暂停令；
（9）工程进度计划报审表；
（10）工程材料、构配件、设备质量验收资料；
（11）见证取样和平行检验资料；
（12）施工过程检查报验资料及工程验收资料；
（13）工程变更资料；
（14）工程计量单和工程款支付证书；
（15）监理工程师通知单与工作联系单；
（16）会议纪要；
（17）来往函件；
（18）旁站监理记录表；
（19）监理日志；
（20）监理月报；
（21）安全生产的监理检查记录及安全生产事故处理文件资料；
（22）质量问题和事故的处理文件资料；
（23）索赔文件资料；
（24）无负荷联动试车验收记录；

（25）验收资料与竣工移交文件资料；

（26）工程质量评估报告；

（27）竣工结算审核意见书；

（28）监理工作总结。

31.3　监理文件及资料形成流程

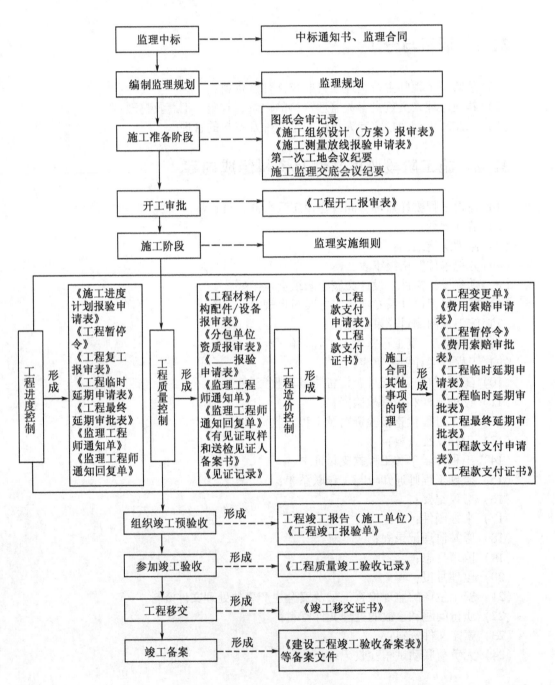

31.4 监理文件与资料的要求

31.4.1 同步性

这是监理工作实施"预先控制"和"过程控制"的要求。只有监理文件与资料达到同步，才能为控制工作提供必要、适时的信息和准确、可靠的依据。同时，工程技术资料是对建筑实物质量情况的真实反映，因此要求资料必须按照建筑物施工的进度及时整理。

31.4.2 完整性

不完整的资料将会导致片面性，不能系统、全面地了解工程的质量状况和安全生产状况。为此，应做到资料类别不缺项、表格内容不空白、签字盖章不遗漏、附件材料不缺失。

31.4.3 可追溯性

目的是使监理工作留下痕迹和原始凭证，使整个监理工作的过程和结果都有文字、照片、录像带或光盘记载，便于过程和结果的追溯，便于纠纷和索赔的处理，也便于事故和问题的论证。

要有可追溯性，就应做到资料的闭合。例如，对于质量或安全隐患应有监理机构指令整改的《监理工程师通知单》和施工单位的《监理工程师通知回复单》及对整改的复查记录，分别记录在对应日期的《监理日记》上。

31.4.4 真实性

监理资料是在工程建设实施过程中形成的，资料的整理应该实事求是、客观真实，如实记录、填报、撰写和归档，应做到不弄虚作假，不追记补录，不胡乱凑数和不谎报瞒报。资料签认要严肃，应当分别签字的，不能由一个人代笔签字，更不能由施工单位仿照笔迹代建设单位、监理单位人员签字，或不经巡视、旁站、检查、见证，就在施工单位"做"出来的、与实际不符的资料上不负责任的签认，使资料失去了真实性，否则，一旦工程出现问题需要处理时，就会责任不清。

31.5 监理文件与资料审查及审批的共性要求

（1）所有文件必须审查盖章（质量验收记录除外）、签字（签名）、日期，盖章视要求不同，有盖单位章、项目章之分；审查证件有效日期。

（2）工程文件的填写格式和使用表格须符合城建档案和建设工程质量安全监督的规定和要求。

（3）审批应慎重严密，并有依据和事实，主要的依据有现行法规、条例、合同、设计、规范、会议记录等。

（4）审批必须注意时效，尤其对于需否定的文件，批复更要及时，以免引起工程质量问题和索赔事项发生。

（5）审批还应当写明同意与否及需要申报人补充的内容。

31.6 监理文件及资料归档与组卷

31.6.1 资料归档的质量要求

（1）归档的工程文件应为原件。

（2）工程文件的内容及其深度必须符合国家有关工程勘察、设计、施工、监理方面的技术规范、标准和规程。

（3）工程文件的内容必须真实、准确，与工程实际相符合。

（4）工程文件应采用耐久性强的材料书写，如碳素墨水、蓝黑墨水，不得使用易褪色的材料书写，如红色墨水、纯蓝墨水、圆珠笔、复写纸、铅笔等。

（5）工程文件应字迹清楚，图样清晰，图表整洁，签字盖章手续完备。计算机形成的工程文件应经手工签字认可。

（6）工程声像文件应图像清晰，声音清楚，文字说明准确。

（7）工程施工文件以卷册为单位，以散件形式存档应满足城建档案馆档案扫描和缩微管理的需要。

31.6.2 组卷要求

1. 组卷的基本原则

（1）组卷应遵循工程施工文件的形成规律，保持卷内文件材料的系统联系，并便于档案的保管和利用。

（2）建筑工程项目按单位工程组卷，文件和竣工图分册组卷。

（3）工程施工文件应按不同的收集、整理单位及文件类别分别进行组卷。

（4）卷内文件排序顺序应依据文件构成而定，一般为封面、卷内目录、文件材料部分、备考表和封底。组成的案卷要求美观、整齐。

（5）卷内若存在多类工程文件时，不同文件之间的排序顺序可参照《建筑工程施工文件归档内容及顺序表》附录 A 的顺序排列，同类文件按自然形成规律和时间排序。

（6）案卷不宜过厚，一般不超过 15mm。案卷内不应有重复文件。

2. 组卷的质量要求

（1）组卷前，应保证工程施工过程文件、工程竣工验收文件、竣工图等齐全、完整，并符合规范要求。

（2）编绘的竣工图应反差明显、图面整洁、线条清晰、字迹清楚，能满足缩微和计算机扫描的要求。

（3）文字文件和图纸不满足质量要求的一律整改。

3. 组卷的具体要求

（1）向城建档案馆报送的工程档案应按《建筑工程施工文件归档内容及顺序表》要求组卷。

（2）工程施工文件组卷应按专业、系统划分，每一专业、系统按照《建筑工程施工文件归档内容及顺序表》附录 A 建筑安装工程顺序排列，其类别为工程管理文件、工程技术文件、工程测量文件、工程施工文件、工程试验检验文件、工程物质文件、施工质量验收文件、工程竣工验收文件。

对于专业化程度高、施工工艺复杂的子分部（分项）工程，由承建的专业分包施工单位对其形成的文件分别单独组卷，如建筑桩基础工程、人防（地下室）工程以及建筑幕墙工程文件。应单独组卷的子分部（分项）工程按照《建筑工程施工文件归档内容及顺序表》相应内容排序组卷，并根据文件数量的多少组成一卷或多卷。

（3）竣工图组应按专业进行组卷，可分为工艺平面布置、建筑、结构、给排水、采暖、建筑电气、智能建筑、通风空调、电梯、室外工程等竣工图卷。每一专业可根据图纸数量的多少组成一卷或多卷。

（4）文字文件和图纸原则上不能混装在一个装具内，如文字文件较少，需放在同一个装具时，文字文件和图纸必须混合装订，其中，文字文件排前，图样文件排后。

4. 案卷页号的编写

（1）编写页号应以案卷为单位。在案卷内文件排列顺序确定后，均以有书写内容的页面编写页号。

（2）每卷从阿拉伯数字"001"开始，用打号机依次逐页连续标注页号，采用黑色油墨。

（3）页号编写的位置：单面书写的文件材料页号编写在右下角，折叠后的图纸一律在右下角编写页号。

（4）成套图纸或印刷成册的文件可自成一卷的，原目录可代替内目录，不必重新编号。

31.6.3　封面与目录

（1）工程档案案卷封面的编制应符合下列规定：

①案卷封面印刷在卷盒、卷夹的正表面，也可采用内封面形式。案卷封面的式样宜符合《建筑工程施工文件归档内容及顺序表》附录 B 表 B.1 的要求。

②案卷封面的内容应包括档号、档案馆代号、案卷题名、编制单位、起止日期、密级、保管期限、共几卷、第几卷。

③档号应由分类号、项目号和案卷号组成，档号由档案保管单位填写。

④档案馆代号应填写国家给定的本档案馆的编号，档案馆代号由档案馆填写。

⑤案卷题名应简明、准确地揭示卷内文件的全部内容，案卷题名应包括工程名称、专业名称、卷内文件的内容。

⑥编制单位应填写案卷内文件的形成单位或主要责任者。

⑦起止日期应填写案卷内全部文件形成的起止日期。

⑧保管期限分为永久、长期、短期，密集分为绝密、机密、秘密，具体规定见建设部《城乡建设档案保管期限暂行规定》及《城乡建设档案密集计划分暂行规定》（城办字〔1988〕29 号）。

（2）卷内目录的编制应符合下列规定：

①卷内目录的式样宜符合《建筑工程施工文件归档内容及顺序表》附录 B 表 B.2 中的要求，卷内目录的填写必须打印。

②序号：以一份文件材料的直接形成单位，用阿拉伯数字从 1 依次标注。

③责任者：填写文件材料的直接形成单位或个人。有多个责任者时，选择两个主要责任者，其余用"等"代替。

④文件编号：填写工程文件原有的文号或图号。

⑤文件题名：填写工程文件标题的全称。

⑥文件题名：填写文件形成的日期。

⑦页次：填写文件在卷内所排的起始页号，最后一份文件填写起止页号。

⑧卷内目录排列在卷内文件首页之前。

（3）卷内备考表的编制应符合下列规定：

①卷内备考的式样宜符合《建筑工程施工文件归档内容及顺序表》附录 B 表 B.3 的规定。

②卷内备考主要表明卷内文件的总页数、各类文件页数（照片张数），以及立卷单位对案卷情况的说明。

③案内备考排列在卷内情况的说明。

（4）案卷脊背。

（5）外文编制的工程档案其封面、目录、备考表必须用中文书写。

32　项目监理部考核工作

32.1　对项目监理部考核的重要性

企业界有句名言："没有考核，就没有管理。"考核是为了实施科学、合理的管理。项目监理部是监理企业委派并进驻工程建设现场、代表监理企业履行委托监理合同的现场监理机构。项目监理部的监理工作水平和服务水平直接反映监理企业提供咨询服务和履行委托监理合同的能力。只有切实做好对项目监理部的考核工作，才能有效地对监理部实施监督和管理，及时发现监理部在现场监理工作中的不足和存在的问题，有力地促进监理部监理工作水平不断提高，更好地履行委托监理合同。

32.2　对项目监理部考核的方法

32.2.1　定期考核

每半年（或每季度）集中组织一次考核工作。考核时，公司成立考核工作小组，按照《监理部工作考核评分表》到每个项目监理部查资料、看实体和观现场，进行实际监理工作的检查和考核。

32.2.2　量化考核

制定《监理部工作考核评分表》和《顾客意见调查表》，将各项考核内容细化和将各项考核指标量化，设定评分标准和扣分内容。进行定期考核工作时，按《监理部考核评分表》和《顾客意见调查表》逐项检查、评分。

32.2.3　总结考核

（1）每一次集中考核后，都要进行全面、具体的考核工作总结，召开专门的总结会议，进行针对性讲评，肯定和交流好的做法和经验，明确而具体地指出存在的问题，及时纠正不规范的工作和行为，在不断改进中提高监理部的工作水平。

（2）对于考核工作中发现的问题及缺项内容，及时按监理部分别发出整改通知，一一列出需整改的问题，要求监理部在规定的时间内逐项整改落实，并在整改完成后书面向公司报告。公司不定期地到各监理部进行复查，验证整改落实情况，保证整改问题能够闭合。

（3）每一次考核都要进行评分、汇总，排出名次。公司发文表彰排名靠前的监理部，并给予相应奖励。

32.3　监理部工作考核评分表

监理部工作考核评分表

监理部名称：

考核项目	考核内容		标准得分	扣分办法	扣分	考核得分
监理服务质量	1. 顾客满意率 检查《顾客意见调查表》和《建设单位评价表》		10	≥96 得 10 分；≥90 得 8 分；≥85 得 6 分；≥80 得 4 分		
	2. 认真为建设单位服务，提出合理化建议，被建设单位等采纳： 提了合理化建议，未被采纳(需有书面资料) 提了合理化建议，被采纳(需有书面资料或建设单位认可证明)		5	未提过合理化建议不得分；合理化建议被采纳得 5 分；未被采纳得 2 分		
	3. 未发生由于监理工作失误而造成顾客的索赔或罚款		3	发生一次扣 1 分		
现场监理工作	1. 监理规划编制与实施	编写了该工程的特点	1	只写概况，不写特点不得分		
		编写了该工程的实施难点和应对措施	2	缺针对性扣 2 分，不全面扣 1 分		
		编写了该工程的质量控制点、旁站监理部位、砼试件留置计划	6	缺本工程质量控制点扣 2 分；缺本工程旁站监理部位扣 2 分；缺本工程砼试件留置计划扣 2 分		
		对该工程工期和造价的控制目标进行风险分析和制定预防措施	4	每缺一项目标分解扣 1 分 风险分析无针对性扣 2 分		
		对该工程质量、工期和造价采取的控制措施针对性强，具有指导意义	6	三类控制措施每缺一类扣 1 分，无针对性扣 3 分		
		单独编写该工程安全生产监理的章节，列出本工程危险性较大的分部分项工程	3	缺安全生产监理主要工作和职责等扣 1 分		
				缺安全生产监理工作程序扣 0.5 分		
				缺安全生产监理措施扣 0.5 分		
				缺本工程危险性较大的分部分项工程明细扣 1 分		
		单独编写该工程建筑节能监理的章节	3	缺建筑节能监理主要工作扣 1 分 缺建筑节能监理工作程序扣 1 分 缺本工程建筑节能主要控制措施扣 1 分		
		至少包括了《监理规范》规定的 12 项内容	2	每缺一项扣 0.1 分		
		编审手续齐全	1	缺签字扣 0.5 分，缺业主签收扣 0.5 分		

考核项目		考核内容	标准得分	扣分办法	扣分	考核得分
现场监理工作	2. 监理实施细则编制与实施	编写专业工程概况,主要是该专业的规模、特点、重点、难点及应对措施	4	抽查地基与基础、主体结构、安全、建筑节能等监理细则,缺重点、难点扣2分,缺针对性扣2分		
		编写对本分部工程的质量要求,并注明质量标准所采用的依据	2	缺质量要求扣1分,要求无针对性扣1分		
		设置该专业工程的监理控制点(检查点、见证点、旁站点)及主要检查、控制内容	4	抽查地基与基础、主体结构、安全、建筑节能等监理细则,缺控制点扣1~2分,缺控制内容扣1~2分		
		详细、具体、明确地编写了该分部(专业)工程质量通病的预控措施和对工程控制点的检查手段	3	缺有针对性预控措施扣1~2分,缺检查手段扣1分		
		编写该专业工程特定的监理工作流程、工作制度、工作内容、工作方法等	2	缺特定的工作流程扣0.5分缺工作制度、工作内容、工作方法各扣0.5分		
		编写该专业工程监理控制措施	4	缺控制目标和风险分析扣1分,缺控制方案和措施扣3分		
		编写该专业工程质量验收程序和制度	1	缺程序扣0.5分,缺制度扣0.5分		
		编审签字齐全	1	缺一项签字扣0.5分		
		各专业(分部)监理实施细则齐全	7	缺地基与基础、主体结构、安全、建筑节能监理细则各扣1分,每缺一项其他细则扣0.5分		
现场监理工作	3. 安全生产监理	参加或向甲方提出召开专家论证会,总监理工程师签认危险性较大的分部分项工程专项方案	6	不参加专家论证会(签到表)或未向甲方递交提出函扣2分;重大方案未经政府有关部门审查扣2分;总监理工程师未签认扣2分		

考核项目		考核内容	标准得分	扣分办法	扣分	考核得分
现场监理工作	3. 安全生产监理	审核总、分包单位安全资质和安全生产的许可证,审查施工单位安保体系	3	总分包单位无安全资质和安全生产许可证扣2分,施工单位无安保体系扣0.5分,且未进行专项审查扣0.5分		
		核查施工机械、设施验收手续、手续应完整并有签字	3	无验收记录不得分,核查手续和签字不完整扣2分		
		督促并记录施工单位安全交底工作	2	缺督促施工单位安全交底记录扣1分,在监理日志上无记载扣1分		
		按监理规划的安全施工方案和安全实施细则进行巡视、记录	3	无专门的安全巡视记载扣2分,记录不详细、不及时扣1分		
		发现安全隐患及时发出整改通知单或工程暂停令	4	无整改通知单或暂停令扣2分,日志上无记录扣2分		
		复查安全隐患整改结果	3	无整改通知回复单扣1分,无监理复查结论扣1分,监理日志上无复查记录扣1分		
		施工单位拒不执行监理提出整改意见或监理通知单时,应向建设单位报告,在拒不执行暂停施工通知时,应及时向安全监督管理部门报告	3	无向甲方报告的联系单扣1分;无向安全监督部门报告的函件扣1分,监理日志无记载扣1分		
		督促施工单位安全进行检查	3	无安全检查记录扣2分,在监理日志上无记载扣1分		
现场监理工作	4. 填写监理日记	填写气象情况,如天气、温度、湿度、风力等,以及因天气原因导致的工作损失	2	填写不全扣1分,全未填写扣2分		
		填写施工情况、施工内容、施工部位、进度情况、质量情况;投入的劳务和设备情况	4	未写明施工部位、施工内容扣1分;未写明施工状况及是否符合规范和标准要求扣1分 未写投入的劳务工种和人数扣1分 未写投入什么设备及是否有合格证扣1分		

考核项目		考核内容	标准得分	扣分办法	扣分	考核得分
现场监理工作	4. 填写监理日记	填写材料、构配件和设备进场及使用情况	3	未写明进场的材料、构配件、设备的名称、规格、型号、数量等扣1分 未写明用于什么部位扣1分； 未写明是否有合格证、试验报告、见证复检等扣1分		
		填写监理工作情况：对建设单位要求、工程变更、承包单位申请、报验等的处理落实和审批情况；各专业主要监理工作及发现问题，采取的监理措施，提出的监理建议，处理情况及结果；当天签发的监理指令、监理报表和会议纪要等；召开例会和专题会议；平行检验、旁站、巡视、见证、工程计量等日常监理工作；质量事故、安全事故及其处理和复查情况	8	查看整个日记，每缺一类内容扣1分		
		填写其他情况，如工地停电、停水等突发事件或不可抗力事件，影响正常施工等情况。	1			
		总监检查和阅读	3	缺总监签字扣1分、缺签署意见扣2分		
		签字齐全(填写人员)	1	缺1项签字扣0.5分		
		每天填写	3	未逐天及时填写扣1分		
	5. 审查施工组织(方案)设计	审查施工单位审批程序	2	缺施工单位总工程师签字扣0.5分，缺项目经理签字扣1分 缺施工单位公章扣0.5分		
		审查监理部批准程序	2	缺专业监理工程师签字扣1分，缺总监理工程师签字扣1分		

考核项目			考核内容	标准得分	扣分办法	扣分	考核得分
现场监理工作	5. 审查施工组织（方案）设计		审查完整性	4	施工组织设计应有的内容每缺一项扣0.5分，必要的专项施工方案每缺一种扣0.5分		
			审查针对性	8	缺针对本工程特点和难点把握的内容扣5分，缺针对本工程特点制定的检测方法、手段和保证措施扣3分		
			审查控制目标	4	进度、质量和造价控制目标不明确扣2分，控制目标与施工合同不符合扣2分		
			审查安全措施	6	缺安全管理机构、制度、责任制、安全资质、人员资格扣2分，缺针对本工程的安全技术措施扣4分		
			审查总平面布置	4	每漏一项布置扣0.5分，布置不合理扣1分		
	6. 审查工程开工报审表			5	缺开工报审表扣1分，缺应有附件扣1分，缺总监签署意见及签字扣1分，有开工报审表，暂未签字，但缺要求建设单位办手续的联系单扣2分		
	7. 审查分包单位资质		审查分包单位资格报审表	10	专业分包单位资格报审表没有或不齐全扣1分，总监未作明确审核意见扣3分		
			审查分包单位材料		缺资质材料扣2分		
			审查分包单位作业人员资格		未审核和缺人员名单及岗位证书扣3分		

考核项目	考核内容	标准得分	扣分办法	扣分	考核得分
现场监理工作	8. 审查承包单位现场项目管理机构的质量管理体系、技术管理体系、质量保证体系和安全保证体系	10	缺《施工现场质量管理检查记录表》扣2分，《记录表》上缺"内容"的填写扣4分、缺检查结论和总监签字扣3分，缺监理部章扣1分		
	9. 检查技术交底和图纸会审	10	缺图纸会审记录扣3分		
			缺设计交底记录扣1分		
			图纸会审记录未签字、盖章扣3分		
			有变更设计，但在有效的施工图中未标识扣2分		
			有变更设计，但在有效的施工图中标识不全扣1分		
	10. 检查测量放线	15	缺施工单位专职测量人员的岗位证书扣2分，人证不一致扣1分		
			缺施工单位测量设备鉴定证书扣2分，鉴定证书不在有效期内扣2分		
			缺控制桩校核报验申请表及其附件和审核意见扣3分		
			缺控制桩的保护措施扣1分		
			缺测量报验申请表及其附件和审核意见扣3分		
			缺施工过程中测量放线报验申请表及其附件和审核意见扣3分		
	11. 开好第一次工地会议	10	监理机构主要人员缺席参加第一次工地会议扣2分(查签到表)		
			在第一次例会纪要中总监理工程师没有陈述监理工作的主要内容扣3分		
			缺会议纪要扣3分		
			缺会议签到表扣2分		
	12. 审查原材料、构配件和设备	14	各抽查5份，缺《工程材料/构配件、设备报审表》及证明资料扣5分		
			缺复验见证取样单扣1分		
			缺复验试验报告扣3分		
			缺审查意见扣1分，缺签字扣1分		
			台账登录不及时、不完全扣3分		

考核项目	考核内容		标准得分	扣分办法	扣分	考核得分
现场监理工作	13. 过程质量检查验收		20	检验批和隐蔽工程报验各抽查 5 份报验申请表及其附件，每份表附件资料不全各扣 2 分		
				检验批缺验收记录和验收结论扣 4 分		
				隐蔽工程缺审核意见扣 1 分，签字不全扣 1 分		
				缺分项工程质量验收记录表及盖章扣 4 分		
				缺分部(子分部)工程质量验收记录及盖章扣 4 分		
				缺验收意见扣 1 分，签字不全扣 1 分		
	14. 编写旁站监理计划		6	缺旁站监理计划(方案)扣 2 分		
				缺针对本工程的旁站部位明细表扣 4 分		
	15. 填写旁站监理记录	旁站监理的部位(轴线、标高、楼层、梁柱等)	2	缺记录内容扣 1 分，与实况不符扣 1 分		
		施工方法、施工工艺的执行情况	1	缺记录内容扣 1 分		
		旁站监理计划的实施	4	只有砼浇筑的旁站记录，而无监理计划(方案)所列的其他旁站部位的旁站记录扣 2 分		
		监理工作情况(监理人员发出的指示或指令；施工过程中出现质量问题的处理情况；见证和检查的情况等)	4	缺记录内容扣 4 分，记录不全扣 2 分		
		总监经常检查旁站监理方案的实施效果	1	缺签字扣 1 分		
		施工单位、监理单位签字、盖章	2	缺签字扣 1 分，缺盖章扣 1 分		
	16. 检查平行检验工作		10	检查土建工程和安装工程的《监理工程师检查记录表》，每缺一种检查记录表扣 2 分，签认不全扣 2 分		
	17. 见证取样(试块、试件和材料)和同条件试块养护监理工作		10	缺见证取样计划(方案)扣 4 分		
				缺见证取样员证扣 1 分		
				见证取样取样台账登记不及时、不完全扣 3 分		
				缺同条件试块养护记录扣 2 分		

考核项目	考核内容		标准得分	扣分办法	扣分	考核得分
现场监理工作	18. 发监理工程师通知单	指令内容明确	2	内容不明确扣2分		
		指令依据准确	2	无指令依或依据不对扣2分		
		指令下达及时	1	下达不及时扣1分		
		通知单编号	1	无编号或不连续扣1分		
		指令与回复一一对应	1	查回复单不一一对应扣1分		
		指令落实情况的检查、督促	3	查监理日记、检查记录等无复查整改情况、落实的记录扣3分		
		签字齐全	1	缺签字扣1分		
	19. 编写监理月报工作		20	月报未按月连续编写扣2分		
				缺总监签字扣1分		
				内容中缺工程概况和形象进度扣3分,缺工程进度、工程质量、工程造价、安全管理扣10分,缺本月监理工作小结扣3分,缺下月监理工作重点扣3分,缺统计资料扣1分		
	20. 检查工程计量和支付	现场计量	5	缺原始场地测量记录扣2分;缺土方收方记录扣1分;缺签证单的签审扣2分		
		工程量签证	5	与现场已检验合格实物不符合扣3分;手续不符合扣1分;未签字扣1分		
		工程款支付	6	缺工程款申请书扣1分;缺工程款支付证书扣2分;审核程序和额度不符合合同签署项目扣3分		
		台账登录	2	计量台账、支付台账登录不全各扣1分		
	21. 检查进度控制		15	缺承包单位总进度计划和年、季、月进度计划审报表扣2分		
				缺审查意见和总监签字扣5分		
				缺有关进度控制的通知或函件扣3分		
				监理日志、例会纪要、监理月报中,缺进度计划检查和纠偏措施的记录扣5分		
	22. 质量事故和隐患的处理		6	处理质量事故程序不规范扣2分,发生一般质量事故扣2分,发生重大质量事故不得分(检查事故调查报告、监理日记、监理月报和质量评估报告中的相关内容)		

考核项目		考核内容	标准得分	扣分办法	扣分	考核得分
现场监理工作	23.编写质量评估报告	工程概况	1	根据分部工程、专项工程和单位、子单位工程质量评估报告的撰写内容、分别对照多项考核内容的具体要求,酌情扣分 每缺1个分部工程的质量评估报告扣2分		
		评估依据	1			
		简要评述施工单位质保体系及其运行、效果	2			
		简要评述监理机构质控程序、主要控制措施、成效	2			
		各检验批、分项、分部工程质量验收情况	3			
		材料使用情况(名称、规格、产地、数量、使用部位等)	2			
		原材料、半成品材料试验情况(名称、使用总量、检验批量、检测项目、检测机构、见证人、结果等)	2			
		建筑测量放线、沉降观测记录(仪器、方法、结果)	2			
		结构实体检测	2			
		评述施工过程中的质量事故	1			
		使用功能的试验	2			
		评估结论(是否符合国家法律法规规定,是否符合施工质量验收规范要求,是否通过初步验收具备竣工验收条件,可否组织正式竣工验收)	2			
		签字签章齐全	1			
	24. 处理工程变更		10	工程变更资料不齐全扣2分,签字不全扣1分 缺对变更的评估扣1分 对已变更设计未在有效的施工图中标识扣2分 需图审办审核签字的重大工程变更和节能变更手续不齐全扣2分 缺较大工程变更的费用和工期评估评估扣2分		

考核项目	考核内容	标准得分	扣分办法	扣分	考核得分
现场监理工作	25. 组织竣工预验收工作	20	分部工程质量验收记录不全扣 2 分 缺质量控制资料核查扣 2 分 缺安全和主要使用功能性能检测结果扣 4 分 缺观感质量验收扣 2 分 缺工程竣工报验单扣 2 分 缺正式验收前对工程提出的问题及整改意见的通知和函件扣 3 分 缺对已整改或完善事项的复查记录扣 3 分		
	26. 处理索赔	2	资料不全酌情扣分		
	27. 建立监理台账	16	缺原材料、构配件、设备进场台账扣 2 分 缺钢筋原材料试验台账扣 2 分 缺标准养护和同条件养护混凝土试块试验台账扣 2 分 缺分项(检验批)工程质量验收台账扣 2 分 缺预拌砼进场交货验收台账扣 2 分 缺工程计量台账扣 1 分 缺工程款支付台账扣 1 分 缺工程变更台账扣 1 分 缺施工机械、设施安全验收台账扣 1 分 台账登记不同步扣 1 分		
	28. 有收、发文登记本和施工图纸收、借登记本	4	缺收文、发文登记本各扣 1 分, 内容、签名不全扣 2 分		
	29. 分类、分项立卷、归档并编目	10	未按档案馆目录或公司目录分类、立卷扣 6 分 每一个资料盒内无目录扣 1 分 资料盒外无名称扣 1 分, 资料盒名称与内容不符扣 1 分 资料盒摆放不整齐扣 1 分		

续表

考核项目	考核内容		标准得分	扣分办法	扣分	考核得分
现场办公室	1. 检查办公室墙上资料	监理人员职责	2	每缺一种上墙资料扣2分		
		监理部组织机构图、人员姓名、照片	2			
		主要监理工作程序	2			
		主要监理工作制度	2			
		进度控制图表	2			
		质量验收统计图表	2			
		工程平面图	2			
		工程剖面图	2			
		气象记录表	2			
	2. 公司对监理部的考核和管理		10	缺传达公司总监例会精神的记录扣2分，缺公司文件、资料收取和收文登记扣2分，缺公司对监理部工作考核的记录扣3分，缺顾客意见调查表扣3分		
	3. 有必要的规范和标准		5	使用过期规范、标准扣2分		
	4. 监理部证件		5	缺总监、总监代表委托书扣2分 缺机构人员证件复印件扣2分 缺公司营业执照、资质证书复印件扣1分		
	5. 佩戴胸牌		4	每缺1人·次扣0.2分		
	6. 办公桌上布置桌牌		4	每缺1人扣0.2分		
	7. 安全帽的使用与摆放		4	每缺1人·次扣0.2分；摆放不整齐扣1分		
	8. 办公室整洁		2	达不到要求酌情扣分		
总分			500			

32.4 顾客意见调查表

顾客意见调查表

名　　称	满意程度			
	很满意	较满意	基本满意	不满意
1. 项目监理部对工程质量控制，您感到				
2. 项目监理部对工程进度控制，您感到				
3. 项目监理部对工程造价控制，您感到				
4. 项目监理部对工程安全施工管理，您感到				
5. 项目监理部协调各方面关系，您感到				
6. 项目监理部对合同管理工作，您感到				
7. 对监理部的资料工作，您感到				
8. 对工程重要部位或关键工序的旁站监理，您感到				
9. 对工程原材料、构配件和设备的审核、抽检和签认，您感到				
10. 对检验批、分项、分部工程和单位工程质量验收及隐蔽工程验收，您感到				
11. 对工地例会的召开，您感到				
12. 项目监理部是否向建设单位提过合理化建议，如果提过，您感到				
13. 监理人员不得为谋取私利向建设单位推销建材和设备，或与施工单位串通作弊，这方面的情况，您感到				
14. 监理人员遵守职业道德、工作纪律，您感到				

注：每个征询的条目请您在满意程度栏内选择适当的一栏打"√"。

建设单位（签章）：　　　　　　　　　　　　　　　　日期：　　年　月　日

建设单位评价表

建设项目名称	
建设项目地址	
工程规模	
工程等级	

建设单位评价

建设单位（公章）：

建设单位项目负责人：

年　月　日

××医院改扩建工程

监 理 规 划

监理单位（盖章）：_____

单位技术负责人（签字）：_____

总监理工程师（签字）：_____

日　　　　期：_____年_____月_____日

目　录

1. 项目概述
　　1.1　场地的工程地质及水文地质情况
　　1.2　工程基本情况

2. 工程项目特点

3. 工程项目难点分析及应对措施

4. 监理工作范围

5. 监理工作内容

6. 监理工作目标
　　6.1　监理工作目标
　　6.2　质量目标分解
　　6.3　进度目标分解

7. 监理工作依据

8. 工程项目风险分析及风险防范措施
　　8.1　项目风险分析
　　8.2　项目风险防范措施

9. 项目监理机构的组织形式

10. 项目监理机构的人员配备计划

11. 项目监理机构的人员岗位职责
　　11.1　总监理工程师的职责
　　11.2　总监理工程师代表的职责
　　11.3　专业监理工程师的职责
　　11.4　监理员的职责

12. 监理工作程序
　　12.1　施工前期工作程序
　　12.2　施工准备阶段监理工作程序
　　12.3　工程项目竣工验收程序

13. 工程质量控制
　　13.1　工程质量控制的程序
　　13.2　工程质量控制的原则
　　13.3　工程质量的事前控制
　　13.4　施工过程中的质量控制

13.5　工程质量验收

14. 工程进度控制

14.1　工程进度控制的程序

14.2　工程进度控制的原则

14.3　工程进度控制的任务

14.4　工程进度控制的重点

14.5　工程进度控制的方法

14.6　工程进度控制的措施

15. 工程造价控制

15.1　工程造价控制的程序

15.2　工程造价的事前控制

15.3　工程造价的事中控制

15.4　工程竣工结算阶段的造价控制

16. 工程安全施工管理职责

16.1　安全管理工作的程序

16.2　本工程危险性较大的分部分项工程

16.3　安全施工管理工作的方法和内容

17. 工程合同管理

17.1　合同管理的程序

17.2　合同管理的原则

17.3　施工合同管理其他工作的管理

17.4　工程变更的管理

18. 工程协调管理

18.1　项目监理机构内部的协调工作

18.2　与建设单位之间的协调工作

18.3　与施工单位之间的协调工作

18.4　与设计单位之间的协调工作

18.5　与建设工程质量监督部门之间的协调工作

19. 工程建筑节能工程监理

19.1　监理工作的主要内容

19.2　施工准备阶段的建筑节能监理工作方法及措施

19.3　施工阶段的建筑节能监理工作方法及措施

19.4　工程验收阶段的建筑节能监理工作方法及措施

20. 监理工作制度

20.1　监理组织管理制度

20.2　监理会议制度

20.3　监理工作报告制度

20.4　监理日记及考勤制度

20.5　监理月报制度

20.6　信息和资料管理制度

20.7　对外行文审批制度

21.　工程的旁站监理部位

22.　工程混凝土试块见证取样计划

23.　监理工作设施

23.1　办公设施及用品

23.2　检测工具、仪器

本监理规划依据××医院改扩建工程监理大纲、委托监理合同、设计图纸、施工合同、施工组织设计及有关法律、法规、规程、标准等编制。

1. 项目概述

1.1　场地的工程地质及水文地质情况

根据工程岩土工程勘察报告，基础形式为桩基和筏板基础，持力层为5~1层角砾岩和5~2层石灰岩，地下水埋深为0.9~1.5m，地下水对混凝土无腐蚀性。

1.2　工程基本情况

1）工程总体简介

工程名称：××医院改扩建项目（门诊部、住院部）工程

工程地址：湖北省××市

建设单位：××中心医院

勘察单位：××勘察院

设计单位：××设计顾问有限公司

监理单位：武汉科达监理咨询有限公司

总承包单位：××建工集团

施工工期：730天

质量目标：湖北省建筑优质工程楚天杯奖

合同价款：16000万元

2）建筑设计概况

序号	项目	内容		
1	建筑功能	地上22层主要包括以下功能用房：首层门诊、住院大厅、输液室、急诊、急救中心；裙房主要为内外科、皮肤科、检验科、中医针灸、康复治疗、眼科、耳鼻喉科、妇产科等诊室。五层为手术室、六层为ICU病房、七层为NICU病房，八层以上为各科室病房。地下一层平战结合防空地下室，为核6级常6级甲类人防物资库，防护区面积：3221m²，平时主要为车库、设备机房。		
2	结构类型	主楼为框架-核心筒结构、裙楼为框架结构		
3	建筑面积	总建筑面积（m²）	50817	
		地下建筑面积（m²）	4972	
		地上建筑面积（m²）	45845	
4	建筑层数	地下一层、地上22层		
5	建筑层高	地下部分层高（m）	地下一层	7.2、5.4
		地上部分层高（m）	1层4.8、2~5层4.5、6~22层3.7	
6	建筑高度	±0.000相当于绝对高程（m）	21.5	室内外高差（cm）　60
		基础深埋（m）	主楼；-9 裙楼；-6.4	最大基坑深度（m）　-9
		檐口高度（m）	89.6	建筑总高（m）　98.6
7	建筑防火	一级		
8	室外装修	外墙	玻璃幕墙和干挂石材幕墙	
		门窗	断热型铝合金中空玻璃门窗	
		屋面	彩色水泥砖屋面	
9	室内装修	详见施工图中室内装饰		

3）建筑结构概况

（1）结构概况，见下表。

序号	项目		内容
1	结构形式	基础结构形式	桩筏（人工挖孔桩、筏板）
		主体结构形式	主楼为框架-核心筒结构，裙楼为框架结构
2	土质、水位	土质情况	详细勘察报告
		地下水位	0.9~1.5m
3	建筑场地		Ⅱ类
4	抗震等级	工程设防裂度	6度
		剪力墙结构抗震等级	二级
		局部框架结构抗震等级	三级
5	钢筋级别		HPB235、HRB335、HRB400
6	混凝土级别		详见砼强度汇总表
7	钢筋连接	$d \leq 22$	详见施工图
		$d > 22$	详见施工图
8	结构断面尺寸（mm）	基础垫层厚度	100
		基础底板厚度	主楼1800、裙楼800~1000
		框架柱	600×600~1100×1100
		主要墙体厚度	地上300、地下室400~700
		主要梁断面尺寸	400×700、250×550、500×1200、400×1000
		主要楼板厚度	150~200
9	地下防水	结构自防水	P6
		材料防水	3厚BAC双面自粘防水卷材

（2）结构混凝土强度等级，见下表。

部位	等级
基础垫层	C15
基础底板、剪力墙	C35
地下室梁、板	C30
地下室柱~十八层柱	C50
十九层柱~二十二层柱	C40
二层~屋面梁、板	C30

4）建筑节能概况

（1）建筑物围护结构热工性能，见下表。

围护结构部位	主要保温材料名称	厚度（mm）	传热系数（W/m² · K）	
			工程设计值	修正系数
屋面 1	挤塑聚苯板	45	0.35	1.25
墙体（包括非透明幕墙）（含热桥）	岩棉板	40	0.75	1.2
地面接触室外空气的架空层或外挑楼板	岩棉板	45	0.75	1.2

（2）地面和地下室外墙热工性能，见下表。

围护结构部位	主要保温材料名称	厚度（mm）	蓄热系数（W/m² · K）	
				修正系数
地面	无			
地下室外墙	挤塑聚苯板	25	0.32	1.2

5）主要分包单位承担分包情况

合同名称	合同号	合同订立时间
××	××	××
××	××	××

2. 工程项目特点

（1）本工程为××市中心医院改扩建工程，将新建住院、门诊和综合大楼，有22层主楼和5层裙楼及地下室。主楼主体结构为框架-核心筒结构。裙楼主体结构为框架结构，采用人工挖孔桩桩基和筏板基础。

（2）本工程为多功能住院大楼和门诊、急诊大楼，地上各层为门厅、药房、结算中心、各科病房及护理单元、百级、千级和万级手术室、医技科室等用房。门诊大厅净空高达17m、跨度达15m。各手术室里设备基础多种多样，位置准确度要求高。本工程地下层为人防地下室，平时作为设备用房和车库。地下一层设有水泵房、不锈钢生活、空调合用水池、砼消防水池、配电所、高压配电室、弱电进线间、工具室、空调机室等。停尸房和污物间设有专用电梯。

（3）本工程功能分区明确，洁污线路清楚，患者就医和检查方便。病房大楼洁净流线、污物流线和尸体出口分别设置。道路组织合理、通畅、便捷，避免各种交通流线的混杂交叉。各部门出入口和城市道路既结合紧密，又不对城市道路造成很大的影响，合理设计车行、人行（患者和医护人员）的流线。

本建筑物周边均设计了车道，车道宽度为5m和7m，转弯半径为12m，符合消防车道的要求。

设计体现了"以人为本"的思想，适应现代医院面向社会、面向大众的发展趋势，结合医院良好的绿化景观，在主体建筑之间、建筑和城市道路之间设置绿化带，创造花园式医院，还设置了无障碍设施、无障碍道路和坡道，使患者在就医的同时，体会到医院对他们的关怀。

（4）本工程立面以现代风格为主，主楼立面突出韵律感和局部的变化，裙房突出基座的稳定和厚重感，外墙装饰着深色、浅色相间的玻璃幕墙和灰色、褐色交替的花岗岩饰面，其间点缀着铝合金构架，层次丰富、大气。

（5）本工程有生化实验室、手术室、负压室、重症监护室、千级病房、层流病房及辅助用房、无菌品库等房间，要求净化程度高，空调系统除系统单独设置外，在施工中还须按净化空调系统安装，其难度大、要求高，每道工序必须严格把关，最后经净化检验合格后才能验收。放射科的CT机、X光机房及控制室、核磁共振室、心血管造影室等均要满足射线防护要求，房间6面防护屏蔽墙体不低于2mm铅当量的屏蔽，操作间的铅玻璃、铅板夹芯防护门等都要符合设计要求。心电图室、脑电图室、核磁共振室都应做好房间6面磁波屏蔽。心电图、脑电图铜丝网屏蔽，核磁共振机房混凝土底板、顶板的配筋量必须符合屏蔽技术的特殊要求，并用1mm厚的铜板6面磁波屏蔽，电气管线、空调管道伸入主机室部分设置滤波器装置，门窗选用电磁波屏蔽门窗。

（6）本工程按使用功能需要输送的介质有气体和液体若干种，所用材质有无缝钢管、镀锌钢管、焊接钢管、不锈钢管、紫铜管、球墨铸铁管、机制排水铸铁管和双壁波纹排水管，管道安装工程复杂。

3. 工程项目难点分析及应对措施

（1）本工程采用人工挖孔桩桩基，桩径从1100mm到2800mm，桩端持力层为5～2层石灰岩和5～1层角砾岩层，要求桩端进入持力层深度达2000mm以上。其实施难点如下：

①保证桩位、孔径、孔深、桩基础底部进入持力层最小深度及沉淤或虚土厚度符合设计和规范要求。

②保证桩桩钢筋笼质量、基础钢筋及安装质量符合设计与规范要求。

③保证混凝土灌注质量和强度符合设计和规范要求。

应对措施及监理工作重点如下：

①由于本工程场地基岩层面起伏较大，且尚未探明石灰岩岩溶及裂隙分布，而设计桩长的根据是地质资料估计的长度，因此实际孔深应以持力层土样和持力层厚度为主要依据，以设计桩长为参考依据，这就需要每根桩成孔都要检查，并且切实确保在任何情况下桩孔挖至设计标高而入持力层深度未达要求时，继续下挖以满足桩端进入持力层的深度。另外，当满足持力层深度和厚度而未达到设计标高时，应与设计单位商议是否可以终孔，否则不得浇注桩身混凝土。同时，还要切实确保终孔时进行桩端持力层检验，并检验桩底下3倍桩径深度范围内有无空洞、破碎带、软弱夹层等不良地质条件。

②由于设计的桩端持力层为岩层，桩端入岩的进深较困难，于是需要严格控制，加强现场巡视和旁站，切实确保桩的入岩深度达到设计要求和桩端进入持力层深度至少达1.5倍桩径。

③认真检查和复核人工挖孔桩的桩位和标高以及扩大头尺寸，确保其符合设计要求。

④全过程检查成孔、桩底持力层土（岩）性，放置钢筋笼，灌注混凝土。

⑤检查混凝土强度，确保其符合设计要求。

⑥按设计和规范要求检验桩体质量和承载力，其检验结果必须符合设计和规范要求。

（2）本工程主楼部分基坑-9m，裙楼部分基坑-7.4m，为深基坑工程，其实施难点是深基坑的支护和开挖，需对支护方案的专家论证程序及审核，对方案的实施和对坑的监测，对土方的开挖和对排水、降水的效果进行严密、有效的监控。

应对措施及监理工作重点如下：

①基坑支护与开挖专项施工方案必须由具有相应设计资格的单位设计，并须经专家论证会论证。

②审查基坑支护与开挖施工方案。

③严格按经专家论证和批准的施工方案和施工验收规范对基坑支护与土方开挖、基坑降水和排水进行控制。

④对基坑开挖现场进行严密监测控制，其主要内容有墙顶水平位移、孔隙水压力、土体侧向变形、墙体变形、墙体土压力、支撑轴力、坑底隆起、地下水位、锚杆拉力、立柱

沉降、墙顶沉降和四周地面建筑沉降与倾斜度等。

⑤验槽必须合格。

（3）本工程主楼部分地下室底板砼厚度1.8m，裙楼部分地下室底板砼厚度1m，门诊大厅的顶梁截面500mm×1200mm、跨度15.6m，这些都是大体积砼浇筑，其实施难点是如何控制温度应力和收缩应力共同作用，从而控制大体积砼结构裂缝的产生。

应对措施及监理工作重点如下：

①合理选择混凝土配合比，尽量选用水化热低和安定性好的水泥，并在满足设计强度要求的前提下，尽可能减少水泥用量，以减少水泥的水化热；施工中严格控制混凝土配合比及坍落度。

②控制石子、砂子含泥量不超过1%和2%。

③根据施工季节不同，分别采用降温法和保温法施工。夏季采取降温法施工，冬期采用保温法施工。

④采取分层法浇混凝土。分层振捣密实，以使混凝土的水化热尽快散失。分层浇混凝土时，下层混凝土强度达到$1.2N/mm^2$后才能进行上层浇混凝土。

⑤做好测温工作，严格控制混凝土内外温差；严格按方案要求做好测温工作。测温点的布置必须有代表性，应布置在表面、底部、中部，竖向间距0.5~0.8m，平面间距2.5~5m。

⑥在混凝土中掺入少量粉煤灰和减水剂，以减少水泥用量，也可掺入缓凝剂，推迟水化热的峰值期。

⑦掺入适量的微膨胀剂或膨胀水泥，使混凝土得到补偿收缩，减少混凝土温度应力。

⑧施工前，针对工程特点，施工单位应编制混凝土浇筑方案及防止混凝土开裂的技术措施。

⑨重点做好养护工作。特别是冬季、夏季，应分别制定相应养护措施。

⑩泌水和浮浆处理。大体积混凝土分层浇筑时，上下层施工间隔时间长，因此混凝土表面易产生泌水层，应采取有效措施予以解决。

（4）本工程门诊大厅顶部梁的梁底标高达17.1m，且梁截面达500mm×1200mm，砼自重大，其实施难点是如何保证其高大模板支撑系统安全、可靠和有效。

应对措施及监理工作重点如下：

①审查高大模板支撑系统专项施工方案。高大模板支撑系统专项施工方案应先由施工单位技术部门组织本单位施工技术、安全、质量等部门的专业技术人员进行审核，经施工单位技术负责人签字后，组织专家论证会进行专家论证。

专项方案经论证后需做重大修改的，应当按照论证报告修改，并重新组织专家进行论证。

②确保高大模板支撑系统使用材料和构造符合有关安全技术规范的要求。

③搭设前，要求项目技术负责人向项目管理人员和搭设人员进行技术交底，并做好书面交底签字记录。

④搭设前，应严格检查立杆地基、钢管、扣件等是否符合专项方案和规范要求，未经

监理机构同意不准搭设。

⑤搭设中，加强过程监控，要求搭设人员严格执行经专家论证同意的施工专项方案及有关安全技术规定，对底座及基础、立杆间距、纵横向扫地杆和水平杆、立杆对接、可调顶托及悬伸长度、纵横向水平剪刀撑及四周与建筑物是否形成可靠连接等，适时进行巡视和检查，并做好监控记录。

⑥高大模板支撑系统搭设完成后，须组织验收，验收合格方可进入下道工序的施工。

⑦浇筑混凝土前，监理机构须组织对高大模板支撑系统进行复检，未经复检合格，不得浇筑混凝土。

⑧核查混凝土同条件试块强度报告，浇筑混凝土达到拆模强度后，方可拆除高大模板支撑系统。

⑨严格控制拆除作业自上而下逐层进行，严禁上下层同时进行拆除作业，分段拆除的高度不应大于两层。

（5）本工程设有百级、千级和万级手术室，其实施难点是如何通过控制土建和净化空调系统净化工程施工质量，使手术室的洁净度诸指标分别达到百级、千级和万级的要求。

应对措施及监理工作重点如下：

①控制不同于常规房屋建筑工程的正确洁净工程的土建施工程序。

②抓好洁净室施工中各专业施工的作业协调。

③控制好净化空调系统的清洁性、严密性及高效过滤器的正确安装。

④控制除菌、灭菌和维持无菌状态。

⑤控制空气洁净度、浮游菌和沉降菌、静压差、风速或风量及空气过滤器泄漏等检测、试验。

（6）本工程楼内，特别是走廊、过道顶棚内，管道多、标高不一、交叉多，施工单位也多，各种管道安装顺序很严格；室外管线种类多，同样也是标高不一、交叉多、安装量大，施工有一定难度。这些安装工程施工对院区内的道路运输影响较大，其安装时间又限制在特定时段，因而合理安排施工顺序和进度，做好协调工作有一定难度。

应对措施及监理工作重点如下：

①审查各相关专业的施工图，尤其是审查梁的标高、吊顶的标高是否同水、电、暖、风等管道的安装相矛盾；各安装工程的管道、支架安装是否相互干涉，组织好开工前的专业会审和协调工作。

②协调好各专业工程的施工进度计划。

4. 监理工作范围

负责施工图纸交底会审，施工阶段质量控制、进度控制、投资控制，信息管理，组织协调，档案资料管理，安全生产和文明施工管理以及对已完工程量进行审核。

5. 监理工作内容

（1）建筑结构，包括桩基、围护结构、地下基础及地上结构。

（2）建筑安装，包括建筑物内外的消防、给排水及采暖、供电、电气、防雷、通风与空调、弱电、通信、动力等。

（3）室外总体工程，包括围墙、门卫、道路、路灯、花坛、园路、地下管网等。

（4）配套工程，包括泵房、院区内市政配套的接口等。

（5）室内装修：包括病房样板房、入口大堂及电梯房，院区公共辅助设施部分等。

（6）审核施工单位已完工程数量（月报、工程签证）。

（7）密切配合建设单位做好甲供材料（设备）的供货计划、跟踪检查验收等工作，做好对各供货商合同履约情况的评审和对各施工单位甲供材料管理的考证工作。

（8）负责审核施工总包单位编制的竣工图。

（9）负责工程监理文件的整理和归档。

6. 监理工作目标

6.1 监理工作目标

质量目标：湖北省建筑优质工程楚天杯；

工期目标：总工期 730 天；

安全目标：创安全生产施工工地；

文明目标：文明施工工地。

6.2 质量目标分解

根据工程招标文件确定本工程达到国家施工验收规范合格标准，争创湖北省优质工程的质量目标，本公司对该工程实施委托监理的总目标是确保该工程竣工一次性验收合格。为实现质量总目标，按《建筑工程施工质量验收统一标准》（GB50300—2001）和相关专业的施工质量验收规范对本工程的质量总目标进行分解（见下表）。

序号	分部（子分部）工程	质量目标	目标要求
1	地基与基础工程	合格	所有分项工程必须符合 GB50202—2002 质量验收规范的规定，全部合格
2	混凝土结构	合格	所有分项工程必须符合 GB50204—2002（2011 年版）质量验收规范的规定，全部合格
3	建筑装饰装修	合格	所有分项工程必须符合 GB50210—2001 质量验收规范的规定，全部合格

续表

序号	分部（子分部）工程	质量目标	目标要求
4	建筑屋面	合格	（1）所有分项工程必须全部符合 GB50207—2002 质量验收规范的规定，全部合格 （2）屋面防水层完成后，对整个层面进行浇水试验，时间≥12 小时，然后进行漏渗观察
5	建筑给水、排水及采暖	合格	所有的分项工程必须符合 GB50242—2002 质量验收规范的规定，全部合格
6	建筑电气	合格	所有分项工程必须符合 GB50303—2002 质量验收规范的规定，全部合格
7	智能建筑	合格	所有分项工程必须符合 GB50339—2003 质量验收规范的规定，全部合格
8	通风与空调	合格	所有分项工程必须符合 GB50243—2002 质量验收规范的规定，全部合格
9	电梯	合格	所有分项工程必须符合 GB50310—2002 质量验收规范的规定，全部合格
10	建筑节能	合格	所有分项工程必须符合 GB50411—2007 质量验收规范的规定，全部合格

6.3 进度目标分解

工期要求：总工期约 730 日历天。

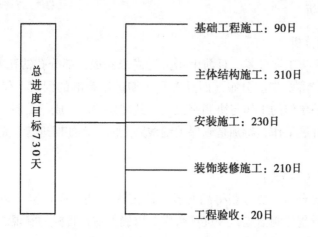

基础工程施工：90日

主体结构施工：310日

安装施工：230日

装饰装修施工：210日

工程验收：20日

总进度目标730天

待施工单位制定总进度网络计划后，再对工期进行更具体和针对性的分解，特别是对关键线路上关键工作时间节点进行分解。

7. 监理工作依据

（1）法律、法规依据：《中华人民共和国建筑法》、《中华人民共和国合同法》、《中华人民共和国安全生产法》、《中华人民共和国消防法》、《中华人民共和国环境保护法》、《建设工程质量管理条例》、《建设工程安全生产管理条例》、《民用建筑节能条例》、《安全生产许可证条例》。

（2）规范和标准依据：《建设工程安全生产管理条例》、《建设工程监理规范》、《建设工程施工质量验收统一标准》（GB50300—2001）、《建筑地基基础工程施工质量验收规范》（GB50202—2002）、《砌体工程施工质量验收规范》（GB50203—2011）、《混凝土结构工程施工质量验收规范》（GB50204—2002，2011 年版）、《屋面工程质量验收规范》（GB50207—2002）、《地下防水工程质量验收规范》（GB50208—2011）、《建筑地面工程施工质量验收规范》（GB50209—2002）、《建筑装饰装修工程施工质量验收规范》（GB50201—2001）、《建筑给水排水及采暖工程施工质量验收规范》（GB50242—2002）、《通风与空调工程施工质量验收规范》（GB50243—2002）、《建筑电气工程施工质量验收规范》（GB50303—2002）、《电梯工程施工质量验收规范》（GB50310—2002）、《智能建筑工程施工质量验收规范》（GB50339—2003）、《建筑节能工程施工质量验收规范》（GB50411—2007）、《混凝土强度检验评定标准》（GB/T50107—2010）。

（3）合同依据：委托监理合同、施工总承包合同、分包合同。

（4）设计文件依据：设计交底、设计图纸、设计变更。

8. 工程项目风险分析及风险防范措施

8.1 项目风险分析

1）工期目标风险分析

本工程工期 730 天，工期较紧，目前由于拆迁尚未完成，部分孔钻孔勘察尚未实施，尚未完全探明石灰岩岩溶及裂隙分布，而且工程工期进度影响的因素不仅与施工单位有关，还与工程建设相关单位的工作与协调有关联，其结果往往造成赶工期。因此，能否按审定的网络进度计划开展工作，特别是确保关键线路上的工作如期进行，是存在着不确定风险的。

2）工程质量目标风险分析

本工程质量目标要求高，要求获得湖北省优质工程（楚天杯）奖，必须进行质量目标分解，采用有效的质量控制措施，并逐项落实，以确保质量目标的实现。因此，能否使参加工程建设的所有单位和人员都能按质量目标的要求，对项目建设全过程的质量进行有效的主动控制、过程控制，以达到质量目标，特别是保证地下室 1.8m 厚底板和门诊大厅 500mm×1200mm 截面、15.6m 跨度梁的大体积混凝土浇筑、地下防水工程、手术室净化工程、医用各种管道工程等分部分项工程符合设计与规范要求，是有风险的。

3）投资控制目标风险分析

装饰装修工程由于材料的原因，容易引起施工过程频繁的设计变更和工程洽商，可能会造成工程造价的突破，因此应严格履行设计变更、工程洽商的审批程序，未经批准或手续不全的变更、洽商不得实施。对建设期间市场上的材料、构配件及设备的价格上涨，应积极筹措资金，合理安排材料、构配件及设备的供应计划，尽可能降低因工程造价突破，把涨价的额度控制在预计的"涨价预备费"之内。不切实际地提出加快工程进度（即抢工期），也会造成工程费用的增加，应严格审核项目工程总进度计划，合理确定单项施工顺序，进度目标应与实际运营计划相互一致。

4）安全生产目标风险分析

本工程有深基坑、地下室、悬挑脚手架、高大模板支撑系统等危险性较大的分部分项工程，加上单体建筑面积大，达 5 万多平方米，投资额多、质量标准、技术水平要求高，施工交叉作业多，要特别强调做好安全管理工作。项目施工过程中存在着施工单位是否能保证建立安全生产保证体系、认真贯彻安全目标责任制、各项安全施工制度并保证各项安全防范措施落实到位的风险。

5）设备、材料供应风险分析

各种手术室设备、检查化验设备、净化设备以及各种建安设备的供货周期、安装和技术服务可能不及时，或是材料运抵现场后检验发现达不到规范规定的质量标准及专业工艺要求，因此，能否确保在工期目标、质量上对供货商行为进行有效约束是存在着风险的。

8.2　项目风险防范措施

（1）由于尚未完全探明石灰岩岩溶及裂隙分布，建议在桩基施工前进行勘察（超前钻）以确保建筑物基础的稳定性。施工勘查过程中若发现有异常情况，应增加超前钻数量。实际桩长待施工勘查报告提供后确定。

（2）认真审查施工单位的施工组织设计和深基坑支护与土方开挖、地下室底板及门诊大厅顶梁大体积混凝土浇筑、高大模板支撑系统、净化空调系统、幕墙等工程专项施工方案，并进行风险分析，查明施工单位是否已经认识到项目可能会遇到风险，是否能够按照合同要求的各项目标如期完成项目，并提醒施工单位考虑风险，澄清某些标书中不明确的问题，避免未来的合同纠纷。

（3）采用动态控制的方法主动定期对工程项目进度、质量与工程造价进行分析，并采取有效的控制工程进度风险、控制工程质量风险和控制工程造价风险的措施，切实地进行风险管理。

9. 项目监理机构的组织形式

本工程按直线制组织结构组建现场监理机构（见下表）。

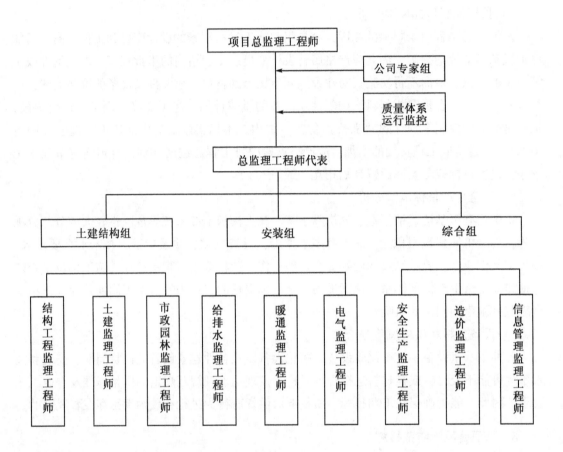

10. 项目监理机构的人员配备计划

姓名	职称	职务	岗位证书编号
		总监理工程师	
		总监理工程师代表	
		结构监理工程师	
		土建监理工程师	
		土建监理工程师	

续表

姓名	职称	职务	岗位证书编号
		土建监理工程师、安全监理工程师	
		给排水、暖通监理工程师	
		电气、智能建筑监理工程师	
		监理员、见证员	
		监理员、资料员	
		造价工程师	

11. 项目监理机构的人员岗位职责

11.1　总监理工程师的职责

（1）确定项目监理机构人员的分工和岗位职责，负责管理项目监理机构。

（2）主持编写项目监理规划、审批项目监理实施细则。

（3）根据项目进展情况调整监理人员，检查监理人员的工作，对不称职的人员应进行调换。

（4）主持监理工作会议，签发项目监理机构的文件和指令。

（5）组织审核分包单位的资格。

（6）组织审核施工单位提交的施工组织计划、开工报告、复工申请、技术方案、进度计划等。

（7）组织检查施工单位项目经部的质量、安全管理体系的建立情况。

（8）审核签署施工单位的付款申请，签发支付证书，组织审核工程结算。

（9）根据建设单位授权，组织审核和处理工程变更。

（10）调解建设单位与承包单位的合同争议、处理费用与工期索赔事宜。

（11）审核签认分部工程和单位工程的质量检验评定资料，审查施工单位的竣工申请，组织监理人员对待验收的工程项目进行质量检查，参与工程项目的竣工验收。

（12）参与或配合对工程质量安全事故的调查和处理。

（13）定期检查建立日志，组织编写并签发监理月报、项目监理工作总结，主持整理项目监理文件。

11.2　总监理工程师代表的职责

总监理工程师代表应按照总监理工程师的授权履行相应职责。总监理工程师不得将下列工作委托给总监理工程师代表：

（1）主持编写项目监理规划、审批项目监理实施细则。

（2）组织审核工程开/复工报审表、工程暂停令、工程款支付证书、工程竣工（设备出厂）报验单。

（3）审核签认结算报表。

（4）调解建设单位与施工单位的合同争议、处理索赔。

（5）根据项目进展情况进行监理人员的调配，调换不称职的监理人员。

11.3 专业监理工程师的职责

专业监理工程师应履行下列职责：

（1）参与编制监理规划，负责编制本专业的监理实施细则。

（2）负责本专业监理工作的实施，指导、检查监理员的工作，向总监理工程师提交监理工程实施情况报告。

（3）审查施工单位提交的涉及本专业的报审文件。

（4）参与审核分包单位资格。

（5）核查进场材料、设备、构配件的原始凭证、检测报告等质量证明文件及质量情况，对进场材料、设备、构配件进行见证取样或平行检验。

（6）负责本专业检验批、分项工程验收及隐蔽工程验收。

（7）进行现场巡视，发现质量问题和安全隐患及时处理，必要时向总监理工程师报告。

（8）负责本专业的工程计量工作，审核工程计量的数据和原始凭证。

（9）参与审核工程变更。

（10）根据监理工作实施情况做好监理日志，参与编写监理月报。

（11）负责有关监理资料的收集、汇总及整理。

（12）参加工程项目竣工预验收和竣工验收。

11.4 监理员的职责

监理员应履行以下职责：

（1）在专业监理工程师的指导下开展现场监理工作。

（2）检查施工单位投入工程项目的人力、材料、主要设备及其使用、运行状况，并做好检查记录。

（3）复核或从施工现场直接获取工程计量有关数据并签署原始凭证。

（4）按设计图及有关标准，对施工单位的工艺过程或施工工序进行检查和记录，对加工制作及工序施工质量检查结构进行记录。

（5）担任旁站工作，及时填写旁站记录表，检查施工单位的作业情况，发现问题及时指出并向专业监理工程师报告。

（6）做好有关的监理记录。

12. 监理工作程序

12.1 施工前期工作程序

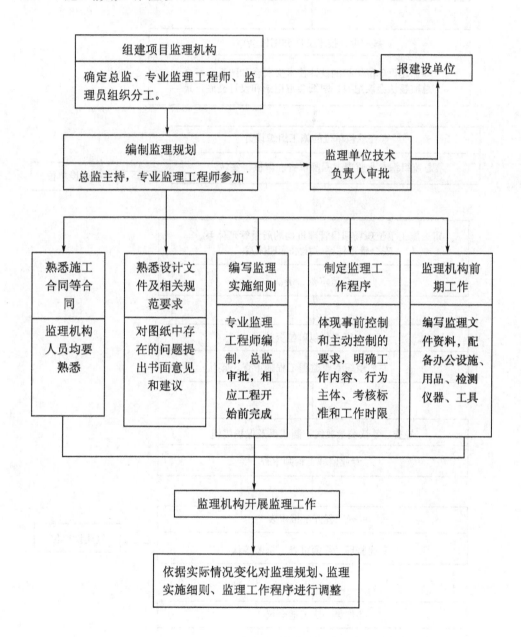

12.2 施工准备阶段监理工作程序

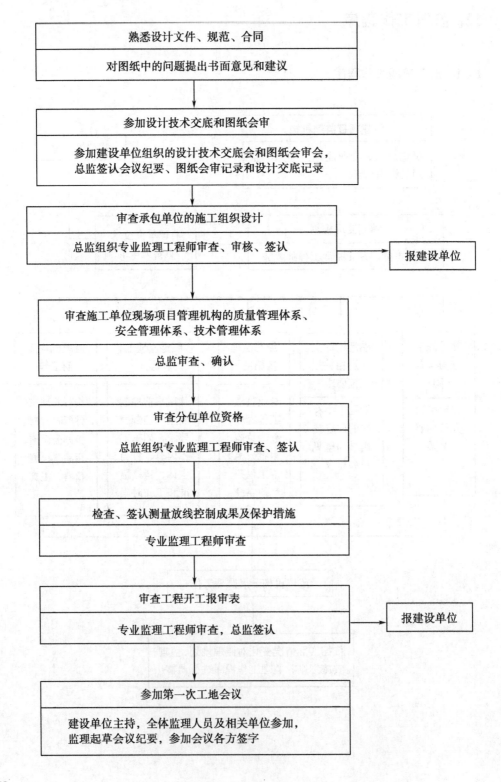

熟悉设计文件、规范、合同

对图纸中的问题提出书面意见和建议

参加设计技术交底和图纸会审

参加建设单位组织的设计技术交底会和图纸会审会，
总监签认会议纪要、图纸会审记录和设计交底记录

审查承包单位的施工组织设计

总监组织专业监理工程师审查、审核、签认 → 报建设单位

审查施工单位现场项目管理机构的质量管理体系、
安全管理体系、技术管理体系

总监审查、确认

审查分包单位资格

总监组织专业监理工程师审查、签认

检查、签认测量放线控制成果及保护措施

专业监理工程师审查

审查工程开工报审表

专业监理工程师审查，总监签认 → 报建设单位

参加第一次工地会议

建设单位主持，全体监理人员及相关单位参加，
监理起草会议纪要，参加会议各方签字

12.3 工程项目竣工验收程序

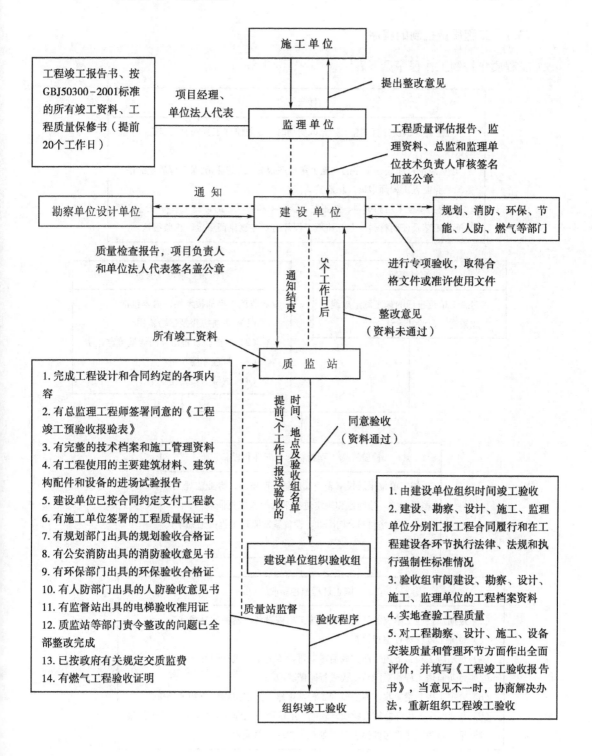

13. 工程项目质量控制

13.1 工程质量控制的程序

工程质量控制工作程序见下表。

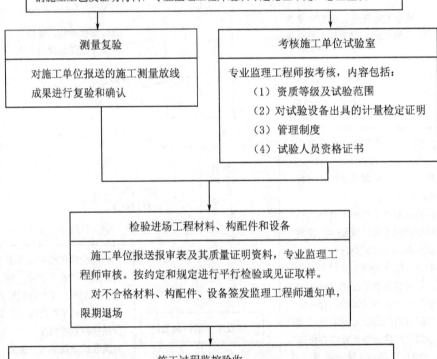

13.2　工程质量控制的原则

（1）以《建筑工程施工质量验收统一标准》（GB50300—2001）及各专业工程施工质量验收规范等为依据，督促承包单位全面实现工程合同约定的质量目标。

（2）对工程项目施工全过程实施质量控制，以质量预控为重点。

（3）施工现场质量管理应有相应的施工技术标准、健全的质量管理体系、施工质量检验制度和综合施工质量水平评定考核制度。

（4）本工程应按下列规定进行施工质量控制：

①工程采用的主要材料、半成品、成品、建筑构配件、器具和设备应进行现场验收。凡涉及安全、功能的有关产品，应按各专业工程质量验收规范规定进行复验，并应经项目监理部检查认可。

②各工序应按施工技术标准进行质量控制，每道工序完成后应进行检查。

③相关各专业工种之间应进行交接验收，并形成记录。未经项目监理检查认可，不得进行下道工序施工。

13.3　工程质量的事前控制

1）核查施工单位的质量管理体系

（1）查验施工单位的机构设置、人员配备、职责与分工的落实情况。

（2）督促各级专职质量检查人员的配备。

（3）检查各级管理人员及专业操作人员的持证情况。

（4）检查施工单位质量管理制度是否健全。

2）审查分包单位和实验室的资质

（1）施工单位填写《分包单位资质报审表》。

（2）核查分包单位的营业执照、企业资质等级证书、安全生产许可证、岗位证书等。

（3）核查施工单位的业绩。

（4）经审查合格，签批《分包单位资质报审表》。

（5）查验实验室资质。

3）查验施工单位的测量放线

（1）施工单位应将红线桩校核成果、水准点的引测结果填写《施工测量放线报验表》，并附《工程定位测量记录》报项目监理部。

（2）施工单位在施工场地设置平面坐标控制网（或控制导线）、高程控制网后，应填写《施工测量放线报验表》报项目监理部，由监理工程师签认。

（3）对施工轴线控制桩的位置，各楼层墙柱轴线、边线、门窗洞口位置线、水平控制线、轴线竖向投测控制线等放线结果应填写《施工测量放线报验表》，并附《楼层放线记录》报项目监理部签认。

（4）《沉降观测记录》采用《施工测量放线报验表》报验。

4）签认材料的报验

（1）要求施工单位按有关规定对主要材料进行复试，并将复试结果及材料备案资料、出厂质量证明等随工程材料/构配件/设备报审表报项目监理部签认。

（2）对新材料、新设备，要检查鉴定证明和确认文件。

（3）对进场材料按规定进行有见证取样试验。

（4）必要时，进行平行检验或会同建设单位到材料厂家进行实地考察。

（5）审查混凝土、砌筑砂浆配合比申请及混凝土浇灌申请，并对现场管理进行检查；对预搅拌混凝土生产单位资质和生产能力进行考察。

5）签认购配件、设备报验

（1）审查构配件和设备厂家的资质证明及产品合格证明、进口材料和设备商检证明，并要求施工单位按规定进行复试。

（2）参与加工订货厂家的考察、评审。

（3）要求施工单位对拟采用的构配件和设备进行检验、测试，合格后，填写《工程材料/构配件/设备报审表》报项目监理部。

（4）监理工程师进行现场检验、签认审查结论。

6）检查进场的主要施工设备

（1）要求施工单位在主要施工设备进场并调试合格后，报项目监理部。

（2）审查施工现场主要设备的规格、型号是否符合施工组织设计的要求。

（3）要求施工单位有需要定期检定的设备（如仪器等）的检定证明。

7）审查主要分部（分项）工程施工方案

（1）要求施工单位对主要分部（分项）工程或重点部位，关键工序在施工前，将施工工艺、材料使用、劳动力配置、质量保证措施等情况编写专项施工方案，填写《工程技术文件报审表》报项目监理部。

（2）当施工单位采用新技术、新工艺时，应审查其提供的鉴定证明和确认文件。

（3）要求施工单位将季节性施工方案（冬施、雨施等），在施工前报项目监理部。

（4）施工方案经监理工程师审核后，由总监理工程师签发审核结论。

（5）施工方案未经批准，该分部（分项）工程不得施工。

13.4 施工过程中的质量控制

1）对施工现场有目的地进行巡视检查和旁站

（1）对巡视过程中发现的问题，及时要求施工单位予以纠正，并记入《监理日志》和巡视记录。

（2）对施工过程的关键工序、重点部位进行旁站、并做好旁站记录。

（3）对所发现的问题可先口头通知施工单位改正，然后及时签发《监理工程师通知单》。

（4）施工单位应将整改结果填写《监理工程师通知回复单》，报项目监理部进行复查。

2）验收隐蔽工程

（1）要求施工单位按有关规定对隐蔽工程先进行自检，自检合格后，填写《隐蔽工程检查记录》报送项目监理部。

（2）对《隐蔽工程检查记录》的内容到现场进行检测、抽查。

（3）对隐检不合格的工程，填写《不合格项处置记录》，要求施工单位整改，合格后再予以复查。

对隐检合格的工程签认《隐蔽工程检查记录》，并批准进行下一道工序。

13.5　工程质量验收

工程施工质量验收是工程质量控制的一个重要环节，它包括工程施工质量的中间验收和工程的竣工验收两个方面。通过对工程建设中间产出品的最终产品的质量验收，从过程控制和终端把关两个方面进行工程项目的质量控制，以确保达到建设单位所要求的功能和使用价值，实现建设投资的经济效益和社会效益。

（1）工程质量应按下列要求进行验收：

①工程施工质量应符合《建筑工程施工质量统一标准》（GB50300—2001）和相关专业验收规范的规定。

②工程施工应符合工程勘察、设计文件的要求。

③参加工程施工质量验收的各方人员应具备规定的资格。

④工程质量的验收应在施工单位自行检查合格的基础上进行。

⑤隐蔽工程在隐蔽前应由施工单位通知有关单位进行验收，并应形成验收文件。

⑥涉及结构安全的试块、试件以及有关材料，应按规定进行见证取样检测。

⑦检验批的质量应按主控项目和一般项目验收。

⑧对涉及结构安全和使用功能的重要分部工程应进行抽样检测。

⑨承担见证取样检测及有关结构安全检测的单位应具有相应资质。

⑩工程的观感质量应由验收人员通过现场检查，并应共同确认。

（2）检验批质量验收合格规定：

①主控项目和一般项目的质量经抽样检验合格。

②具有完整的施工操作依据、质量检查记录。

（3）分项工程质量验收合格规定：

①分项工程所含的检验批均应符合合格质量的规定。

②分项工程所含的检验批的质量验收记录应完整。

（4）分部（子分部）工程质量验收合格规定：

①分部（子分部）工程所含分项工程质量均应验收合格。

②质量控制资料应完整。

③地基与基础、主体结构和设备安装等分部工程有关安全及功能的检验和抽样检测结果应符合有关规定。

④观感质量验收应符合要求。

（5）单位（子单位）工程质量验收合格规定：

①单位（子单位）所含分部（子分部）工程的质量均应验收合格。

②质量控制资料应完整。

③单位（子单位）工程所含分部工程有关安全和功能的检测资料应完整。

④主要功能项目抽查结果应符合相关专业质量验收规范规定。

⑤观感质量验收应符合要求。

本工程的单位（子单位）工程、分部（子分部）工程、分项工程和检验批除应符合验收规范的合格质量规定外，还应符合结构"楚天杯"评审标准的要求。

（6）当工程质量不符合要求时，应按下列规定进行处理：

①经返工重做或更换器具、设备的检验批，应重新进行验收。

②经有资质的检测单位检测鉴定能够达到设计要求的检验批，应予以验收。

③经有资质的检测单位检测鉴定达不到设计要求，但经原设计单位核算认可能够满足结构安全和使用功能的检验批，可予以验收。

④经返修或加固处理的分项分部工程，虽然改变外形尺寸但仍能满足安全使用要求，可按技术处理方案和协商文件进行验收。

⑤通过返修或加固处理仍不能满足安全使用要求的分部工程、单位（子单位）工程，严禁验收。

（7）工程质量验收程序和组织如下：

①施工单位在完成一个检验批的施工，经过自检和施工试验合格后，报监理工程师查验，监理工程师对该检验批进行验收，并在《检验批质量验收记录》上签字。

当分项工程中检验批数量过大时，可与施工单位协商，约定报验次数，并在监理交底时予以明确。

②在完成分项工程后，施工单位应按分项工程进行报验，填写《分项/分部工程报验表》，并附《分项工程质量验收记录》和相关附件。

③施工单位在完成分部工程施工，经过自检合格后，应填写《分项/分部工程报验表》，并附《分部（子分部）工程质量验收记录》和相关附件，报项目监理部，总监理工

程师组织施工单位项目负责人和技术、质量负责人等进行验收；地基与基础、主体结构分部工程的勘察、设计单位工程项目负责人和施工单位技术、质量部门负责人也应参加相关分部工程验收。

④当工程达到交验条件时，应组织各专业监理工程师对各专业工程的质量情况、使用功能进行全面检查，对发现影响竣工验收的问题签发《监理通知》要求施工单位进行整改。

对需进行功能试验的项目，督促施工单位及时进行试验；认真审阅试验报告单，并对重要项目现场监督；必要时，请建设单位及设计单位派代表参加。

⑤总监理工程师组织竣工预验收如下：

a. 要求施工单位在工程项目自检合格并达到竣工验收条件时，将《工程竣工预验收报验表》和相应竣工资料（包括分包单位的竣工资料）报项目监理部，申请竣工预验收。

b. 总监理工程师组织项目监理部人员对质量控制资料进行核查，并督促施工单位完善。

c. 总监理工程师组织监理工程师和施工单位共同对工程进行检查验收。

d. 经验收需要对局部进行修改的，在修改符合要求后再验收，直至符合合同要求，总监理工程师签署《单位工程竣工预验收报验表》。

e. 预验收合格后，提出质量评估报告，整理监理资料。工程质量评估报告必须经总监理工程师和监理单位技术负责人审核签字。

f. 竣工验收。

建设工程竣工验收应当具备下列条件：

完成建设工程设计和合同约定的各项内容；

有完整的技术档案和施工管理资料；

有工程使用的主要建筑材料、建筑构配件和设备的进场试（检）验报告；

有勘察、设计、施工、监理等单位共同签署的质量合格文件；

有施工单位签署的工程保修书。

工程质量符合要求，由总监工程师会同参加验收的各方签署竣工验收报告。

14. 工程进度控制

14.1 工程进度控制的程序

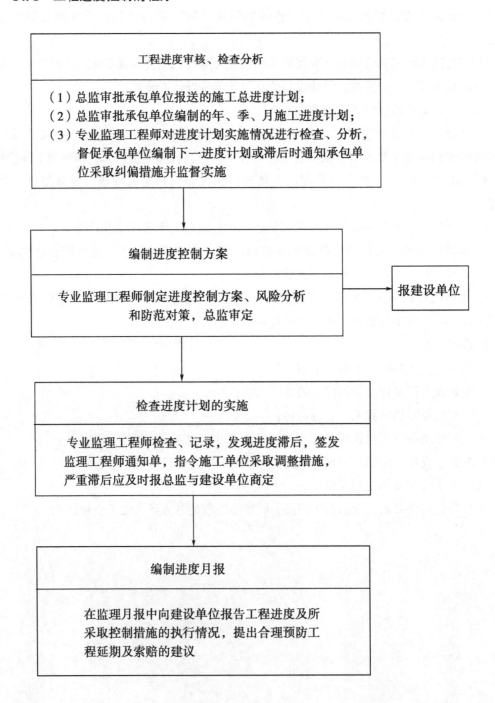

工程进度审核、检查分析

（1）总监审批承包单位报送的施工总进度计划；
（2）总监审批承包单位编制的年、季、月施工进度计划；
（3）专业监理工程师对进度计划实施情况进行检查、分析，督促承包单位编制下一进度计划或滞后时通知承包单位采取纠偏措施并监督实施

编制进度控制方案

专业监理工程师制定进度控制方案、风险分析和防范对策，总监审定

报建设单位

检查进度计划的实施

专业监理工程师检查、记录，发现进度滞后，签发监理工程师通知单，指令施工单位采取调整措施，严重滞后应及时报总监与建设单位商定

编制进度月报

在监理月报中向建设单位报告工程进度及所采取控制措施的执行情况，提出合理预防工程延期及索赔的建议

14.2　工程进度控制的原则

（1）确保建设项目的总目标——合同建设工期的实现。

（2）处理好进度、质量和投资三者的关系，保证进度控制与质量控制、投资控制的协调，客观地做到在保证质量和安全的前提下，使进度合理，节约使用投资。

（3）对影响进度的各种因素进行全面的分析和预测，使进度目标制订得更符合实际，既积极进取又稳妥可靠；便于事先制定预防措施，事中采取有效办法，事后进行妥善补救，达到缩小实际进度与计划进度的偏差，实现对进度的主动控制和动态控制的目的。

14.3　工程进度控制的任务

（1）编制施工总进度计划并控制其执行。

（2）编制施工年、季、月实施计划，并控制其执行。

（3）施工进度控制中的具体任务：

①协助建设单位编写开工报告，适时发布开工令；

②审批承建单位提出的施工组织设计、施工方案、施工进度计划及年、季、月度实施计划，提出修改意见；

③实施对施工进度的监督、检查职能，定期检查实际进度是否按计划进行，督促承建单位采取有效措施纠正进度偏差，或及时修改计划以保证计划期进度目标及总进度目标的实现；

④做好各有关单位间的协调工作，预防和排除对施工进度的干扰，保证顺利施工；

⑤督促材料、设备与机具的计划供应；

⑥按合同规定和政策法规公正处理进度拖延，正确区分和审批工程延误和工程延期，调解建设单位和承建单位之间的有关争议；

⑦必要时，发布停工令和复工令；

⑧督促承建单位整理技术档案资料，协助建设单位组织设计单位、施工单位进行工程竣工初步验收，编写竣工验收报告。

14.4　工程进度控制的重点

施工阶段是建设工程实体的形成阶段，是建设工程进度控制的重点。根据总工期对工程进度的控制要求，科学、合理地确定施工进度控制目标，本着合理安排土建与设备的综合施工，结合工程的特点和同类建设工程监理的经验，做好协调物资供应能力与施工进度的平衡工作，以促使施工单位确保工程进度目标的实现。

对进度、劳动力、材料、投资等方面的信息进行信息化动态管理，优化、深化施工组织，以科学为依据，运用统筹方法、网络技术合理配置资源。

进度控制的关键是对关键线路完成时间的控制，做到这一点，就能使工程按合同工期完工，达到进度控制目标。在审核施工组织设计时认真审核施工进度计划，看其关键工序和关键线路设置是否合理，主要施工工序安排时间是否合理，冬、雨期施工等因素的影响是否考虑，专业分包进场时间和主要、特殊材料、设备进场时间是否合理，提出修改意见，与建设单位、总包单位一起确认施工总进度计划。

施工过程中，对施工进度进行动态控制，总进度计划控制年度进度计划，年度进度计划控制季、月度进度计划，将月计划落实到周、日，随时将关键工序完成时间与计划完成时间进行比较，并有预测性，发现偏差时，从人、机、料、法、环五个方面分析原因，协助承包单位及时调整解决，保证工程按合同工期完成。

为做好本工程进度控制工作，项目监理部工作的初期将认真做好以下监理工作：

（1）组建精干、高效、团结、战斗力强的监理机构，提供充足的监理设施保证。

（2）积极与建设单位、设计单位、施工单位及各协作单位沟通，主动做好协调配合工作，创作良好的外部环境，减少对施工的干扰。

（3）要求施工单位根据建设工程合同的约定，按时编制施工总进度计划、季度进度计划、月进度计划，并按时填写《施工进度计划报审表》，报项目监理部审批。

（4）根据本工程的条件及施工队伍的条件，全面分析施工单位的编制和施工总进度计划的合理性、可行性。

（5）施工总进度计划应符合施工合同中竣工日期规定，可以用横道图或网络图表示，并应附有文字说明。监理部对网络计划的关键线路进行审查、分析。

（6）对季度及年度进度计划，要求施工单位同时编写主要工程材料、设备的采购及进场时间等计划安排。

（7）项目监理部对进度目标进行风险分析，制定防范性对策，确定进度控制方案。

（8）总进度计划经总监理工程师批准实施，并报送建设单位，需要重新修改，应限时要求施工单位重新申报。

（9）本工程质量目标要求高，一经建成，将发挥其深远的社会效益和经济效益，因此必须强化技术管理，全面推动工程进度，协助施工单位解决施工过程中的重大技术难题，以确保施工工期。

（10）监督施工单位定期对工人进行技术培训，做好新进场工人的新工序开工前的技术交底，提高工人的素质和技术水平，提高工作效率，加快施工进度。

14.5 工程进度控制的方法

1）收集信息

（1）了解工程承包合同中有关进度的承诺和奖罚措施。

（2）按合同和施工组织设计的内容，检查施工单位的管理机构及人员配备。

（3）根据工程项目找出主要工序，确定施工作业面及决定是否可以采用流水或平行施工。

（4）对建设单位的总进度目标和分阶段进度目标要心中有数。

（5）掌握施工单位的进度计划和施工组织设计。

（6）在施工过程中，要了解每天、每周完成的工程量，相应的施工人员、机具数量以及不同的作业面的施工情况，每周所进的材料数量，成品和外加工计划执行情况，近阶段及整个施工期的气候变化情况及管线施工配合情况等。上述信息可以通过现场检查、去厂家检查、与施工单位交谈及要求施工单位书面汇报等方式取得。

2）对进度计划的实施监督

（1）项目监理部依据总进度计划，对施工单位实际进度进行跟踪监督检查，实施动态控制。

（2）按月检查月实际进度，并将与月计划比较的结果进行分析、评价，发现偏离，应签发《监理通知》要求承包单位及时采取措施，实现计划进度目标。

（3）要求施工单位每月 26 日前报《月工、料、机动态表》。

3）工程进度计划的调整

（1）发现工程进度严重偏离计划时，总监理工程师组织监理工程师进行原因分析，召开各方协调会议，研究应采取的措施，并指令施工单位采取相应措施，保证合同约定目标的实现。总监理工程师在《监理月报》中向建设单位报告工程进度和所采取的控制措施的执行情况，提出合理预防由建设单位原因导致的工程延期及其相关费用索赔的建议。

（2）必须延迟工期时，应要求施工单位填报《工期延期申请表》，报项目监理部。

（3）总监理工程师依据施工合同约定，与建设单位共同签署《工程延期报审表》，要求施工单位据此重新调整工程进度计划。

14.6　工程进度控制的措施

（1）组织措施：落实进度控制的责任，建立进度控制协调制度，及时督促施工单位充分利用人力、物力资源及时采取措施，防止可能发生的施工障碍与不利变化。

（2）技术措施：建立施工作业计划体系，用网络技术实现对工程基础上的动态控制，增加同进作业的施工面，采用高效能的施工机械设备，采用施工新工艺、新技术，缩短工艺过程间的技术间隙时间。

（3）经济措施：对由于承包方的原因拖延工期者进行必要的经济处罚，对工期提前者实行奖励。

（4）合同措施：按合同要求及时协商有关各方的进度，以确保项目形象进度的要求。

15. 工程造价控制

15.1 工程造价控制的程序

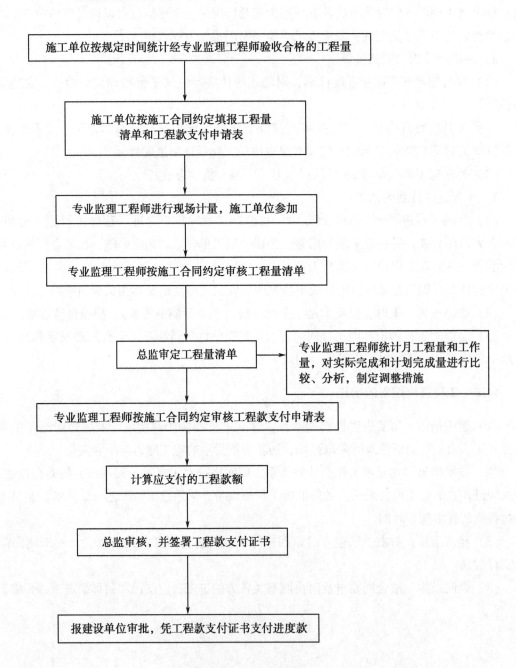

15.2 工程造价的事前控制

（1）审查标底、招投标文件及施工合同中关于工程造价控制的条款，并熟悉这些条款。

（2）熟悉施工单位编制的投标文件中工程量清单内容，以利在施工过程中进行动态控制。

（3）施工单位编制年、季、月度资金使用计划，然后报项目监理部审批。此项资金使用计划应与工程进度计划、材料设备购置计划、索赔等一致。

（4）从招投标文件、设计图纸、施工合同、材料设备订货合同中找出容易被突破的环节，做出风险分析及减少风险措施，并以此为工程造价控制重点。

（5）尽可能减少施工单位的索赔，具体措施有：

①按施工合同规定的日期提供施工场地及其他承诺的条件（如拆迁、水电供应、道路交通等）。

②按施工合同规定的日期提供施工图纸。

③按施工合同规定的日期、款额支付工程款。

④按施工合同规定的日期提供合同中规定由建设单位提供的材料、设备。

⑤预先处理好扰民问题，避免因此造成干扰引起向施工单位支付赔偿金。

⑥尽可能减少工程变更，必须变更时，应于变更实施前与建设单位、施工单位尽早达成工程变更后工程款调整的协议。

15.3 工程造价的事中控制

1）控制措施

（1）加强对工程造价动态控制。做好造价分析，在项目进行过程中，定期对项目造价情况进行分析，按照造价控制计划，分析造价计划值与实际值的偏差，寻找偏差原因，制定纠偏措施，并定期向建设单位汇报造价控制工作及存在的主要问题。

按月按时支付工程进度款，工程进度款应与完成的工程量挂钩；建立台账，以经常进行已支付工程款与投资完成情况的比较、分析与研究，如发现工程款有超支现象，应及时采取纠正措施。

严格控制设计变更、工程洽商，特别是因此而增加了工程造价时，更应慎重。

施工中引起变更的原因很多，如工程设计原因，实际与图纸不符；到货设备、材料规格与设计图纸不符、建设单位提高工程标准等，这些问题的产生一定会提高工程造价，尤其涉及费用增减的工程变更，要对变更内容进行确定，明确发生工程量的增减数据，过程中要保留一套完整的连续编号的设计跟单，并依据平时积累的工程第一手资料及甲乙双方签订的合同、中标书等其他有效文件，根据国家相关规定，对变更和提出索赔的申请进行审核把关。

（2）尽量减少发生索赔事件，不发生违约事件。及时收集、整理有关资料，为公正地处理索赔提供证据。

（3）提出降低工程造价的合理化建议，如采用新技术、新工艺、新材料、新设备，在保证工程质量与使用功能的前提下，降低工程造价或缩短工期。

（4）严格对工程款支付申请的签认，监理工程师认真审核后，由总监理工程师签认。

（5）严格审核设计、施工、材料设备订货等合同中涉及造价控制的条款，加强合同管理，特别应重视施工合同中的有关规定。

2）工程量计量

（1）工程量计量工作原则上每月一次，计量周期为上月 26 日至本月 25 日。

（2）施工单位于每月 26 日前，根据实际进度及经过监理工程师已签认的《分项/分部工程施工报验表》，将当月完成的施工量报项目监理部请予审核。

（3）专业监理工程师根据施工单位申报的工程量进行现场核查，核查时提前通知施工单位派代表共同参加现场计量核查工作，并共同在核查结果上签字。如施工单位不按时派代表参加，即可认为施工单位已同意监理工程师核查结果。总监理工程师对核查结果进行审核后予以签认。

（4）某些特定的分项分部工程的计量方法，可由项目监理部与建设单位、施工单位共同协商确定。

（5）及时建立月完成工程统计台账，对实际完成量与计划完成量进行比较、分析，制定调整措施。

3）工程款支付

（1）施工单位应按施工合同有关条款的规定及双方协商达成的协议，并按工程的实际进度提出申请。申请时应填报《工程款支付申请表》，并附加必要的附件，报送项目监理部审核，经审核批准后由总监理工程师签发《工程款支付证书》，由建设单位支付。

（2）工程质量保修期满，施工单位完成保修任务，经建设单位、监理单位验收合格并签发《保修完成证书》后，建设单位将保修保留金退还施工单位。

（3）建立工程款施工的统计台账，每月（季、年）对实际完成的工作量与计划完成量进行比较、分析，制定调整措施，并在《监理月报》中向建设单位报告。

15.4　工程竣工结算阶段的造价控制

在工程竣工结算阶段，总监理工程师应召集专业监理工程师认真、及时审核竣工结算，这是竣工阶段进行造价控制的重要环节。审核的具体内容包括竣工结算是否符合合同条款、招投标文件、结算是否按定额和工作计量规则、造价主管部门的调价规定等进行编制。要根据合同、图纸、定额及工程预算书等对工程变更、工程量增减、材料替换、甲方供应材料设备逐项审核，不重不漏，有疑问时，可查看当时的监理日记，并进行现场校核。

16. 工程安全施工管理职责

16.1 安全管理工作的程序

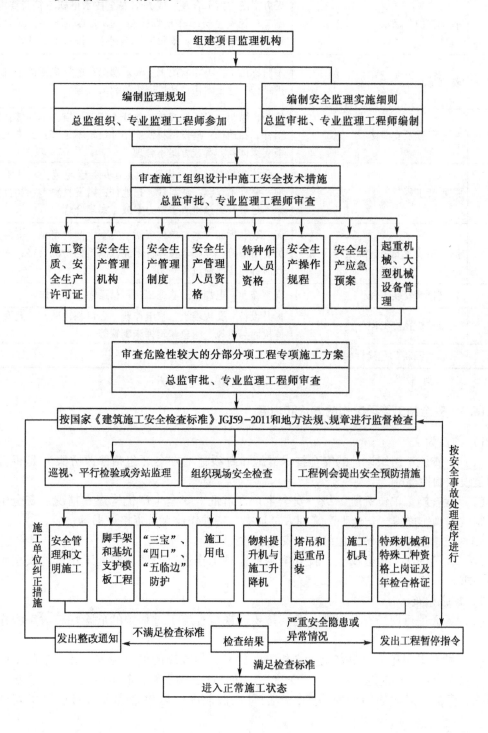

16.2 本工程危险性较大的分部分项工程

序号	危险性较大的分部分项工程名称	安全管理主要内容
1	基坑支护、降水	无方案或方案不合理、或方案安全技术措施不符合要求；施工过程安全员不在现场监督；施工质量不好，漏水漏沙；监测监控不力；抢救措施不到位；排水不及时等
2	基坑挖土	不对称挖土，不均衡挖土，局部超挖；挖掘机碰撞基坑支护结构；挖土太快；基坑周边荷载太大等
3	模板工程及支撑体系	横距、纵距、步距超规范；立杆不落地；横杆不连续；缺斜杆、扫地杆；搭设材料差；扣件扭矩不足等；无高大模板支撑体系方案或方案不合理
4	脚手架工程	与主体连接件不足，横距、纵距步距超规范；立杆不落地；横杆不连续；缺斜杆、扫地杆；搭设材料差；扣件扭矩不足等；无悬挑脚手架方案或方案不合理
5	起重吊装及安装拆卸工程	无安装、拆卸方案；单位资质、安全生产许可证、安装人员资格不符；基础未验算；未经检测机构检测合格；未经政府部门备案通过等
6	建筑幕墙安装工程	高空作业；电焊；吊篮施工；石材运输、悬挂作业
7	人工挖扩孔桩工程	提升设备、孔边堆土、临电作业、洞口临边防护、孔底气体检测与排风、应急软爬梯未配置等
8	采用"四新"危险性较大工程	

16.3 安全施工管理工作的方法和内容

1）预控为主

（1）审查施工组织设计的安全技术措施和专项施工方案（包括修改方案）是否符合工程建设强制性标准。

（2）检查施工单位资质等级、安全生产许可证、安全生产机构建立情况、安全生产规章制度和操作规程、安全生产管理人员证书、特种作业人员资格证书等。

（3）监督施工单位切实做好各项安全验收工作。

（4）在第一次工地会议上，就安全生产监理工作进行交底，对施工单位的安全生产提出要求。

2）加强检查

（1）每天进行现场安全巡视，尤其是要巡视检查施工过程中的危险性较大工程作业情况。

（2）做好定期和不定期安全生产检查，如月、旬或周的例行检查，开工前的全面检查，专项安全生产临时施工用电、"三宝"、"四口"、脚手架、起重吊装、基坑支护、土方开挖、模板、拆除等的专项检查，节假日放假前夕安全检查和节假日后复工安全检查等。

（3）规范地做好巡视检查、定期检查和不定期检查记录。

3）发指令文件

（1）发现存在安全事故隐患时，应及时发监理工程师通知单，要求施工单位整改，并检查整改结果。

（2）发现安全事故隐患严重时，应及时发工程暂停令，要求施工单位暂时停止施工，并及时报告建设单位。整改合格，经检查认可后，签发复工报审表。

（3）施工单位拒不整改或者不停止施工时，应及时向安全监督部门或其他有关主管部门报告。

4）召开专题会议

在施工过程中，定期和不定期地召开安全生产专题会议，提出安全生产要求，通报安全生产情况，告知安全生产检查结果。每次会议都应有会议签到、会议纪要和会议记录。

5）安全验收的管理

施工项目必须执行安全验收制度，应督促施工单位切实做好安全验收工作。

（1）验收范围：

①脚手杆、扣件、脚手板、安全帽、安全带、漏电保护器、临时供电电缆、临时供电配电箱以及其他个人防护用品；

②普通脚手架、满堂脚手架、井字架、龙门架等和支搭的各类安全网；

③高大脚手架以及吊篮、插口、挑挂架、悬挑式架手架、附着式整体升降脚手架等特殊架子；

④临时用电工程；

⑤各种起重机械、施工用电梯和其他机械设备。

（2）验收要求：

①脚手杆、扣件、脚手板、安全网、安全帽、安全带、漏电保护器以及其他个人防护用品，必须有合格的试验单及出厂合格证明，当发现有疑问时，请有关部门进行鉴定，认可后才能使用；

②井字架、龙门架的验收，由工程项目经理组织，工长、安全、机械管理等部门的有关人员参加，经验收合格后方能使用；

③普通脚手架、满堂脚手架、堆料架或支搭的安全网的验收，由工长或工程项目技术负责人组织，安全部门参加，经验收合格后方可使用；

④高大脚手架以及特殊架子的验收，由批准方案的技术负责人组织，方案制定人、安全部门及其他有关人员参加，经验收合格后方可使用；

⑤起重机械、施工用电梯的验收，由公司机械管理部门组织，有关部门参加，经验收合格后方可使用；

⑥临时用电工程的验收，由公司安全管理部门组织，电气工程师、方案制定人、工长参加，经验收合格后方可使用；

⑦所有验收都必须办理书面签字手续，否则验收无效。

⑧塔式起重机、物料提升机、施工升降机和建筑施工附着式升降脚手架由安装单位在安装调试完毕后，组织施工单位、监理单位相关人员进行验收，验收合格并按规定办理登记使用手续后方可使用。

17. 工程合同管理

17.1 合同管理的程序

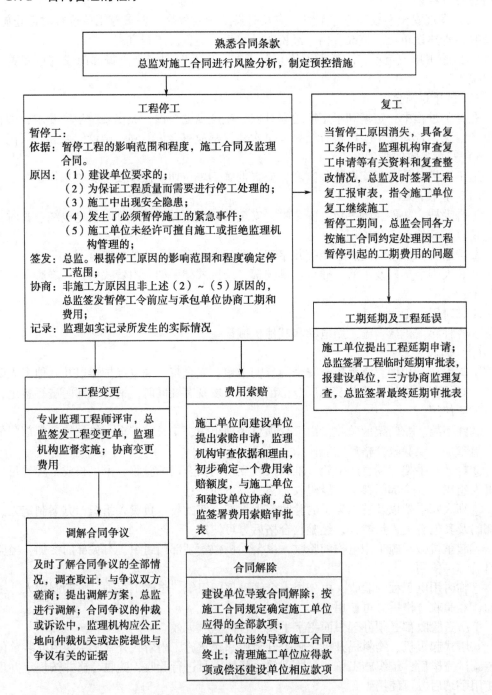

17.2 合同管理的原则

（1）事前控制：监理工程师采取预先分析、调查的方法；提前向施工单位和施工单位发出预示分析。调查的方法；提前向建设单位和施工单位发出预示，并督促双方认真履行合同义务，防止偏离合同约定事件的发生。

（2）及时纠偏：随时跟踪合同执行情况，发现偏离合同约定事件的发生。

（3）充分协商：在处理过程中，认真听取有关各方意见，与合同双方充分协商。

（4）公正处理：严格按合同有关规定和监理程序，公正、合理地处理合同其他事项。

17.3 施工合同管理其他工作的管理

主要内容包括：工程变更的管理，工程延期的管理，费用索赔的管理，合同争议的调解，违约处理，工程暂停及复工的管理。

17.4 工程变更的管理

（1）工程变更无论由何方提出，均需按工程变更的基本程序进行管理。

①建设单位提出工程变更，应填写《工程变更单》，经项目监理部转签。必要时，应委托设计单位编制设计变更文件，并签转项目监理部。

②设计单位提出工程变更，应填写《工程变更单》，并附设计变更文件，提交建设单位，并签转项目部。

③施工单位提出的工程变更，应填写《工程变更单》报送项目监理部，项目监理部审查同意后转呈建设单位，需要时，由建设单位委托设计单位编制设计变更文件，并签转项目监理部。

（2）工程变更记录的内容均应符合合同文件及有关规范、规程和技术标准的规定，并表述准确、图示规范。

（3）施工单位只有收到项目监理部签署的《工程变更单》后，方可实施工程变更。

（4）有关各方应及时将工程变更的内容反映到施工图纸上。

（5）施工工程变更发生增加或减少的费用，由承包单位填写《工程变更费用报审表》报项目监理部。项目监理部进行审核并与承包单位协商后，由总监理工程师签认，建设单位批准。

（6）工程变更的工程完成并经项目监理部验收合格后，按正常的计量和支付程序办理变更工程费用的支付。

（7）因工程变更导致合同延长时，按工程延期管理的基本程序进行管理。

（8）分包单位的工程变更应通过总承包单位办理。

18. 工程协调管理

18.1 项目监理机构内部的协调工作

以总监理工程师为核心，协调项目监理机构各专业、各层次之间的关系。

（1）每日召开项目监理机构内部协调会，全体监理人员参加，交流信息，安排布置工作。

（2）每周一次在监理例会之前召开协调会，统一步调，交流情况，决定监理例会的主要内容及会议召开程序。

（3）在某项专题会议或布置专项工作前召开协调会。

18.2 与建设单位之间的协调工作

（1）加强与建设单位及其施工现场代表的联系，听取对监理工作的意见。

（2）在召开监理例会或专题会议之前，先与建设单位施工现场代表进行研究与协调。

（3）必要时，与建设单位领导及其施工现场代表开碰头会，沟通各方面情况，并做出部署。

（4）邀请建设单位驻施工现场代表及专业技术人员，参加工程质量、安全、消防、文明施工及环保、卫生的现场会或检查会，使建设单位人员获得第一手资料。

（5）每月编写月报，向建设单位及时汇报有关信息。

（6）当建设单位不能听取正确意见或坚持不正当的行为时，应采取说服、劝阻；必要时，可发出备忘录，以记录在案，并明确责任。

（7）处理与施工单位的关系时，应保持公正的立场，并切实保护建设单位的正当权益。

（8）各专业监理工程师与建设单位各专业工程师要加强联系与交流。

18.3 与施工单位之间的协调工作

（1）及时了解工程项目各方面的信息以及当前存在的困难，以支援、协调、解决施工单位的困难为目的，达到实现提前预控的目的。

（2）要站在公正的立场上，维护施工单位的正当权益。

（3）从大局出发，从控制工程项目的总体目标处理与施工单位之间的关系。

（4）比较重大的协调工作必须由总监理工程师出面，必要时，要求建设、施工、监理单位的领导出面进行高一级的协调工作。

（5）为了做好协调工作，监理人员要深入现场取得第一手资料，以便预测可能出现的不利局面，采取措施，防患于未然。

18.4 与设计单位之间的协调工作

协助建设单位、承包单位根据工程进度需要与设计单位协商，制订施工图出图计划，并催促设计单位保质保量按期出图。

（1）对到场图纸进行盘点检查，避免漏项。

（2）配合建设单位安排施工图会审及设计交底，会审及交底结束后发出文件或修改图。

（3）加强对设计变更的审核管理，并监督施工单位按照设计变更文件施工。

（4）处理质量事故时，邀请设计人员参加，并要求提出处理方案或处理措施。

（5）发现施工图中存在的问题时，要及时与设计单位联系，并协助设计人员处理好这一问题。

（6）需要时，可请勘察、设计人员参加监理例会、专题工地会议以及技术研究等有关会议，并倾听他们的意见。

（7）邀请设计单位参加工程验收，并事前做好协调工作。

18.5　与建设工程质量监督部门之间的协调工作

主动接受质监部门的指导，及时如实地反映情况，充分尊重质监人员的职权与意见，要利用质监部门对施工的威慑作用。

19. 工程建筑节能工程监理

19.1　监理工作的主要内容

（1）参加建设单位组织的建筑节能工程设计技术交底会，总监理工程师对设计技术交底会议纪要进行确认。

（2）建筑节能工程会议前，审查施工单位报送的建筑节能工程专案施工方案，提出审查意见，并经总监理工程师审核、签认后报建设单位。项目监理机构督促施工单位对从事建筑节能工程施工作业的专业人员进行技术交底和必要的实际操作培训。

（3）对施工单位报送的拟进场的建筑节能工程材料、构配件、设备报审表及其质量证明资料进行审核，并对进场的实物按照规定的比例采用平行检验或见证取样方式进行抽检。

（4）督促施工单位做好相关工程的施工或安装记录，定期检查施工单位的直接影响建筑节能工程质量的施工、计量等设备的技术状况。

（5）对建筑节能工程施工过程进行巡视和检查。节能构造施工、构件安装、设备安装、系统调试时，项目监理机构核查施工质量，进行隐蔽工程验收，符合设计要求时才能进入下一道工序。对建筑节能隐蔽工程的隐蔽过程、下道工序施工后难以检查的重点部位，专业监理工程师应安排监理员进行旁站。

（6）建筑节能工程施工过程中，对以下项目进行核查，并应将核查的结果作为判定建筑节能分析工程验收合格与否的依据：

①施工图纸中建筑节能工程设计是否经施工图审查机构审查合格，完工后的工程实体是否与经审查的图纸一致（含涉及建筑节能效果的工程变更）；

②有关节能材料、构件、配件、设备的质量证明文件（包括必要的进场复试报告）；

③施工、安装是否与经审批的专项施工方案一致；

④施工过程质量控制技术资料；

⑤围护结构实体检验报告；

⑥系统节能效果检验报告。

（7）对建筑节能施工过程中出现的质量缺陷，及时下达监理工程师通知单，要求施工单位整改，并检查整改结果。

（8）发现建筑节能施工存在重大质量隐患，可能造成质量事故或已经造成质量事故时，应及时下达工程暂停令，要求施工单位停工整改。整改完毕并经监理人员复查，符合规定要求后，及时签署《工程复工报审表》。

（9）对需要返工处理或加固补强的建筑节能工程质量事故，责令施工单位报送质量事故调查报告和经设计单位等相关单位认可的处理方案，报项目监理机构对质量事故的处理过程和处理结果进行跟踪检查和验收。

（10）及时向建设单位及本监理单位提交有关质量事故的书面报告，并将完整的质量事故处理记录整理归档。

（11）对施工单位建筑节能工程技术资料进行审查，对其存在的问题要督促施工单位整改完善；建筑节能工程监理资料应及时整理归档，并要求真实完整、分类有序。

（12）在建筑节能分项工程完成后组织分项工程验收，在单位工程验收前主持建筑节能分部工程的施工质量验收。

19.2 施工准备阶段的建筑节能监理工作方法及措施

（1）建筑节能工程施工前，总监理工程师组织监理人员熟悉设计文件，参加施工图会审及设计交底。

①施工图会审：应审查建筑节能设计图纸是否经过施工图设计审查单位审查合格，未经审查或审查不符合强制性建筑节能标准的施工图不得使用。

②建筑节能设计交底：项目监理人员参加由建设单位组织的建筑节能设计技术交底会，总监理工程师对建筑节能设计技术交底会议纪要要认真签认，并对图纸中存在的问题通过建设单位向设计单位提出书面意见和建议。

（2）建筑节能工程施工前，总监理工程师应按照建筑节能强制性标准和设计文件，组织编制符合建筑节能特点的、具有针对性的监理实施细则。

（3）建筑节能工程开工前，审查施工承包单位报送建筑节能专项施工方案和技术措施，提出审查意见。

19.3 施工阶段的建筑节能监理工作方法及措施

（1）按下列要求审核施工承包单位报送的拟进场的建筑节能工程材料、构配件、设备报审表（包括墙体材料、保温材料、门窗部品、采暖空调系统、照明设备等）及其质量证明资料：

①质量证明材料（保温系统和组成材料质保书、说明书、型式检验报告、复验报

告），如：现场搅拌的粘结胶浆、抹面胶浆等，应提供配合比通知单是否合格、齐全，是否与设计和产品标准的要求相符。产品说明书和产品标识上注明的性能指标是否符合建筑节能标准。

②是否使用国家明令禁止或淘汰的材料、构配件、设备。

③有无建筑材料备案证明及相应验证要求资料。

④按照委托监理合同约定及建筑节能标准有关规定的比例，进行平行检验或见证取样、送样监测。

（2）当施工单位采用建筑节能新材料、新工艺、新技术、新设备时，要求施工单位报送相应的施工工艺措施和证明材料，组织专题论证，经审查定后予以签认。

（3）督促检查施工单位按照建筑节能设计文件和施工方案进行施工。监理工程师审查建设单位或施工单位提出的工程变更，发现有违反建筑节能标准时，应提出书面意见加以制止。

（4）对建筑节能施工过程进行巡视检查。对建筑节能施工中墙体、屋面等隐蔽工程的隐蔽过程、下道工序施工完工难以检查的重点部位进行旁站或现场检查，符合要求后予以签认。

（5）对施工单位报送的建筑节能隐蔽工程、检验批和分项工程质量验收资料进行审核，符合要求后予以现场签认。对施工单位报送的建筑节能分部工程和单位工程质量验收资料进行审核和现场检查，审核和检查建筑节能施工质量验收资料是否齐备，符合要求后予以签认。

（6）对建筑节能施工过程中出现的质量问题，及时下达监理工程师通知单，要求施工单位整改，并检查整改结果。

19.4　工程验收阶段的建筑节能监理工作方法及措施

（1）参与建设单位委托建筑节能测评单位进行的建筑节能能效测评。

（2）审查施工单位报送的建筑节能工程竣工资料。

（3）组织对包括建筑节能工程在内的预验收，对预验收存在的问题，督促施工单位进行整改，整改完毕后签署建筑节能竣工报验单。

（4）出具质量评估报告。在质量评估报告中必须明确执行建筑节能标准和设计要求的情况。

（5）签署建筑节能实施情况意见。在《建筑节能备案登记表》上签署建筑节能实施情况意见，并加盖监理单位印章。

20. 监理工作制度

20.1　监理组织管理制度

（1）公司按照委托监理合同中被委托监理工程的规模、监理范围及深度，建立总监理工程师负责制的组织机构。

（2）项目总监理工程师根据公司法定代表人的授权履行职责。

（3）项目总监理工程师负责组织和主持编写《监理规划》，报公司技术负责人审批后实施；《监理实施细则》由各专业监理工程师负责编写，报项目总监理工程师审核批准后实施。

（4）每周由项目总监理工程师召集监理部全体成员开会，总结上周监理工作，布置下周监理要求，讨论监理中有关的共性问题。

（5）项目总监理工程师（或指定其他专业监理工程师代表）参加现场定期召开的施工例会。

（6）每月由项目总监理工程师组织编制和签发工程项目监理月报，每月 2 日前上报与公司及建设单位。

20.2 监理会议制度

1）工地会议

（1）第一次工地会议。

时间：下达开工令之前；

主持：建设单位；

内容：相互了解，检查各方的准备情况，明确工程监理程序，下达有关表样，明确统计上报时间；

参会单位：建设单位、监理机构、总包、分包单位，必要时可约请质监站、安全站、设计单位参加。

（2）工地例会。

时间：每周一次（或每两周一次）；

主持：项目总监理工程师或总监理工程师代表。

2）监理部办公会议

时间：每周一次；

主持：项目总监理工程师或总监理工程师代表；

参加人员：监理部全体成员。

3）专题工地会议

（1）为解决合同实施中的专项问题，总监理工程师根据需要召开专题工地会议。

（2）专题工地会议由总监理工程师或其授权的专业工程监理工程师主持，合同各方与会议专题有关的负责人及专业人员应参加会议。

（3）项目监理部应做好会议记录，并整理会议纪要。

（4）会议纪要应由与会各方代表会签，发至合同有关各方，并应有签收手续。

20.3　监理工作报告制度

（1）每月2日前向建设单位及监理公司提供上月《监理月报》一份，报告上月监理工作各方面情况。

（2）在施工过程中，出现严重的质量、安全、进度等方面的问题时，应及时向建设单位报告。

（3）定期或不定期向监理公司汇报监理工作情况。

（4）工地出现各类重大问题时，应不超时限地向总监理工程师、建设单位、质量监督站及有关政府主管部门报告。

（5）对于监理的单位工程达到竣工条件时，在当地工程质量监督部门核验或验收前，均需总监理工程师组织工程竣工预验收，并经预验收合格后写出相应的工程质量评估报告，供质量监督部门核验或验收时参考。

20.4　监理日记及考勤制度

（1）项目监理部必须按日汇总填写监理工作日记，记载工程的情况、存在问题及处理情况。

（2）各专业监理工程师及监理员按专业监理情况记好专业工作监理日记，重点反映监理工程某一专业方面的情况及问题；重要问题应及时向总监理工程师呈报。

（3）工作日记应认真填写，妥善保管，每月集中归档备查。

（4）建立工地考勤制度，每日应如实填写出勤统计表（含节假日值班、夜间值班、倒休等），每月末将本月考勤统计表报公司办公室。

20.5　监理月报制度

要求：每月报送给建设单位和监理公司。

20.6　信息和资料管理制度

（1）总监理工程师或总监代表组织定期工地会议或监理工作会议，并整理会议纪要。

（2）专业监理工程师定期或不定期实施平行检验，检查施工单位材料、构配件、设备的状况以及工程质量的验收签认，并将有关信息收集后，向总监理工程师或总监代表汇报，及时进行分类、整理和归档。

（3）专业监理工程师督促检查施工单位及时整理施工资料，随时向总监理工程师或总监代表报告工作，并准确及时地提供有关资料。

20.7　对外行文审批制度

监理部行文 ⟶ 总监理工程师审核、签发 ⟶ 监理部登记盖章 ⟶ 监理部发送

21. 工程的旁站监理部位

分部工程	子分部（分项）工程	旁站部位
地基与基础	土方	土体扰动 回填土分层、压实
	人工挖孔桩	桩位、孔深、孔径、扩大头直径和高度测量、持力层土（岩）质 钢筋笼安放与连接 桩身混凝土浇筑
	筏板混凝土基础	混凝土浇筑 施工缝、变形缝、后浇带处理
	地下防水混凝土	防水混凝土浇筑 施工缝、变形缝、后浇带处理 穿墙管道、预埋件构造处理
主体结构	混凝土结构	混凝土浇筑和混凝土保护层厚度 施工缝处理
建筑装饰装修	地面	地面回填土分层、压实
	饰面板（砖）	后置埋件现场拉拔
	幕墙	后置埋件的拉拔力 幕墙易渗漏部位淋水
建筑节能	墙体节能	保温板粘结或固定 墙体热桥部位处理 被封闭的保温材料 保温隔热砌块填充墙体
	幕墙节能	被封闭的保温材料的固定
	门窗节能	门窗框与墙体接缝处的保温填充
	屋面节能	保温层的敷设、板材缝隙填充
	地面节能	保温材料粘结 隔断热桥部位
建筑屋面	卷材防水屋面 涂膜防水屋面 刚性防水屋面	保温层的铺设 卷材防水层粘结或热熔 涂膜防水层的涂抹 细部的防水构造

22. 工程混凝土试块见证取样计划

楼层	同条件养护试块具体部位	砼强度等级	同条件养护试块组数	标准养护试块组数
桩基		C30		6
地下室底板	1/C　5/B	C30	2	10
地下室剪力墙	11/D　8/A	C30	2	5
地下室顶板	2/E　6/C	C30	2	3
一层柱	3/F	C50	1	2
二层梁板	10/D	C30	1	3
二层柱	9/F	C50	1	2
三层梁板	6/D	C30	1	3
三层柱	7/D	C50	1	2
三层梁板	8/F	C30	1	3
四层柱	9/E	C50	1	2
四层梁板	8/F	C30	1	3
五层柱	9/F	C50	1	2
五层梁板	8/F	C30	1	3
六层柱	9/D	C50	1	1
六层梁板	8/C	C30	1	2
七层柱	7/B	C50	1	1
七层梁板	7/D	C30	1	2
八层柱	8/C	C50	1	1
八层梁板	8/B	C30	1	2
九层柱	9/D	C50	1	1
九层梁板	9/A	C30	1	2
十层柱	8/B	C50	1	1
十层梁板	8/A11/A	C30	1	2
十一层柱	10/B	C50	1	1
十一层梁板	7/D	C30	1	2
十二层柱	8/D	C50	1	1
十二层梁板	8/B	C30	1	2

楼层	同条件养护试块具体部位	砼强度等级	同条件养护试块组数	标准养护试块组数
十三层柱	8/A	C50	1	1
十三层梁板	9/B	C30	1	2
十四层柱	10/D	C50	1	1
十四层梁板	11/C	C30	1	2
十五层柱	9/B	C50	1	1
十五层梁板	9/B	C30	1	2
十六层柱	8/C	C50	1	1
十六层梁板	8/B	C30	1	2
十七层柱	5/B	C50	1	1
十七层梁板	3/C	C30	1	2
十八层柱	4/D	C50	1	1
十八层梁板	8/C	C30	1	2
十九层柱	8/D	C40	1	1
十九层梁板	5/C	C30	1	2
二十层柱	8/C	C40	1	1
二十层梁板	6/C	C30	1	2
二十一层柱	5/B	C40	1	1
二十一层梁板	7/D	C30	1	2
二十二层柱	7/D	C40	1	1
屋面层梁板	8/B	C30	1	3

23. 监理工作设施

23.1 办公设施及用品（略）

23.2 检测工具、仪器（略）

××中心综合楼钻孔灌注桩工程

监理实施细则

监理单位（盖章）：_____

总监理工程师（签字）：_____

专业管理工程师（签字）：_____

日　　　期：_____年_____月_____日

目　　录

1. 工程概况

  1.1　工程概况

  1.2　钻孔灌注桩工程概况

  1.3　难点分析及应对措施

2. 监理工作流程

3. 质量控制目标

4. 监理工作控制要点

  4.1　质量控制点

  4.2　旁站监理的旁站点

  4.3　监督活动的见证点

5. 监理工作方法及措施

  5.1　施工准备阶段的监理工作

  5.2　成孔过程的监理工作

  5.3　成桩过程的监理工作

  5.4　后注浆的监理工作

  5.5　成桩后的监理工作

6. 施工质量通病及防治措施

7. 工程验收的监理工作

8. 钻孔灌注桩工程专用表格

本监理实施细则依据××中心综合楼工程监理规划、委托监理合同、设计图纸、施工合同、钻孔灌注桩专项施工方案及《建设工程监理规范》（GB50319—2000）、《建筑工程施工质量统一验收标准》（GB50300—2001）、《建筑地基工程施工质量验收规范》（GB50200—2002）、《建筑桩基技术规范》（JGJ94—2008）等规范、标准编制。

1. 工程概述

1.1　工程概况

××中心综合楼工程位于湖北×××，由××建筑设计院设计，主楼 20 层，其中裙楼 4 层，地下 1 层。地下室设车库及设备间，1 至 4 层为公共活动区，5 层为内部办公兼设备转换层，6 至 20 层为培训中心及招待所。大楼总高 87.20m，总建筑面积 27840m²，土建、安装总投资 3334 万元。

工程主体结构采用框架剪力墙结构，框架、剪力墙抗震等级均为二级，主楼桩基采用钻孔灌注桩，裙楼桩基采用人工挖孔灌注桩。

1.2　钻孔灌注桩工程概况

主楼部分的桩基采用钻孔灌注桩，桩径 ϕ900mm，桩长 45m，桩身混凝土强度 C35，桩端持力层为第 6 层石英砂岩层或泥质粉砂岩层，其中嵌岩桩 33 根，设计嵌岩深度 0.9m，施工单位为冶金部中南勘查基础工程公司三公司，采用 GPS-15 钻机（最大孔径直径可达 1500mm），泥浆护壁，正循环钻进成孔，下置钢筋笼和注浆管（后注浆），然后下导管（ϕ250）水下浇筑砼。桩端后注浆压力为 8~12MPa。

1.3　难点分析及应对措施

（1）本工程钻孔灌注桩桩径达 900mm，桩长达 4.5m，由于其桩径较大，桩长较长，施工大部分是在水下进行的，施工难度大，而且钻孔灌注桩施工工序多、技术要求高、工作量大、并需在一个短时间内连续完成的水下隐蔽工程，一根桩通常一天左右完成其十几道工序，稍有不慎即会因某个环节不足造成事故，一旦发生事故也不一定当时就能觉察，就是发现也不一定处理得了，成桩后也不能进行开挖验收，因此，本钻孔灌注桩施工中任何一个环节出现问题，都将直接影响到整个过程的质量和进度。

应对措施：

要求施工单位编制钻孔灌注桩专项施工方案，经监理部审批后落实桩基施工过程技术措施，并加强施工质量管理，抓好施工过程中每一个环节的质量。对钻孔混凝土灌注桩在施工过程中可能会发生的一些问题进行分析后制定出施工质量标准、验收实施方案和每根桩的施工记录，以便有效地对桩基施工质量加以控制。最好的办法是将质量问题消灭在施工阶段，而不是依赖检测手段去事后发现问题，这就要求将整个施工过程置于严格的监督、管理之下，通过严格的全过程监理来大幅度降低工程事故率。

严格的全过程监理是针对灌注桩施工的特殊的监理方法，要对每一根桩的每一道重要工序环节都实行验收签证制度，即要对数据的测量进行监督或实测，而不仅仅是从申报和报验资料上认可数据，对一切进入现场的原材料都要检验合格证、实物和复试报告后才允许投入使用，要建立每一根桩的单桩验收制度，将大部分施工过程置于有效的控制之下，从而大大降低事故发生的概率。

（2）在实际施工中，施工单位质量人员往往对第一次清孔和第二次清孔时泥浆的比重按要求进行质量控制，而忽略在钻进过程中对护壁泥浆性能的检测控制。在钻孔灌注桩的施工过程中，为了防止坍孔，稳定孔内水位及便于挟带钻渣，必须用泥浆进行护壁。泥浆护壁是利用泥浆与地下水之间的压力差来控制水压力，以确保孔壁的稳定。在施工中，孔壁四周都应是相对光滑的，这是因为泥浆经过钻机旋转搅动，在离心力的作用下，泥浆被甩落到孔壁上，形成一定厚度的泥皮，加之孔中水头作用，孔壁土面基本上得到封闭，土层中的地下水、承压水很难进入孔中。如果钻孔中的泥浆比重过小，泥浆护壁就容易失去阻挡土体坍塌的作用，较大比重的泥浆使泥浆护壁效果更佳，但是如果泥浆的比重过大，则会影响钻进速度，并容易使泥浆泵产生堵塞甚至使混凝土的置换产生困难，使成桩质量难以得到保证。因此，泥浆配制质量的好坏将直接影响到钻孔质量的好坏，在灌注桩钻进过程中决不能忽略对护壁泥浆质量性能的检测。

应对措施：

①泥浆制备应选用高塑性黏土或膨润土，杜绝施工方图省事而盲目地就近取不合要求的泥土制备；

②钻孔过程中，加强对护壁泥浆的比重（稠度）、黏度、稳定性等性能指标不断进行跟踪检查，对不符合要求的、影响成孔质量的泥浆要及时调整更换。

（3）在实际施工中，施工单位常常忽视对沉渣厚度的控制，往往以测量孔的深度合格与否来代替对沉渣厚度的控制，也就是说，一旦测到钻孔的深度符合要求，就疏于再对沉渣厚度测量控制了。沉渣厚度是影响桩承载力的一个重要因素，过厚的沉渣将在桩底形成一松软层，从而降低桩的承载力。沉渣厚度应严格控制在设计或规范允许的范围内，这是钻孔灌注桩质量控制的一个关键环节，不能忽略。

沉渣过多主要原因为：一是泥浆浓度不适当，比重过小，无法将沉渣浮起；二是清孔时间太短，未将沉渣清理干净。

应对措施：

加强对泥浆比重和浓度的控制，重视第一次清孔。通常情况下，清孔是否干净的关键在于第一次清孔，因为第一次清孔利用钻杆，吸力大、清孔能力强，可以将绝大部分沉渣吸走，这样，第二次清孔起来速度又快质量又好。如果忽视第一次清孔，把重点放在利用导管清孔的第二次清孔上，不仅费时，而且费力（因为导管清孔的吸力较钻杆小）。每次清孔时间保持在 30min 左右，清孔时，应来回升级钻杆或导管，增加清孔效果。混凝土灌注时，导管应距离孔底 50cm 左右，这样可以利用混凝土强大的冲击力将沉渣翻到柱顶。

（4）本钻孔灌注桩桩身混凝土的浇筑为水下混凝土浇筑。在钻孔灌注桩施工中，因为水下混凝土浇筑前的各项工作既费时又费力，施工人员往往重视它们，而忽略水下混凝土的浇筑工作，认为这个工序简单、用时少、比较轻松，这是极其错误的，因为灌注水下混凝土是钻孔桩的成败关键，导管提升与灌注过程中任何一个环节发生故障，都可能引发浮笼、断桩事故，使灌注过程中陷于停顿，因此，在灌注混凝土之前，必须做好充分准备，考虑周到，防止意外。

应对措施：

①混凝土应一次连续浇筑完成，中间不能停顿，在灌注时要有足够的灌注高度和足够的首批混凝土储量。

②所用导管的第一节长度不应小于4m，灌注混凝土前，导管中应设置球塞等隔水，导管下口至孔底的距离为25~40cm。

③导管低端埋入混凝土中不小于1.0m。在以后的灌注过程中，应保持导管下端插入混凝土中的深度不小于2m和不大于6m，以此要求来计算确定导管每次提升的高度与拆除的节数。

④当混凝土面进入钢筋笼1~2m后，可适当提升导管，导管提升要平稳，避免出料冲击力过大或钩带钢筋笼而发生上浮事故。

（5）由于设计要求的单桩竖向抗压静载荷试验最大加载值与根据岩土工程勘察报告计算的单桩竖向抗压极限承载力相差较大，因此，后注浆对提高单桩竖向抗压承载力起到至关重要的作用。需根据桩端持力层为第6层石英砂岩的情况以及注浆量大的特点，对桩端后注浆做好控制。

应对措施：

①对注浆器、注浆管及其安装进行检查。注浆器是桩端注浆的关键，重点检查注浆器的注浆孔橡胶保护套厚度，如果太薄，则容易在安装时破损，并可能在清水开塞时涨破；也不宜高出注浆器的凸面，否则安装时在砂层中易擦破而失去作用。安装时检查注浆器伸出钢筋笼底的长度是否符合设计要求，注浆器进入桩端以下土层，不利于达到注浆效果。每节注浆管安装后都要注入清水进行密封性检查，以防止注浆管接头处不密封而在压浆时漏浆，达不到桩端后注浆的目的。注浆管安装过程中和结束后应防止杂物掉入孔内而堵管，顶部管口在安装结束后是否封闭。

②对清水开塞进行监控。钻孔灌注桩成桩后的7~8h应进行清水开塞，控制开塞时间，清水开塞时间过早，会对桩身混凝土产生破坏作用，时间过长，清水开塞成果率较低。还应检查浆液进入储浆桶是否畅通，开塞压水的压力达到1.0MPa左右瞬间迅速归零为开塞成果。开塞后立即停止注水，并封堵管口，以防杂物掉入注浆管内而发生堵管。

③对注浆过程进行监控。要严格按设计要求监控水泥用量，检查浆液进入储浆桶是否设置筛网进行过滤，防止杂物堵塞管路和注浆孔。对注浆时间控制在成桩2d后开始，不宜迟于成桩后30d。注浆过程中督促并检查是否遵循低压慢速的原则，注浆压力和注浆速度应相互匹配，注浆压力和速度过高时易出现地面渗浆，故注浆速度宜控制在32~50 L/min，压力偏高时速度取低值，压力偏高时速度取高值。

通过对后注浆重要环节的监控，可以确保注浆管路通畅、注浆顺利，终止压力控制在设计要求范围内。

2. 监理工作流程

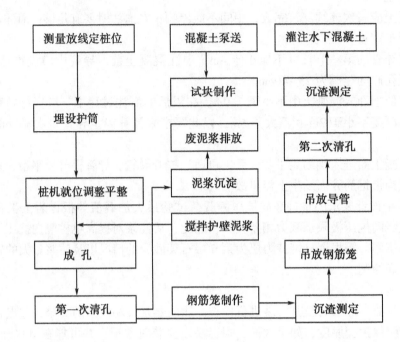

3. 质量控制目标

控制目标		允许偏差（mm）
桩位		$d/6$ 且不大于 100
桩长		保证桩端进入持力层的设计深度
桩径		±50
垂直度		1%
孔底沉渣厚度		<50
钢筋笼	主筋间距	±10
	箍筋间距	±20
	钢筋笼直径	±10
	钢筋笼长度	±100
桩身混凝土强度		满足设计、规范要求
桩身质量		完整、匀质、连续性好、无夹泥、断桩等缺陷
桩极限承载力		满足设计、规范要求

4. 监理工作控制要点

4.1 质量控制点

控制项目	质量控制点
成孔	桩位、桩径、孔深、垂直度、泥浆比重、泥浆面标高
钢筋笼	主筋间距、主筋长度、钢筋材质、箍筋间距、钢筋笼安装深度
清孔	沉渣厚度、泥浆比重
水下混凝土灌注	混凝土坍落度、混凝土充盈系数、桩顶标高
成桩	混凝土强度、桩体质量、承载力
后注浆	浆液水灰比、注浆压力、注浆量、注浆速度

4.2 旁站监理的旁站点

（1）护筒埋设；

（2）钻机就位；

（3）对照钻进深度；

（4）一次清孔；

（5）导管拼接；

（6）钢筋笼安放；

（7）二次清孔；

（8）混凝土灌注。

4.3 监督活动的见证点

（1）桩位测量；

（2）钢筋笼、钢筋材质取样与送检；

（3）泥浆比重检查；

（4）孔径检查；

（5）孔深检查；

（6）孔底沉渣厚度检查；

（7）混凝土配合比试验；

（8）混凝土抗压试块制作与送检；

（9）桩体质量检验；

（10）桩承载力检验。

5. 监理工作方法及措施

5.1 施工准备阶段的监理工作

（1）研究工程地质勘察报告、桩位平面布置图、桩基结构施工图。

（2）审查施工单位资质和项目经理部主要管理人员的资质。

（3）审查施工单位的施工组织设计，除应满足一般孔灌注桩的要求以外，还应有针对本工程大直径超长桩特点所采取的措施，重点如下：

①钻机和钻杆的选型是否合理。大直径桩钻进时切削阻力大，要求钻机的功率和扭矩也很大。另外，长桩的垂直度要求高而钻杆长度长、柔度大，所承受的扭矩大，容易产生变形甚至扭断，因而要求钻杆的刚度和截面抵抗矩都很大。本工程桩的直径大、桩的长度较长，容易产生变形甚至扭断，因而要求钻杆的刚度和扭矩也很大。本工程选用扭矩大、穿岩及排渣能力强的 GPS-15 型钻机，采用有良好扶正导向的双腰带笼式钻头和刚度较大的 168mm×10mm 钻杆。

②确保孔壁稳定的措施是否充分。长桩施工的各个阶段如钻进成孔、下钢筋笼、下导管、二次清孔、混凝土灌注等的时间较长，造成晾孔的时间长，对孔壁的稳定很不利，本工程采用膨润土泥浆护壁。

③长桩钻进过程中的土层变化很大，对不同土层土质，如转速、钻速、泵量以及泥浆密度等有无采取相应的施工措施。

④长桩由于孔深，施工的时间长，较容易发生质量事故，应能预见到某些经常发生的事故，并有针对性的预控措施。

⑤大直径长桩的混凝土用量大、灌注时间长，因此对混凝土的品质（如和易性、初凝时间）和灌注方法、措施（如首盘灌注混凝土量、灌注速度）等都要有别于一般的灌注桩。为加快灌注桩的施工速度，本工程实行打灌分离，即桩机成孔后移位，后续工序由灌浆架及吊车完成。

⑥质量保证措施是否符合实际，有无真正定岗定位的质量保证体系，有无认真的工序管理制度。

⑦施工总平面布置是否合理。对泥浆池、泥浆沟的数量、尺寸、位置，混凝土输送泵，废浆排放设施的位置、水电线路的敷设、运输车辆的进出等应全局考虑，确保不影响生产进度及施工质量。

（4）地下障碍物的调查、探测与清除，施工现场整平并按总平面布置落实。检查水、电线路的敷设、备用电源的供电能力以及混凝土泵车行驶的临时道路等。

（5）检查测量基准点、线设立情况及可靠性，桩位放线的准确性，护筒埋设是否符合技术要求。

（6）检查水泥、砂石、钢材的备料情况、质量情况以及混凝土配合比的试配，砼搅拌运输的供应能力。

（7）对分段制作好的钢筋笼，进行隐蔽验收。为缩短下钢筋笼的时间，长桩的钢筋笼应结合吊车的起吊高度尽可能长。

（8）按施工组织设计要求制备泥浆，设置制浆池、储浆池、沉淀池，并用循环槽与即将施工的桩位连接，形成泥浆的循环系统，检查泥浆的性能指标是否符合要求。

（9）全面检查机械设备，并进行试运转，发现问题及时解决，严禁带病作业，机械操作必须遵守安全技术操作规程，专人操作，持证上岗。

5.2 成孔过程的监理工作

（1）检查钻头的直径、形状、保径圈。钻头直径比设计桩径小 2~5cm，钻头形状要对称，锥尖角度不小于 120°，设 1~2 个保径圈，保径圈上应有切削刃口。

（2）检查护筒埋设质量及中心偏差。护筒内径比钻头直径大 100mm，埋设深度在黏性土中不小于 1m，在砂土及松软填土中不小于 1.5m，护筒上口应高出地面 100~200mm，护筒外用黏性强的土分层回填捣实，护筒埋设的偏差小于 2cm。

（3）检查钻机就位情况。钻机就位的基本要求就是水平、稳固、三点（天车，转盘中心、桩位）一垂线，在钻进过程中保持平衡，不致发生倾斜、移位，钻机转盘用水平尺校水平，并在两个方向用经纬仪或线锤测量钻杆垂直度，使钻杆垂直偏差控制在 2‰ 以内，以保证桩的垂直度和桩位偏差符合要求。钻机完成桩孔后应避开邻桩实行跳打，且应以后退顺序进行，以防止因钻机荷载或成孔后的应力释放而影响刚灌注完混凝土的邻桩的质量。

（4）对照钻进深度，检查钻进的各种施工措施，特别是泥浆性能指标等，是否适合该地层的土质。钻进过程中应选取典型地质剖面，在钻机上挂牌作业，对照不同地层，采取相应的施工措施，如转速、钻速、泵量以及泥浆密度等，具体见下表。

地质土层与施工措施对照表

土层名称及描述	施工措施			
	转速	钻速	泵量	泥浆密度
可塑、硬塑的亚黏土	高	中	大	1.1~1.2
软塑、流塑夹淤泥质土	低	最低并适当回扫	中	1.3~1.5
硬塑的黏土层	高	低	大	1.1~1.2
细砂层	低	高	中	1.3~1.5

泥浆在施工过程中起保护孔壁和悬浮钻屑的作用。泥浆稠，钻进速度慢，孔壁泥皮厚；泥浆稀，易坍孔，孔底沉渣难以冲洗出来；泥浆含砂量大，泥皮疏松，孔壁摩阻力小，孔底沉渣厚。本工程采用膨润土结合孔内自造浆进行护壁，膨润土泥浆能增大静水压力，改善孔壁土体，在孔壁形成一层泥皮，保护孔壁，隔断孔内外水流，从而保持孔壁的完整性，使桩孔壁在长时间晾孔的不利情况下仍能保持稳定，不发生缩颈和坍孔现象，保证了钢筋笼的顺利下放，沉渣厚度不超过要求以及充盈系数正常。

膨润土塑性指数 I_p >25，小于 0.005mm 的黏粒含量>50%，膨胀率 9~10 倍，每立方泥浆膨润土加量15%，分散剂（碱粉）加量为膨润土的3%，采用离心泵重复循环拌和后，静止至少 3h 以上，使膨润土颗粒充分水化、膨润、泥浆性指标密度 1.25 左右，黏度 18~22s，在淤泥层、砂层钻进时，适当加大泥浆相对密度到 1.3~1.5。

（5）检查钻孔的孔深及一次清孔的质量。钻孔至设计标高后，应用测绳准确测出孔深，以免丈量钻杆时出错，并开始一次清孔，一次清孔利用钻机正循环进行，时间不少于 2h，采用密度 1.1 以下的优质泥浆，逐步置换出孔内较黏稠、含较多砂泥的泥浆，直至返出的泥浆中不含泥块为止。

（6）检查导管的拼接及二次清孔的质量。导管拼接的基本要求是平直、密封。导管使用前和使用一段时间后应做压水试验，压水试验的压力依据施工中可能出现的最大压力来做，最大压力的计算公式可参照 $P=r_ch_c-r_wh_w$（r_c、r_w 分别是混凝土、泥浆的密度），$P=（2.5×10^3-1.2×10^3）×45=0.5850$（MPa）。

根据以上计算，本工程压水试验的最大压力取 1MPa。导管下入时拼接平直、密封可靠，底部距孔底 30~50cm。

导管下入后即进行二次清孔，目的是清除这段时间里从泥浆中沉淀到孔底或是被钢筋笼撞刮下去的泥块沉渣，使沉渣厚度降低到最低限度。清孔采用小密度泥浆，到排出的泥浆密度与进浆相等或接近，并以手捻泥浆无砂粒感觉时为清孔合格。

5.3 成桩过程的监理工作

（1）检查钢筋笼的制作质量。一般钻孔灌注桩的钢筋笼每节长度为 6~8m，若过长，则起吊时易弯曲变形，而长桩钢筋很长，为了保证成孔质量，必须缩短下笼焊接时间。因此，本工程根据桩的钢筋总长度并结合吊车的起吊高度，每节钢筋笼长度为 12~18m 不等。钢筋笼应平直硬挺，每节钢筋笼两端的加强箍与主筋之间应焊牢。环箍平面与钢筋笼轴线之间应垂直，确保起吊时不脱落，焊接时不歪斜，最下面一节钢筋笼的底端应使主筋向外张开呈喇叭口形，以防钩挂导管造成钢筋笼上浮。钢筋笼主筋保护层采用混凝土导轮，每 2~3m 一组，每组四只均布。

（2）检查钢筋笼的孔口焊接质量。钢筋笼起吊入孔时，应是垂直状态，对准孔位徐徐轻放，下笼过程由专人指挥，中途遇阻不得强行下放。孔口焊接时，下节笼上端露出操作台 1m 左右，用两根钢管担在钢筋笼的加强箍上，临时支撑牢固，上下节笼呈垂直状态；各主筋位置校正对正，从两边对称施焊。对主筋的焊接时难度较高的立焊，使用的焊机、焊条品牌、工艺要求一定要符合焊接标准。主筋焊好后再补焊这一段螺旋形环箍，然后才能下笼。

（3）检查混凝土配合比及制作质量。混凝土粗骨料采用连续级配的 5~40mm 碎石，含砂量小于 1%，细骨料采用细度模数 2.3~3.0 的中砂，含泥量小于 2%，混凝土应掺减水剂和缓凝剂，以增加混凝土的和易性，延长初凝时间，要求初凝时间在 10h 以上。因为大直径长桩的混凝土用量大、灌注时间长，混凝土配合比应按设计要求预先进行试验，水灰比不大于 0.6，水泥标号不低于 R42.5，水泥用量不小于导管内 370kg/m³，含砂率宜为 40%~45%，坍落度损失在 30min 内不大于 3cm，保持在 14~18cm，并留足混凝土试块，每根桩不少于一组。

（4）检查首盘灌注情况。首盘灌注对灌注桩成桩质量极其重要。灌注前，应测出导管距孔底距离，保持 30~50cm，初灌量应通过计算确定，储料斗和漏斗的容量应满足初灌量 V 的需要。

$$V \geqslant (\pi/4) \; d^2 h_1 + (\pi/4) \; D^2 k h_2$$

式中，h_1——导管内混凝土柱与管外泥浆压力平衡所需高度；

h_2——首盘灌注后导管外混凝土面距孔底的距离 $h_2 \geqslant 1.5$m；

h——桩孔深度，$h = 45$m，一般取有效桩长的 $\dfrac{1}{2}$；

$$h_1 = (h-h_2) \; r_w/r_c$$

d、D——导管内径、设计桩径，$d = 0.25$m，$D = 0.90$m；

k——充盈系数，取 $k = 1.3$。

本工程 $V \geqslant (\pi/4) \times 0.25^2 \times (45-1.5) \times 1.2 \div 2.5 + (\pi/4) \times 0.9^2 \times 1.5 = 2.26$（m³）。

混凝土灌注须在二次清孔后 30min 内立即进行，如时间过长，则须再测沉渣，沉渣厚度超过要求时，重新清孔。首盘灌注前安装隔水栓，先装入 0.2m³ 左右 1：1.5 的水泥砂浆，再装初灌的混凝土，使导管一次埋入混凝土的深度在 1m 以上。

（5）混凝土灌注过程中勘测混凝土标高及导管埋深，检查废泥浆排放情况。水下灌注混凝土时，导管埋深太大或太小都很不利，埋深太小时，混凝土容易冲翻孔内的混凝土面而将沉渣卷入，造成夹泥甚至断桩。此外，在操作过程中容易将导管拔出混凝土面；埋深太大时，混凝土顶升阻力很大，混凝土无力平行上推而仅沿导管外壁向上推挤至顶面附近再向四侧运动，这种涡流也易将沉渣卷入桩身四周，产生一圈劣质混凝土，影响桩身强度，此外，上部混凝土长时间不动，坍落度损失大，容易发生凝死导管断桩事故，因此，导管埋深一般控制在 2~6m。另外，由于混凝土灌注过程中被顶回的泥浆，不仅自身结构遭到破坏，还带有大量的有害元素，应避免与正在循环使用的泥浆混合，并将其排入废泥浆池后用排污车运走。

（6）混凝土面接近钢筋笼底端时，检查钢筋笼的标高位置。要防止钢筋笼上浮，导管埋入混凝土内的深度在 3m 左右时，灌注速度应适当放慢。当混凝土面进入钢筋笼底端 1~2m 后，可适当提升导管，导管提升要平稳，减少导管埋置深度，增大钢筋笼在下层混凝土中的埋置深度。

混凝土灌注必须加强机械和人力，确保连续快速进行，不得中断。灌注终了，用测绳准确测出桩顶混凝土面标高，并考虑灌注余量。大直径长桩的超灌注高度应依据桩长、桩径综合考虑，比一般灌注桩大，因为大直径长桩时间长、沉渣积聚厚，测探时容易因难以判别泥浆或混凝土的表面而发生误测。

5.4 后注浆的监理工作

（1）当桩身混凝土强度达到一定值（通常为 75%）后，即通过注浆管经桩端和桩侧压力注浆装置向桩端和桩侧土、岩体部位注浆。

（2）控制好注浆压力、注浆量及注浆速度。

①对于闭式注浆工艺，需控制好注浆压力、注浆量及桩顶上抬量，其中，注浆压力则为主要控制指标，注浆量和桩顶上抬量则为重要指标。

②对于闭式注浆工艺，需控制好注浆量、注浆压力及注浆速度。

当桩端为松散的卵、砾石层时，主要控制指标是注浆量，注浆压力不宜大，仅作为参考指标；

当桩端为密实、级配良好的卵、砾石层时，注浆压力应适当加大；

当桩端为密实、级配良好的砂土层以及黏性土层时，注浆压力为主要控制目标，注浆量为重要指标；

为提高注浆均匀度和有效性，注浆泵流量控制宜小不宜大，注浆速度宜慢不宜快；

注浆宜以稳定压力作为终止压力，稳定时间的控制是使压力注浆达到设计要求的基本保证。

（3）严格密封预埋注浆管的连接部位，以防止冲液、水泥浆等侵入管内。

（4）由于本钻孔桩采用泥浆护壁，每下完一节钢筋笼后，必须在注浆管内注水检查其密封性；注浆管入孔后，须立即向管内注满清水，并在其上口立即拧上堵头，接着将其上端固定，以防止在灌注混凝土时产生上浮。

（5）徐徐将附有注浆管的钢筋笼放入孔内，严禁用力下墩。

（6）注浆前仔细检查注浆施工机具，确保其处于完好状态，此后宜先试压清水，等注浆管道通畅后再压注水泥浆液等。

（7）水泥浆应具有良好的和易性，不离析，不沉淀，并且过筛使用。

（8）在注浆过程中，发生不正常现象（如注浆泵压力表指针越来越高、地面冒浆及地下窜浆等）时，应暂停注浆，查明原因后再继续注浆。

（9）注浆完毕或较长时间停泵时，必须对高压注浆泵、浆液拌和机及地面管路系统等认真清洗，以防水泥结块，堵塞管路和泵体。

（10）注浆完毕后，须立即将注浆管拧上堵头，以防回浆，降低注浆效果。

5.5　成桩后的监理工作

（1）土方开挖与桩头处理

基坑开挖如采用机械，桩混凝土养护时间不少于两周，人工挖土时，养护一周以上。机械挖土时，由于桩间距密，应防止抓斗撞断、撞裂桩，挖土机下宜垫钢板或路基箱以防挖土机碾压使桩发生位移。基坑开挖应分级、分片、分段进行，不能采取一次开挖到位的方法，以免因主动土压力过大，土体塌方造成群桩或单桩倾斜的事故。

桩头处理应竖劈，不宜横劈，以免在桩顶附近产生许多隐蔽的甚至可见的裂缝，桩头部位应用小锤剔凿修平，并保持桩头完整，桩头钢筋锚固长度不足时，应采取搭接焊接长并调直。

（2）成桩质量检测

本工程成桩质量检测采取如下办法：对试桩进行低应变、高应变动测和竖向抗压静载试验，对所有工程桩进行低应变动测。

低应变动测是用应力波反射法检测桩身质量情况，对桩的完整性做定性分析，费用较低，适用于普查；静载试验和高应变试验费用较高，主要用于前期试桩，验证桩的承载能力，并提供设计参数，其中，静载试验是最直观可靠的检测方法，高应变则有一定的误差。动测结果的可靠性与仪器精度、传感器安装和操作的正确性有关，要求测试人员掌握动测原理，有较高的理论素养和丰富的实践经验。因此，对测试单位的选择，应侧重其资质、经验、仪器设备性能高低以及测试人员的素质，不应以价格高低进行取舍。静载试验和高应变动测须待桩身混凝土强度达到设计等级后进行，由于地下养护条件混凝土强度增长慢，养护期不宜少于两个月。

本工程试桩的竖向抗压静载试验采用锚桩横梁反力架，慢速维持荷载法逐级加载，高应变动测采用 FEIPWAP 程序反演拟合法，以验证桩的承载力，并与静载试验结果作比较，88 根工程桩全做低应变动测。

6. 施工质量通病及防治措施

序号	问题	主要原因	防治措施
1	掉钻及孔内遗落铁件	(1) 由于孔斜或地层软硬不均造成剧烈跳钻,致使钻杆螺栓或刀齿脱落 (2) 钻杆扭断 (3) 由于施工人员操作不当将施工工具遗落孔内	(1) 避免孔斜 (2) 根据钻进情况定时提钻检查,重点检查加重杆管壁及钻杆上下法兰 (3) 维护孔壁的稳定及保持孔底清洁是处理孔内事故的必要前提,因此保持泥浆性能是关键。同时,做好孔口的防护工作,避免向孔内掉入铁件
2	坍孔	(1) 孔内泥浆低于孔外水位或泥浆密度小 (2) 在细砂、粉砂层中钻进时,泥浆密度小,进尺速度快	(1) 钻进过程中及时添加新鲜泥浆,使其高于孔外水位 (2) 在细砂、粉砂层中钻进时,采用平底钻头和较大密度、黏度、胶体率的优质泥浆,控制进尺速度,低转速,大泵量 (3) 轻度坍孔,加大泥浆密度和提高水位。如坍孔比较严重,应判明坍塌位置,回填砂和黏土混合物至坍孔位置以上 1~2m,待回填物沉积密实后重新钻进
3	缩孔	(1) 砂层及黏性土层中钻进泥浆性能差(如黏度太小、含砂量大等),不能起到护壁作用 (2) 在淤泥质黏土及黏性土层中钻进进尺速度过快,追求盲目进尺 (3) 钻进过程中孔内泥浆面过低导致孔壁失稳	(1) 保证泥浆的性能及水压力以满足护壁要求 (2) 采取合理的钻进工艺,反对片面追求进尺而盲目钻进 (3) 在黏性土层中钻进每钻进一根钻杆回次重复进行扫孔
4	糊钻	(1) 黏土层钻进时进尺快,钻渣大,出浆口堵塞 (2) 泥浆黏性大,钻头受阻力大	(1) 选用刮板齿小,出浆口大的钻头,并控制进尺,降低泥浆稠度,适当增大泵量 (2) 如糊钻严重,提出孔口,清除钻头的残渣,重新下钻

序号	问题	主要原因	防治措施
5	斜孔	（1）开钻时钻机平台未水平，主杆不垂直 （2）钻杆连接松动，钻杆刚度不足 （3）场地或支架平台发生不均匀沉降，导致钻杆不垂直 （4）遇有地下障碍物，钻头偏向	（1）开钻前必须检查钻机的水平及对中 （2）选择恰当的钻机设备，保证钻杆刚度 （3）连杆时应保证连接牢固 （4）钻进时应经常检查钻机的水平，并找出原因及时进行调整
6	钢筋笼中途卡住，不能顺利下孔	塑性土遇水膨胀，造成缩颈	（1）钻进成孔时采用高转速，低钻进，大泵量 （2）上下反复扫孔，以扩大孔径
		钻孔偏斜	（1）钻孔就位时，检查垂直度和钻机的架设是否稳固 （2）钻进过程中，钻机尽量减少晃动 （3）在有倾斜的软硬土层钻进时，应吊住钻杆，控制进尺速度，低速钻进 （4）出现钻孔偏斜，可在偏斜处上下反复扫孔，使钻孔正直
7	灌注砼前沉渣超标，孔深不足	（1）孔壁坍塌 （2）清孔不足，孔底回淤	（1）钢筋笼吊放时垂直轻放，以免碰撞孔壁 （2）必须进行再次清孔，且清孔后的泥浆性能应符合要求
8	钢筋笼偏位及上浮	（1）保护块未设置或不足，尤其是笼顶的吊筋未垂直设置 （2）钢筋笼斜插入孔 （3）混凝土在进入钢筋笼底部时上升速度过快 （4）笼顶未采取有效固定措施	（1）严格按设计或规范要求设置保护块 （2）钢筋笼吊放时应保持垂直轻放 （3）当砼面接近笼底部时放慢浇筑速度，当钢筋笼被埋入砼中一定深度后再提升导管，使导管下端高出笼底下端有相当距离时再按正常速度浇筑 （4）灌注砼前笼顶应采取有效固定措施
9	断桩	（1）因砼拌制质量较差，导致导管堵塞 （2）砼顶面深度量测出错，或埋深计算错误，导致导管拔空 （3）导管接头不严密，或导管持笼后强拔导管导致接头松动，泥浆渗入 （4）混凝土灌注不连续，中断时间过长，导致堵管事故	（1）混凝土严格按配合比拌制，经常测试坍落度 （2）采用标准测锤，不间断量测砼顶面 （3）钻孔桩开工前对导管的严密性进行测试，合格后方可投入使用 （4）开工前检查是否有备用发电机组、搅拌机和供水设备，并及时联系搅拌站以保证混凝土供应及时

序号	问题	主要原因	防治措施
10	小应变检测，桩身有轻微缺陷，不连续	导管接头处渗漏	(1) 导管使用前和使用一段时间后应对其拼接构造认真检查，防止因过度磨损而漏水，并做压水试验，要求 15min 不漏水 (2) 导管拼接时一定要放置尺寸合适的密封圈并将外箍旋紧
		泥水从底口涌入导管内	(1) 首盘灌注时，导管口距孔底距离保持 30 ~ 50cm，首批混凝土储量需>2.5m³ (2) 灌注过程中，导管埋入混凝土中 3 ~ 8m，提升导管前准确测深
11	堵管、埋管	(1) 混凝土质量不好、粒径大或拌和不匀 (2) 导管埋入混凝土过深，时间长，内外混凝土已初凝 (3) 导管接头处漏浆，造成混凝土离析	(1) 选用 5~40mm 碎石，均匀拌和 90s 以上，保持较好的和易性和较大的坍落度，掺缓凝剂，初凝时间 10h 以上 (2) 控制导管埋入混凝土的深度 3 ~ 8m，勤提勤拆 (3) 加强设备和人力，加快灌注速度
12	土方开挖后发现桩头质量不好	混凝土灌注快结束时，泥浆稠，测深时难以判别泥浆或混凝土的表面，发生误测，使超灌高度不够	(1) 孔内加水稀释泥浆，并掏出部分沉淀土，使灌注顺利进行 (2) 桩头质量不好时，须凿降桩头浮浆渣土，进行接桩

7. 工程验收的监理工作

桩基验收前，检查施工单位的质量控制资料，应提供所进行的各种试验项目的检测报告，如有试块不合格或劈桩后发现桩头质量不好，对桩身混凝土强度有怀疑的，应对该桩钻芯取样，对施工过程中或检测时发现的类似问题应组织有关人员研究并处理好。

桩头处理后复测所有桩位偏差情况，施工单位应完成竣工报告及桩基竣工平面图。监理部根据上述资料情况及施工过程中的质量情况完成质量评估报告，对桩基工程的质量情况作全面评价。

8. 钻孔灌注桩工程专用表格

钻孔灌注桩终孔验收记录

编号：

工程名称					桩　号				
施工单位				班组长			钻机号		
设计桩径 （mm）		设计桩长 （m）			设计孔 深（m）			实际孔 深（m）	
持力层名称			进入持力层深度（m）			嵌岩深度			(m)
			设计		实际		强风化	中风化	微风化
地面标高									
开孔日期			终孔日期				孔底沉渣		

	质量验收规范的规定		检验评定记录	监理验收记录
主控 项目	桩位偏差（mm）			
	孔深（mm）			
一般 项目	垂直度（%）	<1%		
	桩径（mm）	±50		
	泥浆比重	1.15~1.20		
	泥浆面高出地下 水标高（m）	0.5~1.0		

施工单位检查 评定结果	项目专业质检员：　　　　　　　　　年　　月　　日
监理验收结论	监理工程师：　　　　　　　　　　　年　　月　　日

钻孔灌注桩施工汇总表

编号：

序号	桩号	施工日期	钻机号	设计桩径(mm)	桩顶标高(mm)	桩深(m)设计	桩深(m)实际	桩长(m)设计	桩长(m)实际	空孔(m)设计	空孔(m)实际	孔底沉渣(mm)	笼顶标高(m)	吊筋长度(m)	混凝土强度	混凝土放量(m²)理论	混凝土放量(m²)实际	充盈系数	后注浆水泥用量(t/桩)	备注
工程名称																				
				施工单位									监理单位							

工程名称

施工单位

监理单位

施工单位检查结果：

检查结果：

施工员：　　　质检员：　　　技术负责人：

监理单位验收结果：

验收结论：

监理工程师：

钻孔灌注桩后注浆施工记录

工程名称								水泥强度等级			
施工单位								设计注浆量			t/桩
序号	桩号	施工日期	注浆管安设深度（m）		浆液水灰比	冲破压力（MPa）	正常压力（MPa）	终止压力（MPa）	水泥用量（t）		备注
									单管注浆量	合计	
			侧1								
			侧2								
			底A								
			底B								
			侧1								
			侧2								
			底A								
			底B								
			侧1								
			侧2								
			底A								
			底B								
			侧1								
			侧2								
			底A								
			底B								
			侧1								
			侧2								
			底A								
			底B								
			侧1								
			侧2								
			底A								
			底B								

施工员：　　　　　　　　　质检员：　　　　　　　　　监理工程师：

××小区 B-3#楼主体混凝土结构工程

监理实施细则

监理单位（盖章）：＿＿＿＿＿＿＿＿＿＿＿＿

总监理工程师（签字）：＿＿＿＿＿＿＿＿＿＿

专业监理工程师（签字）：＿＿＿＿＿＿＿＿＿

日　　期：＿＿＿＿年＿＿＿＿月＿＿＿＿日

目　　录

1. 工程概况

   1.1　工程概况

   1.2　使用年限及安全等级

   1.3　抗震设防类别

   1.4　结构类型及抗震等级

   1.5　结构层楼面标高、结构层高及砼强度

2. 工程难点、监理工作重点及应对措施

   2.1　柱墙梁板不同强度等级混凝土的浇筑

   2.2　外墙防渗漏

   2.3　危险性较大的分部分项工程的安全监督

   2.4　垂直度控制

   2.5　高层建筑安装工程控制的难点

3. 监理工作流程

   3.1　钢筋混凝土工程质量控制流程图

   3.2　钢筋工程质量控制流程图

   3.3　模板工程质量控制流程图

   3.4　砌体工程质量控制流程图

4. 质量工作控制目标

   4.1　钢筋分项工程质量控制点及目标值

   4.2　模板分项工程质量控制点及目标值

   4.3　混凝土分项工程质量控制点及目标值

   4.4　现浇结构分项工程工作质量控制点及目标值

   4.5　填充墙砌体分项工程工作质量控制点及目标值

   4.6　配筋砖砌体分项工程工作质量控制点及目标值

5. 监理工作方法

   5.1　主体结构工程的旁站监理部位

   5.2　主体结构工程混凝土试件见证取样计划

   5.3　钢筋机械连接、焊接接头试件见证计划

   5.4　其他见证工作

6. 监理控制措施

   6.1　模板工程质量控制措施

6.2 钢筋工程质量控制措施

6.3 混凝土工程质量控制措施

6.4 现浇结构工程质量控制措施

6.5 主体结构施工过程中出现质量缺陷的原因分析及采取的措施

6.6 安全施工的监督管理措施

1. 工程概况

1.1 工程概况

本工程位于武汉市武昌区，场地自然地面标高为 29.45~30.61m。本工程主楼为地下一层，层高为 6.0m；地上 31 层，一层商业，层高 5.8m；二层架空层，层高 4.8m，其余均为层高 2.9m 住宅；裙楼为一层商业，层高 4.8m 的商住楼。

1.2 使用年限及安全等级

结构设计使用年限为 50 年；建筑结构安全等级二级；基础安全等级二级；建筑地基基础设计等级主楼为甲级，裙楼为丙级；建筑物耐火等级为一级；地下室防水等级二级，电梯基坑、屋面混凝土水箱的防水等级二级（配电房为一级）

1.3 抗震设防类别

本工程建筑抗震设防类别为丙类。建筑物抗震设防烈度为 6 度，场地土类型为中软~中硬场地土。

1.4 结构类型及抗震等级

本工程主楼采用钢筋混凝土剪力墙结构，裙楼采用框架结构；包括模板、钢筋、混凝土、现场结构四个分项工程；剪力墙的抗震等级为三级；底部加强区为基顶至标高 11.900m；框架的抗震等级为四级。

1.5 结构层楼面标高、结构层高及砼强度

2. 工程难点、监理工作重点及应对措施

2.1 柱墙梁板不同强度等级混凝土的浇筑

本高层建筑主体结构为现浇钢筋混凝土框架剪力墙结构，混凝土强度等级随着楼层的变化、结构空间体系中构件受力不同的变化随之变化，设计有 C45、C40、C35、C30 和 C25 五种砼强度等级。如何控制不同标高、不同楼层、不同区域结构节点交汇处混凝土不同强度等级界限区的质量是本工程的一个难点，稍有不慎就会造成质量隐患或浪费而增加成本。

监理工作重点及应对措施如下：

（1）根据结构平面布置，定出必须使用高强度等级混凝土的框架柱、剪力墙的范围和位置，以便分段分级施工。

层号	标高 H（m）	层高（mm）	
梯间屋面	98.100	5000	
大屋面	93.100	2900	
31	90.200	2900	
30	87.300	2900	
29	84.400	2900	墙、柱混凝土等级C25
28	81.500	2900	梁、板混凝土等级C25
27	78.600	2900	
26	75.700	2900	
25	72.800	2900	
24	69.900	2900	
23	67.000	2900	
22	64.100	2900	
21	61.200	2900	墙、柱混凝土等级C30
20	58.300	2900	梁、板混凝土等级C25
19	55.400	2900	
18	52.500	2900	
17	49.600	2900	
16	46.700	2900	
15	43.800	2900	墙、柱混凝土等级C35
14	40.900	2900	梁、板混凝土等级C30
13	38.000	2900	
12	35.100	2900	
11	32.200	2900	
10	29.300	2900	墙、柱混凝土等级C40
9	26.400	2900	梁、板混凝土等级C35
8	23.500	2900	
7	20.600	2900	
6	17.700	2900	
5	14.800	2900	
4	11.900	2900	墙、柱混凝土等级C45
3	9.000	2900	梁、板混凝土等级C35
2	4.200	4800	
地下室顶板	-0.600	4800	
	-1.600	5800	
基顶			
层号	标高 H（m）	层高（mm）	

底部加强部位

（2）距柱、墙边线 500mm 处，绑扎框架梁或次梁内钢筋时，垂直设置两层钢丝网（网眼为 7mm×7mm），用绑扎铅丝与梁钢筋绑牢，或采取其他措施隔离，以防不同强度等级的混凝土串槽。

（3）先浇筑柱墙混凝土，后浇筑梁板混凝土；层高 3.9m 的柱，其混凝土分两次浇捣，第一次浇筑 2/3 柱高，待沉实 1h 左右后进行第二次浇捣至柱顶，并高出楼板面 200mm 左右，随后浇筑梁板混凝土，确保后浇筑梁板低强度等级的混凝土不流入梁节点范围内。

（4）上部结构混凝土浇筑的输送泵管应合理分配任务。剪力墙应专设一条输送泵管，其余泵管先就近输送高强度等级混凝土，后转换输送低强度等级混凝土，当再次转换输送高强度等级混凝土时必须保证将输送泵管内部的低强度等级混凝土放尽。

（5）严格控制混凝土柱的浇捣速度和梁板平面覆盖浇捣的时间差，确保在同一截面的分界处不产生施工冷缝。

（6）混凝土浇捣完成后，必须加强对柱梁节点部位的自然养护，按实际情况对该表面进行覆盖浇水湿润，使其不会因温差和强度等级高低不一致而产生收缩裂缝。

2.2　外墙防渗漏

外墙渗漏是建筑工程中比较常见的质量通病，尤其是高层建筑，其外墙迎面承受的风压力，受到的风雨影响强烈，发生渗漏后还可能产生其他连发的质量或安全事故。高层建筑外墙发生渗漏的成因比较复杂，从设计到施工，环节众多，而且环环相连，只要其中某一环节出现问题，就可能产生渗漏。本工程地上 31 层，建筑高度 98.1m，如何防治外墙渗漏是本工程的又一个难点。

监理工作重点及应对措施如下：

（1）认真审查设计图纸，特别是要审查外墙防水功能的设定情况；审查墙体抗裂构造设计措施是否完善；审查防水设计措施的针对性；审查墙体细部构造设计的合理性或者选用的标准图集的细部节点图是否合适。

（2）要严格审查施工组织设计（方案），审查施工组织设计（方案）所确定的施工工序，其安排是否科学、合理，能否保证本道工序、下道工序及工序交接触处不会产生和留下渗漏隐患，即保证工序的质量；审查施工组织设计（方案）是否将外墙防渗漏项目明确纳入施工要求，有无制定专项控制标准和措施；对施工方案确定采取的施工工艺、方法、手段有可能导致出现渗漏因素的，是否提出切实可行的预控对策及处理方法；审查施工单位质量保证体系和安全生产保证体系是否健全和可靠，审查其质量保证和安全生产保证的措施是否具有针对性和可行性；审查分包单位（如铝合金安装队伍等）的资质。

（3）加强施工过程的控制，严格控制工序及其质量。

（4）技术措施的到位，如外墙砖砌体砌筑、墙基层抹灰、外墙面砖的镶贴、窗框粉灰等。

2.3　危险性较大的分部分项工程的安全监督

本高层建筑现浇框架剪力墙结构施工周期长，模板工程是其施工主导工程。地下室层高达 5.8m，其顶板混凝土模板支撑工程属危险性较大的分部分项工程。外脚手架采用了悬挑式脚手架，还采用了悬挑式卸料钢平台，这些也都是危险性较大的分部分项工程。可见，本工程中，危险性较大的分部分项工程的质量和安全是非常重要的，是本工程的第三个难点。

监理工作重点及应对措施如下：

（1）审查重要模板、高大模板及支撑系统、悬挑式脚手架和悬挑式卸料钢平台的专项施工方案，确保有足够的强度、刚度和稳定性。

（2）重要模板、高大模板和悬挑式卸料钢平台的支撑系统应在搭设完成后组织验收。

（3）绘制主要轴线模板控制图，每层柱高复查一次，垂直度用经纬仪检查。

2.4　垂直度控制

控制垂直度是保证本高层建筑的质量基础，是本工程关键环节和第四个难点。

监理工作重点和应对措施如下：

（1）根据高层建筑柱网布置情况，先将四个边角柱的位置确定。在安装四个边角柱的模板时，沿柱外层上弹出厚度线，立模、加支撑，采用吊线的方法测定立柱的垂直度。

（2）在保证垂直度100%后，对准模板外边线加固支撑、浇筑混凝土。

（3）待四角柱拆模后，其他各列柱以该四柱为基线，拉条钢线，控制正面的平整度和垂直度。

（4）注意墙体的垂直度。

①模板支撑时，严格控制好剪力墙的四角，确保四个角的垂直度偏差在最小范围内；

②浇筑混凝土时，在剪力墙外平面的腰部和顶部挂双线，确保线和模板始终保持一致，发现问题及时调整，从而达到线性控制的目的。

2.5　高层建筑安装工程控制的难点

本工程安装施工涉及管道、电气、通风、设备和智能建筑五大专业工种，各专业施工又分为若干阶段进行。管道专业管路及设施均有较明确的纵横位置规定，通风专业管道体积较大，坐标规定不尽详细，而为提高使用面积占有率，留给各专业管井、管廊、吊顶空间等位置极为狭窄，所以可能会造成"水"、"风"专业管道"打架"。电气和智能建筑的管路、线槽等在设计图中均未明确规定其坐标位置，且电流、电信号的传送不受高差变化影响，其走向自由度较大，设计中也会出现与其他专业"打架"现象。另外，还有各专业内部系统间设计矛盾等。于是，高层建筑安装工程的这些特点也就成为本工程的第五个难点。

监理工作重点和应对措施如下：

（1）进行认真的图纸会审，并在施工前结合现场情况组织内部各专业交叉会审，对于专业交叉密集区域，绘制综合施工图（布置图），必要时，做局部试验和样板引路，以确定施工方案的可行性，及时发现和解决一些设计图纸、土建施工问题，避免不必要的返工损失。

（2）本工程楼体高、层数多、场地相对较窄、专业交叉施工密度大，其专业面尤为狭窄，难以满足在有限的作业面内各专业施工同步展开。故要达到施工的进度要求，还必须根据工程的阶段特性，合理、有序地安排各专业进入作业面施工，即一定要注意专业特性与工程的阶段特性相结合、局部作业面的施工特性与整体施工特性相结合。

3. 监理工作流程

3.1 钢筋混凝土工程质量控制流程图

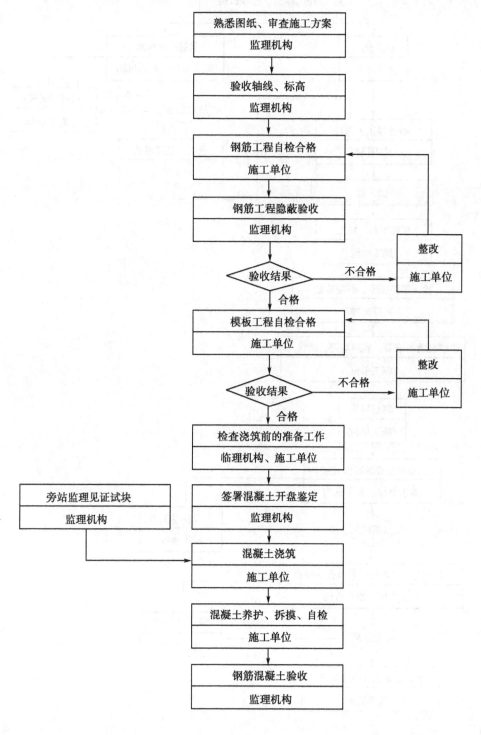

3.2 钢筋工程质量控制流程图

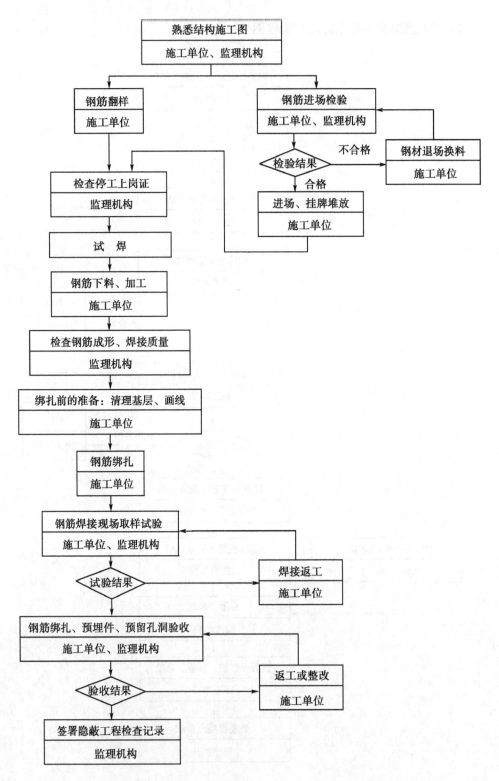

3.3　模板工程质量控制流程图

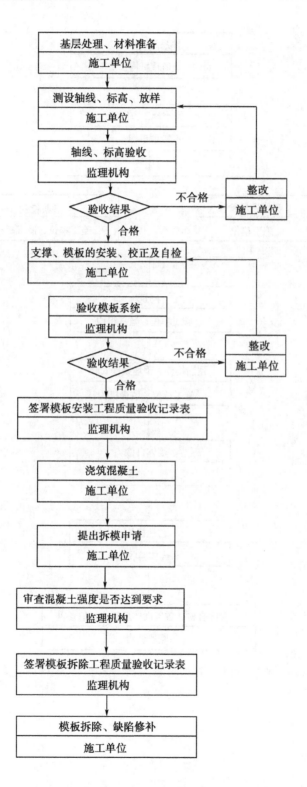

3.4 砌体工程质量控制流程图

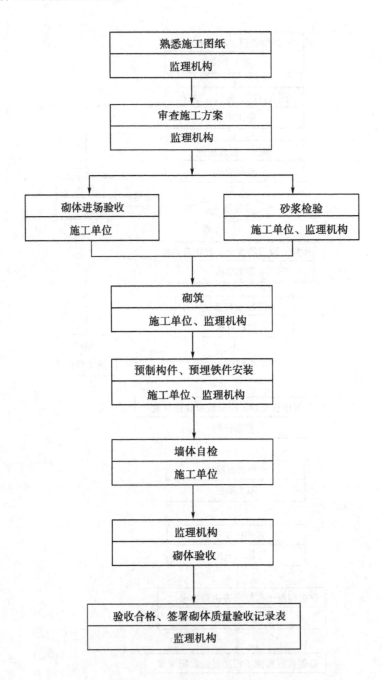

4. 质量工作控制目标

4.1 钢筋分项工程质量控制点及目标值

控制点			目标值			
原材料	钢筋进场	力学性能检验质量偏差检验	见证取样，符合有关标准的规定			
	有抗震设防要求结构的钢筋	纵向受力钢筋	性能满足设计要求；设计无要求时满足规范 GB50204—2002（2011 年版）第 2.2.2 条的要求			
加工	受力钢筋	弯钩和弯折	符合规范 GB50204—2002（2011 年版）第 5.3.1 条的要求			
	箍筋	末端弯钩	符合规范 GB50204—2002（2011 年版）第 5.3.1 条的要求			
	钢筋调直	力学性能检验	调直后进行，其强度应符合有关标准的规定			
		重量负偏差检验	钢筋牌号	重量负偏差（%）		
				直径 6mm~12mm	直径 14mm~20mm	直径 22mm~50mm
			HPB235、HPB300	≤10		
			HRB335、HRBF335	≤8	≤6	≤5
			HRB400、HRBF400			
			RRB400			
			HRB500、HRBF500			
		断后伸长率检验	钢筋牌号	断后伸长率 A（%）		
			HPB235、HPB300	≥21		
			HRB335、HRBF335	≥16		
			HRB400、HRBF400	≥15		
			RRB400	≥13		
			HRB500、HRBF500	≥14		
	加工允许偏差	受力钢筋顺长度向全长的净尺寸	±10（mm）			
		弯起钢筋的弯折位置	±20（mm）			
		箍筋内净尺寸	±5（mm）			

续表

控　制　点		目　标　值			
连接	受力钢筋连接方式	符合设计要求			
	连接接头力学性能检验	符合有关规程的规定			
	连接接头的设置	符合有关规程的规定			
安装	安装位置的偏差（mm）	绑扎钢筋网	长、宽	±10	
			网眼尺寸	±20	
		绑扎钢筋骨架	长	±10	
			宽、高	±5	
		受力钢筋	间距	±10	
			排距	±5	
			保护层厚度	基础	±10
				柱、梁	±5
				板、墙、壳	±3
		绑扎箍筋、横向钢筋间距	±20		
		钢筋弯起点位置	20		
		预埋件	中心线位置	5	
			水平高差	+3，0	

4.2　模板分项工程质量控制点及目标值

控制点	目标值		
模板及其支架的设计	应根据工程结构形式、荷载大小、地基土类别、施工设备和材料供应等条件进行设计 应具有足够的承载能力、刚度和稳定性，能可靠地承受浇筑混凝土的重量、测压力以及施工荷载		
模板安装	符合规范 GB50204—2002（2011 年版）第 4.2.1~4.2.5 条的要求		
现浇结构模板安装的 允许偏差（mm）	轴线位置		5
	底模上表面标高		±5
	截面内部尺寸	基础	±10
		柱、墙、梁	±4，−5
	层高垂直度	不大于 5m	6
		大于 5m	8
	相邻两板表面高低差		2
	表面平整度		5
预埋件和预留孔洞的 允许偏差（mm）	预埋钢板中心线位置		3
	预埋管、预留孔中心线位置		3
	插筋	中心线位置	5
		外露长度	+10，0
	预埋螺栓	中心线位置	2
		外露长度	+10，0
	预留洞	中心线位置	10
		尺　寸	+10，0
模板拆除	拆除的顺序及安全措施应按审批的专项施工技术方案执行		
底模拆除时的混凝 土强度要求	构件类型	构件跨度（m）	达到设计的混凝土立方体抗压强度标准值的百分率（%）
	板	≤2	≥50
		>2，≤8	≥75
		>8	≥100
	梁、拱、壳	≤8	≥75
		>8	≥100
	悬臂构件	—	≥100

4.3 混凝土分项工程质量控制点及目标值

控制点	目标值
水泥进场	应符合规范 GB50204—2002（2011 年版）第 7.2.1 条的要求
混凝土中掺用外加剂	应符合规范 GB50204—2002（2011 年版）第 7.2.2 条的要求
配合比设计	应符合规范 GB50204—2002（2011 年版）第 7.3.1～7.3.3 条的要求
结构混凝土的强度等级	必须符合设计要求
检查结构混凝土强度等级	应符合规范 GB50204—2002（2011 年版）第 7.4.1 条和第 7.4.2 条的要求
混凝土养护	应符合规范 GB50204—2002（2011 年版）第 7.4.7 条的要求

4.4　现浇结构分项工程工作质量控制点及目标值

		不应有严重缺陷		
外观质量	露筋	构件内钢筋未被混凝土包裹而外露	纵向受力钢筋有露筋	其他钢筋有少量露筋
	蜂窝	混凝土表面缺少水泥砂浆而形成石子外露	构件主要受力部位有蜂窝	其他部位有少量蜂窝
	孔洞	混凝土中孔穴深度和长度均超过保护层厚度	构件主要受力部位有孔洞	其他部位有少量孔洞
	夹渣	混凝土中夹有杂物且深度超过保护层厚度	构件主要受力部位有夹渣	其他部位有少量夹渣
	疏松	混凝土中局部不密实	构件主要受力部位有疏松	其他部位有少量疏松
	裂缝	缝隙从混凝土表面延伸至混凝土内部	构件主要受力部位有影响结构性能或使用功能的裂缝	其他部位有少量不影响结构性能或使用功能的裂缝
	连接部位缺陷	构件连接处混凝土缺陷及连接钢筋、连接件松动	连接部位有影响结构传力性能的缺陷	连接部位有基本不影响结构传力性能的缺陷
	外形缺陷	缺棱掉角、棱角不直、翘曲不平、飞边凸肋等	清水混凝土构件有影响使用功能或装饰效果的外形缺陷	其他混凝土构件有不影响使用功能的外形缺陷
	外表缺陷	构件表面麻面、掉皮、起砂、沾污等	具有重要装饰效果的清水混凝土构件有外表缺陷	其他混凝土构件有不影响使用功能的外表缺陷

		不应有影响结构性能和使用功能的尺寸偏差		
		项目		允许偏差（mm）
尺寸偏差	轴线位置	基础		15
		独立基础		10
		墙、柱、梁		8
		剪力墙		5
	垂直度	层高	≤5m	8
			>5m	10
		全高（H）		$H/1000$ 且≤30
	标高	层高		±10
		全高		±30
	截面尺寸			+8，−5
	电梯井	井筒长、宽对定位中心线		+25，0
		井筒全高（H）垂直度		$H/1000$ 且≤30
	表面平整度			8
	预埋设施中心位置	预埋件		10
		预埋螺栓		5
		预埋管		5
	预留洞中心线位置			15

4.5 填充墙砌体分项工程工作质量控制点及目标值

控制目标	目标值		
砌体和砌筑砂浆的强度等级	应符合设计要求		
填充墙砌体一般尺寸允许偏差（mm）	轴线位移		10
	垂直度	小于或等于3m	5
		大于3m	10
	表面平整度		8
	门窗洞口高、宽（后塞口）		±5
	外墙上、下窗口偏移		20
填充墙砌体的砂浆饱满度	空心砖砌体	水平	≥80%
		垂直	填满砂浆，不得有透明缝、瞎缝、假缝
	加气混凝土砌块和轻骨料混凝土小砌块砌体	水平	≥80%
		垂直	≥80%
填充墙砌体留置的拉结钢筋或网片	符合规范 GB50230—2002 第9.3.4条的要求		
填充墙砌体的灰缝厚度和宽度	符合规范 GB50230—2002 第9.3.6条的要求		
填充墙砌筑	符合规范 GB50230—2002 第9.3.5条和第9.3.7条的要求		

4.6 配筋砖砌体分项工程工作质量控制点及目标值

控制目标				目标值		
钢筋的品种、规格和数量				应符合设计要求		
构造柱	混凝土强度			应符合设计要求		
	与墙体的链接			应符合规范 GB50203—2002 第 8.1.2 条、第 8.1.3 条和第 8.2.3 条的要求		
	位置及垂直度允许偏差（mm）	柱中心线位置		10		
		柱层间错位		8		
		柱垂直度	每 层	10		
			全高	≤10m	15	
				>10m	20	

5. 监理工作方法

通过复核、巡视、旁站、见证、平行检查、验收、监理例会、指令文件、指导文件和审核签认等监理工作方法对主体结构工程进行全面控制。针对本主体工程具体情况，对旁站、见证、验收等监理工作做如下安排：

5.1 主体结构工程的旁站监理部位

－1 层防水混凝土浇筑；
－1 层至 33 层梁柱节点钢筋隐蔽过程；
－1 层至 33 层梁、板、柱混凝土浇筑；
后浇带混凝土浇筑；
构造柱混凝土浇筑。

5.2 主体结构工程混凝土试件见证取样计划

详见下列表格。

楼层/部位	同条件试件部位	砼强度	同条件养护试件组数	标养试件组数
地下室剪力墙	1/F~G轴地下室（-1.600）剪力墙	C45	1组	1组
地下室剪力墙	2~5/C~E轴地下室（-1.600）剪力墙	C45	1组	1组
地下室剪力墙	26~29/A~B轴地下室（-1.600）剪力墙	C45	1组	1组
地下室顶板	6~10/F~G轴地下室（-1.600）顶板	C35	1组	4组
地下室顶板	11~14/C~E轴地下室（-1.600）顶板	C35	1组	4组
地下室顶板	17~20/D~E轴地下室（-1.600）顶板	C35	1组	4组
地下室剪力墙	26~29/A~B轴地下室（-0.600）剪力墙	C45	1组	1组
地下室剪力墙	16/F~G轴地下室（-0.600）剪力墙	C45	1组	1组
地下室剪力墙	17~20/C~D轴地下室（-0.600）剪力墙	C45	1组	1组
地下室顶板	2~5/C~E轴地下室（-0.600）顶板	C35	1组	4组
地下室顶板	11~14/C~D轴地下室（-0.600）顶板	C35	1组	4组
地下室顶板	17~20/A~C轴地下室（-0.600）顶板	C35	1组	4组
一层柱	2~5/C~E轴一层剪力墙	C45	1组	2组
一层柱	26~29/A~B轴一层剪力墙	C45	1组	2组
二层梁板	16/E~F轴二层梁板	C35	1组	2组
二层梁板	11~14/C~E轴二层梁板	C35	1组	2组
二层柱	17~20/C~D轴二层剪力墙	C45	1组	2组
二层柱	2~6/C~D轴二层剪力墙	C45	1组	2组
三层梁板	17~20/A~C轴三层梁板	C35	1组	2组
三层梁板	6~10/F~G轴三层梁板	C35	1组	2组
三层柱	26~29/A~B轴三层剪力墙	C45	1组	1组
三层柱	1/F~G轴三层剪力墙	C45	1组	1组
四层梁板	21~25/D~E轴四层梁板	C35	1组	1组

续表

楼层/部位	同条件试件部位	砼强度	同条件养护试件组数	标养试件组数
四层梁板	2~5/C~E 轴四层梁板	C35	1 组	1 组
四层柱	2~6/C~D 轴四层剪力墙	C45	1 组	1 组
四层柱	17~20/C~D 轴四层剪力墙	C45	1 组	1 组
五层板	2~5/C~E 轴五层梁板	C35	1 组	1 组
五层板	16/E~F 轴五层梁板	C35	1 组	1 组
五层柱	2~6/C~D 轴五层剪力墙	C45	1 组	1 组
五层柱	16/F~G 轴五层剪力墙	C45	1 组	1 组
六层梁板	6~10/F~G 轴六层梁板	C35	1 组	1 组
六层梁板	17~20/A~C 轴六层梁板	C35	1 组	1 组
六层柱	2~5/C~E 轴六层剪力墙	C45	1 组	1 组
六层柱	26~29/A~B 轴六层剪力墙	C45	1 组	1 组
七层梁板	11~14/C~E 轴七层梁板	C35	1 组	1 组
七层梁板	17~20/A~C 轴七层梁板	C35	1 组	1 组
七层柱	17~20/C~D 轴七层剪力墙	C40	1 组	1 组
七层柱	1/F~G 轴七层剪力墙	C40	1 组	1 组
八层梁板	6~10/F~G 轴八层梁板	C35	1 组	1 组
八层梁板	17~20/A~C 轴八层梁板	C35	1 组	1 组
八层柱	26~29/A~B 轴八层剪力墙	C40	1 组	1 组
八层柱	1/F~G 轴八层剪力墙	C40	1 组	1 组
九层梁板	17~20/A~C 轴九层梁板	C35	1 组	1 组
九层梁板	6~10/F~G 轴九层梁板	C35	1 组	1 组
九层柱	2~6/C~D 轴九层剪力墙	C40	1 组	1 组
九层柱	17~20/C~D 轴九层剪力墙	C40	1 组	1 组

续表

楼层/部位	同条件试件部位	砼强度	同条件养护试件组数	标养试件组数
十层梁板	21~25/D~E 轴十层梁板	C35	1组	1组
十层梁板	2~5/C~E 轴十层梁板	C35	1组	1组
十层柱	2~6/C~D 轴十层剪力墙	C40	1组	1组
十层柱	16/F~G 轴十层剪力墙	C40	1组	1组
十一层梁板	2~5/C~E 轴十一层梁板	C35	1组	1组
十一层梁板	16/E~F 轴十一层梁板	C35	1组	1组
十一层柱	26~29/A~B 轴十一层剪力墙	C40	1组	1组
十一层柱	2~5/C~E 轴十一层剪力墙	C40	1组	1组
十二层梁板	17~20/A~C 轴十二层梁板	C35	1组	1组
十二层梁板	6~10/F~G 轴十二层梁板	C35	1组	1组
十二层柱	2~5/B~C 轴十二层剪力墙	C35	1组	1组
十二层柱	26~29/A~B 轴十二层剪力墙	C35	1组	1组
十三层梁板	2~5/C~E 轴十三层梁板	C30	1组	1组
十三层梁板	21~25/D~E 轴十三层梁板	C30	1组	1组
十三层柱	17~20/C~D 轴十三层剪力墙	C35	1组	1组
十三层柱	2~6/C~D 轴十三层剪力墙	C35	1组	1组
十四层梁板	21~25/B~C 轴十四层梁板	C30	1组	1组
十四层梁板	6~10/F~G 轴十四层梁板	C30	1组	1组
十四层柱	2~6/C~D 轴十四层剪力墙	C35	1组	1组
十四层柱	26~29/A~B 轴十四层剪力墙	C35	1组	1组
十五层梁板	6~10/D~E 轴十五层梁板	C30	1组	1组
十五层梁板	17~20/A~C 轴十五层梁板	C30	1组	1组
十五层柱	11~14/A~B 轴十五层剪力墙	C35	1组	1组

续表

楼层/部位	同条件试件部位	砼强度	同条件养护试件组数	标养试件组数
十五层柱	17~20/C~D 轴十五层剪力墙	C35	1组	1组
十六层梁板	21~25/D~E 轴十六层梁板	C30	1组	1组
十六层梁板	2~5/C~E 轴十六层梁板	C30	1组	1组
十六层柱	26~29/C~E 轴十六层剪力墙	C35	1组	1组
十六层柱	2~6/C~D 轴十六层剪力墙	C35	1组	1组
十七层梁板	16/E~F 轴十七层梁板	C30	1组	1组
十七层梁板	11~14/C~E 轴十七层梁板	C305	1组	1组
十七层柱	2~5/C~E 轴十七层剪力墙	C35	1组	1组
十七层柱	17~20/C~D 轴十七层剪力墙	C35	1组	1组
十八层梁板	6~10/F~G 轴十八层梁板	C30	1组	1组
十八层梁板	21~25/D~E 轴十八层梁板	C30	1组	1组
十八层柱	17~20/C~D 轴十八层剪力墙	C30	1组	1组
十八层柱	2~6/C~D 轴十八层剪力墙	C30	1组	1组
十九层梁板	11~14/C~E 轴十九层梁板	C25	1组	1组
十九层梁板	17~20/A~C 轴十九层梁板	C25	1组	1组
十九层柱	26~29/A~B 轴十九层剪力墙	C30	1组	1组
十九层柱	2~6/C~D 轴十九层剪力墙	C30	1组	1组
二十层梁板	17~20/A~C 轴二十层梁板	C25	1组	1组
二十层梁板	6~10/F~G 轴二十层梁板	C25	1组	1组
二十层柱	17~20/C~D 轴二十层剪力墙	C30	1组	1组
二十层柱	11~14/A~B 轴二十层剪力墙	C30	1组	1组
二十一层梁板	11~14/C~E 轴二十一层梁板	C25	1组	1组
二十一层梁板	21~25/B~C 轴二十一层梁板	C25	1组	1组

楼层/部位	同条件试件部位	砼强度	同条件养护试件组数	标养试件组数
二十一层柱	2~6/C~D轴二十一层剪力墙	C30	1组	1组
二十一层柱	26~29/A~B轴二十一层剪力墙	C30	1组	1组
二十二层梁板	2~5/C~E轴二十二层梁板	C25	1组	1组
二十二层梁板	17~20/A~C轴二十二层梁板	C25	1组	1组
二十二层柱	11~14/A~B轴二十二层剪力墙	C30	1组	1组
二十二层柱	16/F~G轴二十二层剪力墙	C30	1组	1组
二十三层梁板	2~5/C~E轴二十三层梁板	C25	1组	1组
二十三层梁板	17~20/D~E轴二十三层梁板	C25	1组	1组
二十三层柱	17~20/C~D轴二十三层剪力墙	C30	1组	1组
二十三层柱	1/F~G轴二十三层剪力墙	C30	1组	1组
二十四层梁板	21~25/B~C轴二十四层梁板	C25	1组	1组
二十四层梁板	2~5/C~E轴二十四层梁板	C25	1组	1组
二十四层柱	1/F~G轴二十四层剪力墙	C30	1组	1组
二十四层柱	26~29/A~B轴二十四层剪力墙	C30	1组	1组
二十五层梁板	6~10/D~E轴二十五层梁板	C25	1组	1组
二十五层梁板	17~20/A~C轴二十五层梁板	C25	1组	1组
二十五层柱	16/F~G轴二十五层剪力墙	C30	1组	1组
二十五层柱	2~5/B~C轴二十五层剪力墙	C30	1组	1组
二十六层梁板	11~14/A~B轴二十六层梁板	C25	1组	1组
二十六层梁板	21~25/B~C轴二十六层梁板	C25	1组	1组
二十六层柱	17~20/C~D轴二十六层剪力墙	C25	1组	1组
二十六层柱	2~6/C~D轴二十六层剪力墙	C25	1组	1组
二十七层梁板	21~25/B~C轴二十七层梁板	C25	1组	1组

续表

楼层/部位	同条件试件部位	砼强度	同条件养护试件组数	标养试件组数
二十七层梁板	2~5/C~E 轴二十七层梁板	C25	1组	1组
二十七层柱	2~6/C~D 轴二十七层剪力墙	C25	1组	1组
二十七层柱	26~29/A~B 轴二十七层剪力墙	C25	1组	1组
二十八层梁板	6~10/D~E 轴二十八层梁板	C25	1组	1组
二十八层梁板	17~20/A~C 轴二十八层梁板	C25	1组	1组
二十八层柱	11~14/A~B 轴二十八层剪力墙	C25	1组	1组
二十八层柱	16/F~G 轴二十八层剪力墙	C25	1组	1组
二十九层梁板	21~25/D~E 轴二十九层梁板	C25	1组	1组
二十九层梁板	2~5/C~E 轴二十九层梁板	C25	1组	1组
二十九层柱	26~29/C~E 轴二十九层剪力墙	C25	1组	1组
二十九层柱	1/F~G 轴二十九层剪力墙	C25	1组	1组
三十层梁板	16/E~F 轴三十层梁板	C25	1组	1组
三十层梁板	6~10/D~E 轴三十层梁板	C25	1组	1组
三十层柱	17~20/C~D 轴三十层剪力墙	C25	1组	1组
三十层柱	2~6/C~D 轴三十层剪力墙	C25	1组	1组
三十一层梁板	11~14/C~E 轴三十一层梁板	C25	1组	1组
三十一层梁板	21~25/B~C 轴三十一层梁板	C25	1组	1组
三十一层柱	11~14/A~B 轴三十一层剪力墙	C25	1组	1组
三十一层柱	16/F~G 轴三十一层剪力墙	C25	1组	1组

5.3 钢筋机械连接、焊接接头试件见证计划

序号	组数	规格	连接方式	使用部位
1	5组	22	机械连接接头	基础±0以下
2	3组	25	机械连接接头	基础±0以下
3	2组	20	机械连接接头	基础±0以下
4	4组	18	机械连接接头	基础±0以下
5	5组	16	机械连接接头	基础±0以下
6	2组	14	机械连接接头	基础±0以下
7	2组	14	机械连接接头	±0—14.8
8	2组	16	机械连接接头	±0—14.8
9	2组	18	机械连接接头	±0—14.8
10	15组	16	电渣压力焊接头	14.8米—屋面
11	33组	12	电渣压力焊接头	14.8米—屋面

5.4 其他见证工作

钢筋进场复检取样；
商品混凝土进场坍落度检查；
结构实体检查；
防水材料APF-405PET自粘防水卷材和FJS防水涂料复检取样；
保温材料无机保温砂浆和泡沫混凝土复检取样。

6. 监理控制措施

6.1 模板工程质量控制措施

1）模板工程质量的预控

（1）审核模板工程的结构体系、荷载大小、合同工期及模板的周转情况等，综合考虑施工单位所选择的模板和支撑系统是否合理，提出审核意见。重点审定：

①能否保证工程结构和构件各部分形状尺寸和相关位置的正确，对结构节点及异型部位模板设计是否合理（是否采用专用模板）。

②是否具有足够的承载力、刚度和稳定性，能否可靠地承受新混凝土的自重和侧压力，以及在施工过程中所产生的活荷载。

③模板接缝处理方案能否保证不漏浆。

④模板及支架系统构造是否简单、装拆方便，并便于钢筋的绑扎、安装清理和混凝土的浇筑、养护。

⑤要求施工单位绘制全套模板设计图（模板平面图、分块图、组装图、节点大样图以及零件加工图）。

（2）对进场模板规格、质量进行检查。目前施工中常用钢模板、木模板、胶合板模板等，对它们的质量（包括重复使用条件下的模板）、外形尺寸、平整度、板面的清洁程度以及相关的附件（角膜、连接附件），以及支撑系统都应进行检查，并确定是否可用于工程，提出修改意见。重要部位应要求施工单位按要求预拼装。

对施工单位采用的模板螺栓应在加工前提出预控意见，确保加工质量，确保模板连接后的牢固。

（3）选用质地优良和价格适宜的隔离剂是提高混凝土结构、构件表面质量和降低模板工程费用的重要措施。各种隔离剂都有一定的应用范围和应用条件。在审批时应注意：

①注意脱模剂对模板的适用性。如脱模剂用于金属模板时，应具有防锈、阻锈性能；用于塑料模板时，应不使塑料软化变质；用于木模板时，要求它渗入木材一定深度，但不致全部吸收掉，并能提高木材的防水性能。

②要考虑混凝土结构构件的最终饰面是油漆、刷浆或抹灰，应选用不影响混凝土表面粘结的脱模剂；有建筑物的混凝土构件，则应选用不会使混凝土表面污染和变色的脱模剂。

③要注意施工时的气温和环境条件。在冬期施工时，要选用冻结点低于最低气温的脱模剂；在雨季施工时，要选用耐雨水冲刷的脱模剂；当混凝土构件采用蒸汽养护时，应选用热稳定性合格的脱模剂。

④注意施工工艺的适应性。有些脱模剂刷后即可浇筑混凝土，但有些脱模剂要等干燥后才能浇筑混凝土。因此，选用时应考虑脱模剂的干燥时间是否能满足施工工艺要求。脱模剂的脱模效果与拆模时间有关，当脱模剂与混凝土接触面之间粘结力大于混凝土的内聚力时，往往发生表层混凝土被局部粘掉的现象，因此具体拆模时间应通过实验确定。

2）模板工程质量的过程控制

（1）墙、柱支模前应先在基底弹线，以弹线校正钢筋位置，并为合模检查位置提供准确依据。

为防止胀模、跑模、错位造成结构端面尺寸超差、位置偏离、漏浆造成蜂窝麻面，模板支撑应符合模板设计要求。

①柱模应有斜支撑或拉杆，柱模拉杆每边宜设两根，固定在事先埋入楼板内的钢筋环上。用花篮螺栓调节校正模板垂直度。拉杆与地面夹角为 45°，预埋钢筋环与柱距离宜为 3/4 柱高。

②剪力墙模板穿墙螺栓规格和间距应符合模板设计。一般穿墙螺栓应用 $\phi 12$ 以上的钢筋制作，间距一般不大于 60cm。

③梁模板一般情况下采用双支柱，间距以 60~100cm 为宜。支柱上面垫 10cm×10cm 方木，支柱中间或下边加剪力撑和水平拉杆。梁侧模板竖龙骨一般情况下宜为 75cm，梁模板上口应用卡子固定，当梁高超过 60cm 时，加穿梁螺栓加固。

④楼板模板一般情况下支柱间距为 80~120cm，大龙骨间距为 60~120cm，小龙骨间距为 40~60cm。

（2）对模板拼缝、节点位置模板支搭情况及加固情况，应认真检查、防止漏浆及缩颈现象。

（3）梁、板底模当跨度大于 4m 时应起拱，设计无要求时，一般起拱高度宜为1/1000~3/1000。

①预埋件、预留孔洞的位置、标高、尺寸应复核；预埋件固定方法应可靠，防止位移。

②模板在下列情况下要开洞：一次支模过高，浇捣困难；有大的预留洞口，洞口下难以浇筑；有暗梁或梁穿过；钢筋密集，下部不易浇筑。

③合模前钢筋隐检已合格，模内已清扫干净，应剔除部分已踢凿合格；合模后核验模板位置、尺寸及钢筋位置，垫块位置与数量，符合要求才能浇筑混凝土。

（4）模板涂刷隔离剂时，首先应清楚模板表面的尘土和混凝土残留物，再涂刷，应均匀，不得漏刷或沾污钢筋。

（5）混凝土整体结构的拆模原则：

①底模混凝土强度已达到设计要求，一般均应达到设计强度等级的 75% 以上（混凝土强度应以同条件养护的试块抗压强度为准）；结构跨度大于 8m 的梁、板、拱壳和大于 2m 的悬臂构件应达到 100%。

②侧模混凝土强度能保证其表面及菱角不因拆模而损坏。

③在拆除模板过程中，如发现混凝土有影响结构安全的质量问题，应暂时拆除，经过处理后方可继续。

④大模板墙体施工，在常温下墙体混凝土强度必须达到 1MPa 规定才进行拆模。

⑤冬季施工要遵照现行混凝土工程施工及验收规范中的有关冬期施工规定才能进行拆模。

⑥对于大体积混凝土的拆模时间，除应满足混凝土强度要求外，还应考虑产生温度裂缝的可能性。一般采取保温措施，使混凝土内外温差降低到 25℃ 以下时方可拆模。为了加速模板周转，需要提早拆模时，必须采取有效措施，使拆模与养护措施密切配合，边拆除，边用草袋覆盖，以防止外部混凝土温度降低过快使内外温差超过 25℃ 而产生温度裂缝。

3）模板工程的常见质量通病

（1）强度、刚度和稳定性不能保证；重要的较高、较复杂的现浇混凝土结构无模板设计；整体性、密闭性、精确度差造成大量剔凿；未按验收标准对模板工程做同步验收。

（2）轴线位移。

①轴线定位错误。

②墙、柱模板根部和颈部无固定措施，发生偏差后不做认真校正造成累积误差。

③不拉水平和竖向通线，无竖向总垂直度控制措施。

④支模刚度差，拉杆太稀，间距不规则。

⑤不对称浇灌混凝土，拉偏模板。

⑥螺栓、顶撑、木楔使用不当或松动，用铁丝拉结捆绑，变形大。

⑦模板与脚手架拉结。

（3）变形。

①支撑及模板带、楞太稀，断面小，刚度差，支点位置不当，支撑不可靠。

②组合小钢模时，连接件未按规定布置，连接件不齐，模板整体性差，变形漏浆，小钢模支点太远，超规定，钢模呈现变形。

③墙、梁模板无对拉螺栓及模内缺顶撑。

④承重模板垂直支撑体系刚度不足、拉杆大、稀，垂直立撑压曲。

⑤支撑体系缺余撑或十字拉杆，直角不方（包括在门洞门口易变形），系统变形甚至失稳。

⑥角部模板水平楞支撑悬挑，而不采取有效措施，造成刚度差，变形大。

⑦模板在边坡上支点太软，易松动变形。

⑧竖向承重支撑地基未夯实，不垫板，也无排水措施，造成支点下沉。

⑨不对称浇灌混凝土，模板被挤偏（如门口、洞口及圆形模等）。

⑩浇墙、柱混凝土时，不设混凝土卸料平台，或混凝土太稀，浇灌速度过快，一次浇灌混凝土太厚，振捣过分，造成模板变形。

⑪冬季施工，无防冻措施，支撑地基冻胀，或回填土化冻，地基下沉。

（4）标高偏差。

①每层楼无标高控制点，竖向模板根底未做找平（注意，如用砂浆找平，砂浆不得深入柱体）。

②模顶无标高标记（特别是墙体大模板顶标高，圈梁顶标高，设备基础顶标高）或不按标记检查施工。

③楼梯踏步模板未考虑不同装修层厚差。

（5）接缝不严，接头不规则。

①模板制作安装周期过长，造成干缩缝过大；浇混凝土前不提前浇水湿润胀开，模板木料含水率过大，木模制作不符合要求，粗糙，拼缝不严。

②钢模变形不修理。

③钢模接头非整拼时，模板接缝处堵板马虎。

④堵缝措施不当（如用油毡条、塑料条、水泥袋纸、泡沫塑料等堵模板缝，难以拆净，影响结构和装饰）。

⑤柱梁交接部位、楼梯间、大模板接头尺寸不准，错台，不交圈。

（6）脱模剂涂刷不符合要求。

①拆模后不清理残灰即刷脱模剂。

②脱模剂涂刷不匀或漏涂，或涂刷过多。

③油性脱模剂使用不当，油污钢筋、混凝土（特别是滑膜、楼板模、预制板钢模）。

④脱模剂选用不当，影响混凝土表面装饰工程质量。

（7）模内清理不符合要求。

①墙、柱根部的拐角或堵头，梁、柱接头最低点不留清扫口，或所留位置无法有效

清扫。

②合模之前未做第一道清扫。

③钢筋已绑,模内未用压缩空气或压力水清除。

④大面积混凝土底板垫层,后浇带(缝)底部未设施工用清扫坑。

(8)封闭的或竖向的模板无排气口、浇捣口。

①对墙体内大型预留洞口模底,杯形基础杯斗模底等未设排气口,对称下混凝土时易产生气囊,使混凝土不实。

②高柱、墙侧面无浇捣口,又无有效措施,造成混凝土灌注自由落距太大,易离析,无法保证浇捣质量。

(9)斜模板存在问题。

①较大斜坡混凝土不支面层斜模,混凝土无法振实。

②面层斜模与基底面不拉结、不固实,混凝土将模板浮起。

(10)拆模使混凝土受损。

①支模不当影响拆模。

②拆侧模过早,破坏混凝土棱角。

③杯斗起模过早,混凝土坍落,杯斗起模过晚无法起出。

④低温下大模板拆模过早,墙体粘连。

⑤冬季拆模过早,混凝土未达临界强度面受冻。

⑥承重底模未按规范规定强度拆模。

(11)其他支模错误。

①不按规定起拱(如现浇梁≥4m跨时,应起拱 1/1000~3/1000)。

②支模中遗漏预埋件、预留孔。

③合模前与钢筋及各专业未协调配合。

④键槽定型模板未高出键槽,使键槽混凝土顶部挤不实。

⑤硬架支模,板底留缝太小(宜为 30~50mm),不利于混凝土返浆。

⑥圆形模箍、紧箍器间距不规则,造成箍模力不匀。

6.2 钢筋工程质量控制措施

1)钢筋工程质量的预控措施

(1)审查施工单位报送的钢筋出厂质量证明书及材质报告单,如为复印件,应加盖原件所在单位的印章。

(2)钢筋进入现场后,应进行外观检查。外观检查不符合要求的,应指令施工单位将其清退出场。

(3)审查施工单位报送的钢筋复验报告,对于复试不合格的钢筋,指令施工单位清理出现场。

(4)对钢筋须实行见证取样和送检制度,次数不得少于试验总数的 30%。

(5)要求焊工持证上岗,并进行抽查,检查合格后方可进行正式钢筋焊接。

(6)充分熟悉设计图纸,明确各结构部位设计钢筋的品种、规格、绑扎或焊接要求,特别应注意结构某些部位配筋的特殊处理，对有关配筋变化的图纸会审记录和设计变更通知单，及时标注在相应的结构施工图上。

2）钢筋工程质量的过程控制

（1）钢筋在加工过程中，如发现脆断、焊接性能不良或力学性能显著不正常等现象，应要求施工单位根据现行国家标准对该批钢筋进行化学成分检验或其他专项检验。

（2）对钢筋焊接或机械连接进行外观检验，不合格的，要求进行返工。审查施工单位报送的钢筋焊接或机械接接头的机械性能试验报告单（应按规范要求批量进行），对于不符合规范要求的，应责令施工单位进行返工处理。

（3）在钢筋绑扎过程中，监理工程师应到现场巡视，发现问题，及时以监理通知单形式通知施工单位改正。

（4）在施工单位自检合格的基础上，对施工单位报验的部位进行隐藏工程验收。

（5）对于以下几点构造措施，应加强检查：

①框架节点箍筋加密区的及梁上有集中荷载处的附加吊筋，不得漏放；

柱根部第一道箍筋和墙体第一道水平筋应放在离结构箍筋区长度不应小于 500mm；

主次梁节点部位主梁箍筋应按加密要求通常布置加密箍筋区长度不应小于 500mm。

②具有双层配筋的厚板和墙板，应要求设置撑筋和拉钩，悬挑结构负弯矩钢筋应保证到位，采取措施防止踩压错位。

③筋保护层的垫块强度、厚度、位置应符合设计及规范要求。

④预埋件、预留孔洞的位置应正确、固定可靠，孔洞周边钢筋加固符合设计要求。

（6）浇筑混凝土前，监理工程师应二次验筋，如有问题及时通知施工单位，修整合格后方可浇筑混凝土。

3）钢筋工程的常见质量通病

（1）材质检验与保管不符合要求。

①无出厂合格证。

②无进场复试。

③批量不清、超批量、漏检。

④化学成分不合格或加工中发生脆断、焊接性能不良或机械性能显著不正常，未做化学成分检验。

⑤机械性能不合格无交代，无加倍复试。

⑥运输、储存中钢筋标牌丢失，堆放分类不清。

（2）钢筋锈蚀与污染。

（3）钢筋代换不符合要求。

（4）加工成型质量差。

①未统一下料，下料不准。

②对复杂节点未综合空间相交叉的关系放样。

③尺寸、角度差、不直不顺、弯点不准，弯钩偏短。

④不同等级钢筋及进口筋，不注意不同弯曲成型半径要求。

⑤运输堆放被折、变形未做修正。

（5）不符合图纸或规范构造规定。

（6）钢筋接头错误。

①接头绑、焊型式采用不当。

②搭接长度不足。

③错开接头的百分比不符合规范。

④接头位置不当。

⑤梁柱筋搭接接头处箍筋未加密。

（7）钢筋锚固不符合规范要求：

①锚固长度不足。

②锚固形式不对。

（8）钢筋绑扎不符合要求：

①主筋未绑到位（四角主筋不贴箍筋角，中间主筋不贴箍筋）。

②主筋位置放反（受拉受压颠倒，特别注意悬挑梁板）。

③不设定位箍筋，主筋跑位严重。

④板筋绑扎，花扣不符合规范、缺扣、松扣。

⑤箍筋不垂直主筋，箍筋间距不匀，绑扎不牢，不贴主筋。

⑥柱主筋的弯钩和板主筋弯钩朝向不对。

⑦钢筋接头不错开。

（9）钢筋保护层不符合要求。

（10）有焊接要求的钢筋未做焊接试验。

（11）焊工无合格证，或焊工不符合施焊条件。

（12）未按规范规定在现场截取试件试验。

（13）焊条不符合要求。

①无出厂合格证。

②焊条不符合钢筋等级要求。

③未按焊条要求烘烤并做烘烤记录。

④使用受潮酸性焊条不烘烤。

⑤烘烤时间、次数、温度不符合要求。

（14）焊接质量不符合要求。

（15）焊接不按规定进行。

①焊接钢筋清理不好，未认真选择好参数（应做工艺试验）。

②对接焊头的端头不垂直、不平整。

③焊接接头错开百分比不对，距弯头不对（应 $>10d$）。

（16）挤压接头不符合要求。

①钢套筒进钢筋长度不足。

②压痕数量不够，分布不匀，深度不足，套管压裂。

③接头弯折角大于 4，或超过 7/100。

4）高层建筑有关规定

（1）高层建筑现浇框架（结构）纵向钢筋的接头与锚固应满足下列要求：

①框架（结构）柱的纵向钢筋，一级框架（结构）应采用焊接接头，二级框架（结构）底层应采用焊接接头，其他位置宜采用焊接接头，三级框架（结构）除底层柱外可采用搭接接头。搭接长度：非抗震设计时不得小于 $1.2L_a$ 抗震设计：一级 $1.2L_a+10d$，二级 $1.2L_a+5d$，三级、四级 $1.2L_a$（L_a 为钢筋锚固长度）。

②直径大于 22mm 的钢筋宜采用焊接接头。

③柱纵向受力钢筋应在两个水平面上搭接，搭接位置应在受力较小区域。

④相邻接头间距，焊接不得小于 500mm，搭接不得小于 600mm，接头最低点距柱端不宜小于柱截面长边尺寸，且宜在楼板面以上 750mm 处。

⑤框架（结构）顶层柱的纵向钢筋应锚固在柱顶板或板、梁内，锚固长度由板、梁底算起，非抗震设计不小于 L_a，抗震设计：一级不小于 L_a+10d，三、四级不小于 L_a，抗震设计时且应有不小于 $10d$ 的直钩长度。

（2）几个要注意的问题：

①楼层：悬臂板受力筋应位于板面，不能置于板底，拆板楼梯转角处注意内角筋要交叉锚固。

②天面：外边大角应加斜角筋；分布筋间距不应大于 250mm，梁起拱走水时，梁底钢筋保护层不能增大。

③高层建筑除应遵照《高层建筑混凝土结构技术规程》JGJ3—2002 外，还应遵守国家有关规范规定。

6.3 混凝土工程质量控制措施

1）混凝土工程质量的预控

（1）审核施工单位的施工组织设计，应特别注意混凝土的生产、输送、浇筑顺序、施工缝的设置。

（2）优选商品混凝土生产厂家。要确保商品混凝土质量，首先就要选好混凝土生产厂家，选好了混凝土生产厂家也就抓住了混凝土质量管理的源头。在考察混凝土厂家的时候，要考察厂家的质量管理体系、资质证书、生产能力、社会信誉等，以及所用原材料的产地及质量。

（3）审查混凝土配合比。混凝土配合比应送取现场的水泥、砂、石实验，应委托有资质的试验室计算试配合格的正式混凝土配合比通知单，才能准许作为混凝土《开盘鉴定》的依据。

（4）在钢筋工程、模板工程、水电暖通专业以及混凝土浇筑准备验收认可后，施工单位方可浇筑混凝土。

（5）泵送混凝土宜用搅拌运输车运输，从混凝土生产厂至工地现场运距不宜过长，时间应在混凝土初凝前能到达施工现场并卸料完毕为理想（1h 左右），运输距离的选择还要视交通条件、是否畅通等因素通盘考虑。

2）混凝土工程质量的过程控制

（1）对混凝土进场的检查。测量坍落度，随机取样制作试块。

（2）混凝土的浇筑、接槎、振捣的控制。

①混凝土的浇筑顺序和方法，事先应周密考虑。对于大体积、大面积混凝土的浇筑，分层、分段要合理；层、段间的间隔时间要计划好。在前一层、段混凝土初凝前，浇筑后一层、段的混凝土，振捣器要插入到下一层。

②对配筋密集和预埋较多的部位，应认真操作，把握振捣密实，并避免碰动钢筋及预埋件。

③施工缝的留置及处理的检查：施工缝的留置位置应在混凝土浇筑之前确定，应符合规范要求。

（3）混凝土的养护检查：督促施工单位派专人对混凝土进行养护。

（4）混凝土质量的检查和缺陷的修整。

①以混凝土同条件试块强度，作为检查混凝土拆模强度的标准。

②对拆模后的混凝土结构，检查其偏差是否超过规范要求。

③当发现混凝土结构存在蜂窝、麻面、露筋甚至孔洞时，施工单位不得自行修整，要做好详细记录，报请监理机构检查，然后根据缺陷的严重程度，区别对待，进行修整。对于影响结构性能的缺陷，必须会同设计单位共同研究处理。

（5）混凝土与钢筋混凝土冬季施工。

①钢筋冷拉可在负温度下进行，但不宜低于-20℃，冷拉控制预应力较常温时提高30N/mm^2。钢筋焊接应在室内进行，如在室外，温度不宜低于-20℃，焊接完毕，接头严禁立即碰到冰雪。

②混凝土配制时水泥强度等级不应低于32.5级，每立方米混凝土最小用水泥量不宜少于300kg，水灰比不应大于0.6。水泥应预先放入暖棚内存放，使水泥保持在正温以上并且搅拌时的骨料不得带有冰雪及冻团，搅拌时间比常温时较长。

③混凝土冬期运输应有保温措施，浇筑前应清除模板上的冰雪和污垢，加热养护前混凝土温度不得低于2℃。为利于低温下混凝土硬化，混凝土内宜渗入无腐蚀钢筋作用的外加剂。

④冬季施工混凝土质量检查除按一般混凝土检查要求外，还应检查外加剂的掺量，混凝土养护期室外气温及周围环境温度每昼夜至少定时定点测量4次，按冬季施工技术措施规定采取正确的养护测温。

3）混凝土工程的质量通病

（1）材质与试验不符合要求。

①水泥无出厂合格证或试验报告，或出厂合格证内容项目及手续不全，批量不符合规定。

②砂石级配不合格，含泥量超过规定，或其他指标不符合规定。

③外加剂无法定单位鉴定，无许可证。

（2）搅拌、计量、配合比与试块不符合要求。

①无试验室试配，或不经过试验室，乱用经验配合比。

②试配与材料、试块不一致、不交圈。

③计量不准，无专人管理，无开盘鉴定。

④搅拌不匀（时间太短），搅拌不当（加引气型外加剂搅拌时间过长、过短均不宜）。

⑤试块留置数量不符合规定。

标养试块数量不足（每层、每 100 盘、每 100m³、每工作班不应少于 1 组），未留置备用试块。

缺同条件试块（冬施、拆模、防水混凝土）。

接头、留缝混凝土缺试块。

⑥试块养护不标准（标养箱，20±3℃水中）。

⑦未做汇总统计分析，或不按规范规定的要求和条件做数理统计分析。

（3）施工缝留置与处理不符合要求。

①施工方案考虑不周，出现应有的施工缝。

②无合理安排浇筑混凝土停歇时间而出现施工缝。

③不留施工缝又无缓凝措施。

④施工缝位置不合规范规定。

（4）混凝土浇筑不符合要求。

①浇筑混凝土无卸料平台（尤其是墙、柱混凝土），混凝土用吊斗直接入模造成卸料分层过厚、振捣失控、不匀、漏振、模板变形、跑浆。

②浇筑混凝土不分层，或分层不清造成漏振、重振，易出不应有的施工缝。

③泵送混凝土，无有效控制措施，坍落度过大，浇筑混凝土太快，造成一次浇筑过厚，振捣失控，模板变形。

④接槎未铺设同混凝土配合比无石子砂浆。接槎砂浆不与混凝土浇筑同步，接槎砂浆厚度失控。

（5）混凝土浇筑施工中不对称浇筑混凝土，将模板挤偏，造成变形。

（6）在钢筋密集处，浇筑混凝土不符合要求。

①未采用相应粒径的粗骨料混凝土。

②未采取模内外振捣或采用分段支模浇捣办法。

③未事先与设计洽商适当改变钢筋排列、直径、接头等。

（7）采用商品混凝土不符合要求。

①无商品混凝土通知单，混凝土小票、强度等级与设计要求未验证。

②现场不做坍落度检验，或无检验记录。

③出罐时间过长，混凝土已初凝，现场随意加水。

④混凝土不合要求时，不立即交涉、采取措施或退回。

⑤现场不留试块。

⑥泵送管内被清洗的混凝土也用于工程（应废弃）。

⑦冬季施工中机具及泵送管路保温不好造成混凝土入模温度不符合要求。

⑧混凝土工程外观常见质量通病：蜂窝，麻面，孔洞，露筋，烂根，缺棱掉角，洞口变形，错台，裂缝，板缝凝土浇筑不实。

4）混凝土裂缝的原因、特征及控制

（1）混凝土裂缝的原因及特征。

裂缝的原因			裂缝的特征
混凝土材料方面	（1）水泥凝结时间不正常		面积较大混凝土凝结初期出现不规则裂缝
	（2）水泥不正常膨胀		放射型网状裂纹
	（3）混凝土结时浮浆及下沉		混凝土浇筑1~2小时后的钢筋上面及墙和楼板资质处断续发生
	（4）骨料中含泥		混凝土表面出不网状干裂
	（5）水泥水化热		大体积混凝土浇筑后1~2周出现等距离规则的直线裂缝，有表面的也有贯通的
	（6）混凝土的石化、干缩		浇筑两三个月后逐渐出现及发展，在窗口及梁柱端角出现斜裂纹，在细雨长梁、楼板、墙等处则出现等距离垂直裂纹
	（7）接茬处理不好		从混凝土内部爆裂，潮湿地方比较多施工方面
施工方面	（1）搅拌时间过长		全面出现网状及长短不规则裂缝
	（2）泵送时增加水及水泥量		易出网状及长短不规则裂缝
	（3）配筋踩乱，钢筋保护层减薄		沿混凝土肋周围发生，及沿配筋和配管表面发生
	（4）浇筑速度过快		浇筑1~2小时后，在钢筋上面、在墙与板、梁与柱交接处部分出现裂缝
	（5）浇筑不均匀，不密实		易成为各种裂纹的起点
	（6）模板鼓起		平等于模板移动的方向，部分出现裂缝
	（7）接茬处理不好		接茬处出现冷茬裂缝
	（8）硬化前处振或加荷		硬化后出现受力状态的裂缝
	（9）初期养护不好	过早干燥	浇筑不久表面出现不规则短残影
		初期受冻	微细裂纹。脱模后混凝土表面出现返白，空鼓等
	（10）模板支柱下沉		在梁及楼板端部上面与中间部分下面出现裂纹
使用及环境条件	（1）温度、湿度变化		类似干缩裂纹，已出现的裂纹随环境温度、湿度的变化而变化
	（2）混凝土构件两面的温湿度差		在低温或低湿的侧面，拐角处易发生
	（3）多次冻融		表面空鼓
	（4）火灾表面受热		整个表面出现龟背状裂纹
	（5）钢筋接茬膨胀沿钢筋出现大裂缝、甚至剥落、流出锈水等		钢筋出现大裂缝，甚至剥落，流水锈+水等
结构及外力影响	（1）超载	早荷载	在梁与楼板受拉侧出现垂直裂统计裂纹
	（2）地震、规程荷载		柱、梁、墙等处发生45°斜裂纹
	（3）断面钢筋量不足		构件受拉力出现垂直裂纹
	（4）结构物地基不均匀下沉		发生45°大斜缝

（2）混凝土裂缝的控制。

①温度裂缝预防措施。

随着每立方米混凝土的水泥用量增加，水化热会使混凝土温度相应增长，可掺加少量的粉煤灰代替水泥来减少水泥水化而产生的水化热。实践证明，混凝土中按比例掺入粉煤灰不但能代替部分水泥并减少水化热，还可起到润滑作用，提高了混凝土拌合物的流动性、黏聚性和保水性，使泵送性能大大改善。粉煤灰中的活性 Al_2O_3、SiO_2 与水泥中析出的 CaO 作用，形成新的水化产物，填充孔隙、增加密实度。

在混凝土中掺加减水、缓凝作用的外加剂，不但可以改善混凝土的流动性、黏聚性和保水性，还可以减少用水量并提高强度。减少用水量就可以降低水化热，使混凝土水化热不至于过分集中，从而减少温度裂缝。

控制混凝土的入模温度也是降低水化热的重要方法。例如，防止太阳直接照射砂石料，向骨料喷水，加冰块冷却原材料等。在现场采用泵送混凝土时，还可采用管道冷却、保温等措施。

模板可减缓混凝土表面散热，减小混凝土内外温差，从而减少混凝土温度裂缝，因此在混凝土浇筑完毕后，不要急于拆模，最好 7d 后拆模。构筑物中墙体一般较薄，混凝土内部热量积累不多。这种裂缝在厚重的底板上较多，底板在浇筑完毕后应采用塑料薄膜盖保温养护，防止内外温差过大。

②沉陷收缩裂缝预防措施。

在满足泵送和浇筑要求前提下，严格控制混凝土单位用水量，尽可能减小混凝土坍落度。

掺加适量外加剂改善混凝土性能。

控制混凝土搅拌时间，防止搅拌时间不均匀造成混凝土前后物理性能相差较大。

在浇筑过程中下料不能太快，防止混凝土堆积及振捣不充分。

③干缩裂缝预防措施。

尽量使用普通硅酸盐水泥等中低热水泥和粉煤灰水泥，并加入适量的粉煤灰，减小水的用量及水灰比，选用收缩小的外加剂。

在混凝土中加入适量的膨胀剂，可补偿水泥石收缩，有利于防止干缩裂缝。

在自然状态下，混凝土表面干燥较快。模板可以有效地防止混凝土水分蒸发过快，具有一定的保湿、保温作用，因此混凝土浇筑完毕后不要急于拆模。

商品混凝土为了保证其流动性及和易性，水泥用量较多，单位用水量大，砂率高，使混凝土生产干缩裂缝的可能性大增，使用时应采取相应措施，防止和减少干缩裂缝的产生。

6.4 现浇结构工程质量控制措施

1）工程质量缺陷判定

（1）现浇结构的外观质量缺陷应由监理机构、施工单位等各方根据其对结构性能和使用功能影响的严重程度，按下表确定：

名称	现象	严重缺陷	一般缺陷
露筋	构件内钢筋未被混凝土包裹而外露	纵向受力钢筋有露筋	其他钢筋有少量露筋
蜂窝	混凝土表面缺少水泥砂浆而形成石子外露	构件主要受力部位有蜂窝	其他部位有少量蜂窝
孔洞	混凝土中孔穴深度和长度均超过保护层厚度	构件主要受力部位有孔洞	其他部位有少量孔洞
夹渣	混凝土中夹有杂物且深度超过保护层厚度	构件主要受力部位有夹渣	其他部位有少量夹渣
疏松	混凝土中局部不密实	构件主要受力部位有疏松	其他部位有少量疏松
裂缝	缝隙从混凝土表面延伸至混凝土内部	构件主要受力部位有影响结构性能或使用功能的裂缝	其他部位有少量不影响结构性能或使用功能的裂缝
连接部位缺陷	构件连接处混凝土缺陷及连接钢筋、连接件松动	连接部位有影响结构传力性能的缺陷	连接部位有基本不影响结构传力性能的缺陷
外形缺陷	缺棱掉角、棱角不直、翘曲不平、飞边凸肋等	清水混凝土构件有影响使用功能或装饰效果的外形缺陷	其他混凝土构件有不良影响使用功能的外形缺陷
外表缺陷	构件表面麻面、掉皮、起砂、沾污等	具有重要装饰效果的清水混凝土构件有外表缺陷	其他混凝土构件有不影响使用功能的外表缺陷

（2）各种缺陷的数量限制可根据设计文件或相关验收规范做出具体规定。

（3）当外观质量缺陷的严重程度超过上表规定的一般缺陷时，可按严重缺陷处理。

（4）在具体实施中，外观质量缺陷对结构性能和使用功能等的影响程度由监理机构、施工单位等各方共同确定。

（5）对于具有重要装饰效果的清水混凝土，考虑到其装饰效果属于主要使用功能，故其表面外形缺陷、外表缺陷确定为严重缺陷。

（6）现浇结构拆模后，对外观质量和尺寸偏差进行检查，做出记录，并及时按施工技术方案对缺陷进行处理。

2）工程质量缺陷修整

　　首先应对发生问题的混凝土部位进行观察，必要时，会同建设单位、施工单位一起，做好记录，并根据质量问题的情况、发生部位、影响程度等进行全面分析。对于发生在构件表面浅层局部的质量问题，如蜂窝、麻面、露筋、缺棱掉角等，可按规范规定进行修补；而影响混凝土强度或构件承载能力的质量事故，如大孔洞、断浇、漏振等，应会同有关部门研究必要的加固方案或补强措施。

　　一般地可按下表的处理方法对质量缺陷进行修整。

露筋	要克服露筋，钢筋绑扎必须牢固，垫块铺垫要准确，保护层厚度要按规范做足，混凝土配合比应准确，对截面小的构建应改换粗骨料的粒径，模板要支撑好、拼缝严密，混凝土下料倾倒高度应小于 2m，不要振动钢筋 出现露筋后可做如下处理： （1）构件表面露筋。可先将混凝土残渣及铁锈清理干净，再用清水冲刷并湿润，再用 1∶2～1∶2.5 的水泥砂浆抹光压平整 （2）露筋部位较深。应将软弱的混凝土层及露石剔除干净，再用清水冲刷并使之充分湿润，可用高一强度等级的细石混凝土填补，用细铁棒捣实，并包好草包认真浇水养护
蜂窝	小蜂窝的修整方法为先用钢丝刷刷清表面，用压力水冲洗，用水泥浆或 1∶2 的水泥砂浆填满抹平 大蜂窝的修整方法为先将松动的石子和突出颗粒凿去，尽量凿成喇叭口，然后用水冲洗干净并湿透，用比原强度等级高一级的细石混凝土捣实，加强养护。对于较深的蜂窝，可采用水泥压浆的方法
孔洞、夹渣、疏松	孔洞的处理方法为将空洞（夹渣、疏松）周围的疏松混凝土和软弱浆膜凿去，用压力水冲洗，支设带托盒的模板，湿润后用高一级的细石混凝土拌和物仔细浇筑捣实，注意养护
缝隙	缝隙夹层深度和宽度不大时，可将附近松散混凝土及松动的小石子凿去，洗刷干净后，用 1∶2 或 1∶2.5 的水泥砂浆强力填嵌密实。宽而深的缝隙夹层，应清除松散部分和内部夹杂层，用压力水冲洗干净后支撑，强力灌细石混凝土或在表面封闭后进行压浆处理
裂缝	对于截面高度或截面有效高度不够引起的裂缝，应做加固处理，如板加厚，梁截面加大。需作钢筋混凝土护罩；其他原因引起的裂缝，采用填充的方法，裂缝宽度在 0.1mm 以下，用 1∶2 的水泥砂浆填充；裂缝宽度在 0.1mm 以上，可采用环氧树脂灌浆修补
外表缺陷	出现外表缺陷后可进行修补，修补前先将外表缺陷部位用钢丝刷加清水，并使外表缺陷部位充分湿润，然后用水泥素浆、1∶2 或 1∶2.5 的水泥砂浆抹平，以达到外观平整顺畅

6.5 主体结构施工过程中出现质量缺陷的原因分析及采取的措施

1) 质量缺陷及其原因分析

存在的问题主要集中在钢筋绑扎、模板安装及混凝土浇筑等各主要工序，具体如下：

（1）钢筋踏踩严重，上下两层钢筋粘连在一起。两层钢筋之间没有马凳，或数量不够，甚至不放置马凳。施工过程中，由于施工人员来往行走、施工机械的移动、倾倒混凝土的荷载及其他施工荷载的影响，导致楼面板筋和上层负筋或者楼面上下两层钢筋粘连在一起。

（2）主梁各层受力钢筋之间没有足够数量的垫铁，层与层之间几乎成堆放状。

（3）剪力墙钢筋漏扎严重，局部存在间隔4、5个扣才绑扎一处。

（4）混凝土浇筑过程中，由于无人负责钢筋复位，造成构件钢筋偏位现象严重。这些问题从地下室施工直到标准层施工都存在。有些偏位还相当严重，偏差最大时误差达30~40mm，移位的钢筋集中表现在框架柱和剪力墙等部位。

（5）对移位钢筋的处理方法不正确，没有采取按1:6的倾斜度逐渐调直（如果偏位较大，还要采取逐层纠偏法），而是直接采用重锤反复多次敲打到位。

（6）个别钢筋接头的位置不正确，接头出现在弯矩较大的部位。接头的质量也时常出现问题，本工程钢筋连接主要采用直螺纹连接、搭接焊、电渣压力焊及搭接绑扎等形式。直螺纹连接接头外露丝扣控制不好，扭紧力矩值现场检测数量不够，缺乏科学的检测方法，没有采用力矩扳手，只是凭经验用管钳检测。搭接焊缝长度、厚度不规范，电渣压力焊的焊包不均匀，上下两根钢筋不同心等情况也有时发生。

（7）个别梁主筋位置放置不正确（如没放置在箍筋四角），造成梁底部钢筋保护层过大

（8）模板本身质量难以保证、安装质量差，各单体建筑模板周转次数均达到3次以上，破损、变形等较为严重，平整度不能保证，模板安装时支撑不牢固，内侧不洁净，拼缝过大，主、次梁接头处过大的缝隙处理不好。这些情况的存在，都会造成漏浆、胀模、柱子烂根等质量缺陷。

（9）模板验收工作薄弱，模板验收只停留在对资料的填写上面，对模板平整度、两侧高低差、垂直度、支撑与加固、拼缝等具体环节的控制没有抓到实处。

（10）对跨度超过4m的梁支模时的技术要求（要求起拱）、对柱子垂直度检查重视不够，找不到相关的检查记录。

（11）模板拆除后，对混凝土质量的外观检查不细致，无专人检查，无名副其实的检查记录。

（12）片面追求进度，在某种程度上对质量控制有所放松，精品意识不够。

（13）施工单位质量管理体系健全，管理人员到位，但责任心不强，责任不到位，管理不到位，对现场中监理、建设单位要求整改的问题反应不迅速，对工地中出现的问题悟性不强。

（14）施工过程中"三检制度"（作业班组检查、工序交接检查、专职质检人员的检查）流于形式，作业班组作业活动结束，不进行自检就直接向监理报验，自检成为空谈。

（15）没有行之有效的奖罚机制、竞争机制。出现缺陷与不出现缺陷一个样，对好的没有适当的鼓励，对差的没有有效的遏制。

（16）对施工方案没有做到不折不扣地执行，方案起不到对各工序施工的指导作用。

2）采取的措施

（1）施工单位必须重视自检，加强自检，各工序自检合格方可向监理报验，施工单位应当每道工序的检查都要有记录，有责任人签名，问题出现在哪里责任追究到哪里。

（2）对施工各工序的每一个环节控制都要严格，杜绝"有软有硬"的现象。

（3）不合格的模板坚决换掉，模板内侧必须保证洁净，必要时涂刷脱模剂，拼缝大的地方要用海绵胶带处理。特别是柱头内有垃圾、积水时，必须清除干净后才能浇捣混凝土。

（4）加强对模板的验收和对混凝土外观检查，检查记录要有可追溯性。

（5）加强对钢筋安装接头位置及质量的检查，并有填写检查记录表。

（6）混凝土施工时一定要搭设施工便道，加强对成品和半成品的保护。

（7）加强对主体结构楼面的轴线复核，加强对各层柱子的垂直度检查，填好检查记录。

（8）做好各级技术交底，使管理人员、作业人员真正掌握施工工艺和质量标准，使规范、方案、真正成为指导施工的指南。

（9）加大管理力度，用铁的手腕抓质量，对不称职的作业人员和管理人员坚决撤换。

（10）制定看得见，摸得着的奖罚措施。措施既要定性，又可定量，操作性强，根据出现的问题，实行奖罚，要具体到一个蜂窝、一处漏扎、一处几何尺寸的缺陷都有相应的奖罚措施。

（11）要实现工程部位挂牌制度，每栋单体有责任人，每个单体每一层的梁、板、柱也要有责任人，这样，每一层、每一个工程部位都有人管。

钢筋混凝土结构工程施工中存在的各种各样问题，要早发现，早解决，认真对待，更要思想重视，措施得当，做好事前、事中、事后控制，从细节入手，抓住工程质量管理工作不放松，就能实现主体工程质量创优目标。

6.6 安全施工的监督管理措施

本工程为一类高层建筑，地上 31 层，地上建筑高度 94.80m，主体混凝土结构施工时外脚手架采用了悬挑式脚手架，垂直运输采用了塔吊和悬挑式卸料钢平台；地下一层的高度为 6.00m，地上一层的高度为 5.80m，其主体混凝土结构施工均需采用高大模板及支撑系统，这些危险性较大的分部分项工程的施工是本工程安全施工监督管理的重点。主要控制措施是：

（1）高大模板及支撑系统、悬挑式脚手架和悬挑式卸料钢平台的专项施工方案必须经过审核论证，确保有足够的强度、刚度和稳定性。

（2）高大模板及支撑系统、悬挑式脚手架和悬挑式卸料钢平台在搭设完成后，须组织验收。

（3）塔吊的安装和拆卸必须有专项方案并获审批同意，安装后必须经专门机构检查和获准挂牌后才能使用。

××文化宫通风与空调工程

监理实施细则

监理单位（盖章）：＿＿＿＿＿＿＿＿＿＿＿＿＿＿

总监理工程师（签字）：＿＿＿＿＿＿＿＿＿＿＿

专业监理工程师（签字）：＿＿＿＿＿＿＿＿＿＿

日　　　期：＿＿＿＿年＿＿＿＿月＿＿＿＿日

目　录

1. 工程概况
2. 节能概况
3. 工程特点
4. 工程难点、应对措施及监理工作重点
5. 质量控制流程图
6. 质量控制目标
7. 质量控制方法
8. 质量控制措施
9. 常见质量问题及防治对策
10. 竣工验收
11. 安全施工管理

1. 工程概况

（1）本工程是一综合性文化群体建筑，总建筑面积 70230m²，其中地上部分 43540m²，地下部分 26690m²。工程由 19 层的酒店、1~4 层的演艺中心、3 层的体育健身中心、3 层的帮扶中心和 2 层沿街商铺组成，并设有内庭院，演艺场馆，室内球类场馆，多种休闲，娱乐，健身场馆和游泳池。地下室地下一层、局部地下二层。

（2）本工程地下一层为普通停车位、酒店附属用房和设备用房。局部地下二层为普通停车位和大型设备用房，包括 10kV 的变配电所，高、低压开关站，柴油发电机房，冷、热源机房，水泵房及换热站等。地下室汽车库平时通风系统与火灾时机械排烟系统合用一套系统；设备用房平时通风系统与火灾时机械排烟系统合用；水泵房、制冷机房、换热间设平时通风系统，不设排烟系统。

（3）本工程酒店及裙房选用制冷量为 1758kW（500USRT）的水冷离心式冷水机组 3 台。制冷机组制备 7℃冷水，回水温度 12℃。本工程选用额定热功率 2.1MW（3T）的全自动间接式自带内置板式换热器燃气热水锅炉 4 台，其中，2 台为 4#、5#楼冬季空调热源，提供供/回水温度为 50/40℃空调供热热水，另外 2 台为 4#、5#楼卫生热水和 B 区冬季散热器采暖热源及游泳池热源，提供供/回水温度为 85/60℃热水。

（4）本工程演艺中心空调面积为 3460m²。工人运动主题展示馆采用冷式全直流变频多联热泵式中央空调形式，室外机设在屋顶层，室内机选用天花板四面出风嵌入机，室内机与室外机采用冷煤管脱氧亚磷无缝铜管连接，新风系统采用全热交换机。文艺演艺厅及其配套用房采用模块式风冷热泵机组，空调机组及水泵设在屋顶层，夏季提供 7~12℃的冷冻水制冷，冬季提供 50~60℃的空调循环热水。当需要制冷时，制冷机组根据实际负荷情况启动部分模块，空调水系统变流量运行；当需要制热时，机组同样变水量运行，满足空调区域使用要求，并降低运行费用。空调水系统采用一次泵变水量双管制同程式系统，高位膨胀水箱定压和补水。

2. 节能概况

（1）空调冷负荷按逐项逐时冷负荷计算。

（2）采用高效率、低噪音的空调设备。

（3）离心式冷水机组的性能系数 cop = 5.5w/w，符合《公共建筑节能设计标准》GB50189—2005 的要求。

（4）风冷模块式（漩涡式制冷机）冷水（热泵）机组和风冷式全直流变频多联热泵式空调器的性能系数 cop>3.0w/w。

（5）空调制冷剂选用国际蒙特利尔协定允许的 R410A 以保护大气臭氧层。

（6）设计考虑了方便控制室外新风量的措施，风柜的新风管装有调节阀。当夏季人员密度低的时候，可以调低阀门开度；在过渡季节，当室外空气焓值小于室内空气设计状态的焓值时，可采用室外新风为室内降温，可减少冷机的开启量，节省能耗。

（7）局部热源就地排出，对厨房、交换机房、各层弱电井等局部产生较大的散热量的房间，热源附近设有局部排风，将设备散热量直接排出室外，防止热量散发到室内，以减少冷负荷。

（8）水泵流速设计采用经济流速，主管流速控制在 1.8~2.4m/s，设计均选用水阻合理的设备，阀门控制系统水阻力，降低水泵能耗。

（9）根据冷、热负荷容量选用合适的机组。

（10）制冷机组和真空热水机组设机组群控系统。

（11）空调通风系统采用了自动控制，既提高了使用的舒适性，又防止了因超温和不合理运行造成的浪费。

（12）空调冷水系统的最大输送能效比（ER）≤0.0241。

（13）空调两管制热水系统的最大输送能效比（ER）≤0.00865。

（14）风管绝热层的最小热阻为 $0.74m^2 \cdot K/W$。

（15）通风机单位风量耗功率≤0.32W/（m^3/h）。

（16）地下汽车库设双速风机，根据 CO 浓度控制风机高速或低速运行。

3. 工程特点

（1）本工程是公共建筑的中央空调系统，较为复杂，包括冷冻机房系统、锅炉房热交换站系统、冷却水管路系统、冷却塔系统、中央控制系统等多个周边配套系统，还需要电气、暖通、给排水、消防、自控、智能建筑等各项专业的全程配合，才能实现最终的设计功能和要求；而且，为了保证质量，在工程完工之后、交付使用之前，还必须进行系统调试环节，其目的是检查压缩机的装配质量是否符合相关规范和设计要求；检查压缩机的供油系统是否正常；检查压缩机在空气符合的运行情况，使机组的摩擦部件通过空转得到磨合；检查制冷系统的密闭性，检查各种仪表、继电器、接触器等控制器件是否正常。要求对机组进行调整和测定，使机组的冷凝压力、蒸发压力、冷却水和冷冻水进出口温差达到设计及规范要求；对系统中存在的问题提出恰当的改进措施，使系统更加完善，满足建设单位要求，符合相关施工验收标准。

（2）本工程酒店、演艺中心、体育健身中心的走道、通道、廊道等处净空高度仅有3.4m，即容许安装各种管道的吊顶净空仅 800mm，因此，不同专业之间可能会发生管道交叉打架，管道与结构、装修之间可能会发生碰撞，施工之间还可能会互相干涉。

（3）地下室汽车库与设备用房平时通风系统与火灾时机械排烟系统合为一套系统，并通过大量的电动密闭式调节阀与消防中心联动来转换管路的功能，而且排烟管道风速较高，温度较高（70℃以上），所以施工过程中必须要加强对风管的强度及对法兰密封用的耐高温材料和对设备的软接的监控，确保电动密闭阀的密闭性及电动机械性能良好以满足排烟要求。

（4）本工程空调系统的主要设备冷水主机、循环水泵等为整套设备，重量大，对设备吊装孔、吊装路径的选择、吊装的时间点的安排等应格外注意。

4. 工程难点、应对措施及监理工作重点

（1）本工程的通风与空调分部工程与建筑、结构、装饰装修、建筑电气、智能建筑和建筑节能等工程相关，且一般在整个项目的后期进行，而通风与空调工程的设计图纸往往深度不够，有的施工图给出了主要设备的定位尺寸，而没有给出风管的详细定位尺寸；有的施工图遗漏了部分设备基础的平面位置、标高及几何尺寸，遗漏了部分安装孔洞、管道穿剪力墙预留洞、设备及支吊架预埋件、管道穿楼板预埋套管等；有的风机盘管、风口等设施的位置设置不当，可能会被装饰装修工程阻挡，无法保障通风与空调设计的气流组织；有的可能与其他安装专业工程在功能、定位、尺寸方面发生碰、错、漏、缺问题，等等，因此，其难点是如何提前发现施工图和设计上的错误和不足，避免修改和返工。

应对措施及监理工作重点：切实、有效做好图纸会审工作，认真研究图纸，仔细消化图纸，分类汇集施工图中存在的问题，形成书面文件，交给设计单位，以便在技术交底会上解决。在图纸会审中，主要应关注如下问题：

①设计图纸是否齐全，设计总说明是否详细，施工图纸是否经审图部门审核批准。

②平面图、剖面图和系统图标注的风管尺寸、标高等是否相符，有无矛盾。风管、水管的安装位置与其他设备（如排水管、消防管、电气桥架等）是否在空间位置上相碰；风管的标高是否影响装饰面的标高；对采用吊顶式机组的，其最低高度能否保证装饰吊顶的净高。

③管道与建筑物之间有无矛盾，预留孔尺寸是否正确，布置是否合理。风管穿墙处在建筑图上是否留有预留洞口，特别是风管穿越剪力墙的地方更要注意；管道是否太长；冷凝水管道排放坡度是否太小，等等。

④通风管网的布局是否合理，在短距离的管网内是否出现过多的弯头，使局部阻力增大，影响系统的风量。

⑤空调系统管网分支管或送风口应有足够的调节装置，否则，会给系统的调试调整带来困难。

⑥对于地下室、地下车库等电气管道、给排水管道、消防管道及通风空调管道密集的

地方，重点审核各专业管道在平面布置位置、标高及管道走向上是否存在矛盾。在这些部位，设计是否提供了详细的管线综合布置图，如果没有，则应提请设计部门考虑出图，或者由监理部组织各专业技术负责人进行综合会审，明确各专业管道的平面布置位置、走向及标高，确定各专业管道施工的先后顺序和发生干扰时的避让原则，从而避免通风空调管道施工中，因避让其他管道而造成过多的弯头，影响通风空调系统的性能和风管标高过低等质量问题，以及由此而造成返工。

⑦对硬聚氯乙烯板风管，由于其材料的线性膨胀系数较大，应着重审核直管段是否设置了伸缩节、直管与支管之间是否采用了软接头。

⑧审核通风空调设备的选用是否恰当，工程所选用的材料是否符合相关的规定。例如，空气洁净系统柔性短管的材质是否为不透气不产尘的材质，防排烟系统柔性短管是否为不燃材料等。

⑨对于高层建筑，还应认真审核防火与排烟系统是否符合要求。在不具备自然排风条件的防烟楼梯间、消防电梯间前室或合用前室，以及避难层为全封闭式的地方，设计时是否设置独立的机械加压送风的防烟设施，否则，工程在消防验收时无法获得通过。

⑩建筑图上标注的管道井、通风井、空调机房的空间大小和位置能否便于以后设备的安装及管道的有序布置，是否便于施工检修；通往室外的排风口与新风口之间的距离是否足够，以免发生因串口风使新风质量变差；大型设备安装时所需要的垂直与水平运输通道是否在施工图纸上预先留出，如有些安装在地下室的大型设备，要求在楼板和墙面上先留出吊装及平移的洞口，等设备吊放到地下室或就位后，再把洞口封闭。

⑪风头弯管应尽量少些，转弯和爬坡处的弯管应尽量做成45°的弯头，以减少风阻力；各路风管的长度不应相差太大，否则，将不利于风量分配均匀。

⑫在可能的条件下，新风井和排风井应尽量使用风管，因为风管材料的内表面比井道的内表面要光滑得多，空气阻力小，管道的密封性也好，空气的质量能得到保证，另外，还可以避免风管与井道接口处因土建队伍与安装队伍相互推托而造成泄漏现象。

（2）本工程吊顶净空有限，仅800 mm，在此有限的吊顶净空内要安装送风、回风管、排风、排烟管、冷水、热水管、生活给水管、消防水管、强电、弱电桥架等，加之本工程是由各安装专业公司直接向建设单位承包，这就很可能会引发各种矛盾，使各施工单位各自为政，互不协调，扯皮，装装拆拆，拆拆装装，影响进度，甚至造成质量事故。

应对措施及监理工作重点：

①在认真会审图纸、深入和细致消化图纸的基础上，协调相关施工单位，明确施工界面划分及衔接和管线的布置，绘制安装大样图，按照"小管让大管，有压让无压"，制订详细、完整的安装计划，严而有序地进行安装。

②协调施工单位在吊顶净空里的上部安装公用支架，合理安装各种管线，下层安放水管，中层安放风管，上层安放线槽。

（3）本工程现场管道及配件、部件的制作和设备的安装施工较多，是质量问题多发区，也是质量控制的一个难点。

应对措施及监理工作重点：

加强现场制作和安装中的巡视、旁站监理、平行检验、见证和验收工作，严格控制好施工质量，重点做好如下工作：

①加强对现场设备制作和安装过程的巡视检查工作。根据现场不同阶段的设备制作和安装施工的内容，认真研究图纸和相关的规范要求，有针对性地进行巡视检查，这样，才能及时发现施工中是否有违反设计和规范的问题。对施工中存在的问题，要及时以监理工程师通知单、工作联系单等形式，要求施工单位整改，并对整改情况及时复查，确保符合要求。

②督促施工单位认真做好自检、互检和专检工作。在此基础上，监理部进行必要的平行检查工作，以确保施工质量，并认真做好检查的各项记录。

③对空调冷热水、冷却水系统、冷媒管系统的水压和气压试验、冷凝水管的充水试验、有关阀门的强度和严密性试验等关键工序，监理部制定具体的旁站方案，并按旁站监理方案进行旁站，认真填写旁站记录，确保关键部位和关键工序的质量。

④严格隐蔽验收程序，确保隐蔽工程的施工质量。通风空调工程中的各项隐蔽工程都必须严格进行隐蔽工程验收；未经监理部隐蔽验收合格的工程，施工单位不得进行下道工序施工。

⑤认真做好土建施工与通风空调工程安装施工间的交接验收工作。通风空调工程安装施工前，要检查设备的混凝土基础质量情况，检查土建施工中的预留孔尺寸和位置是否正确。尤其在高层建筑中，如果砖混凝土风道存在较大的质量问题，将会严重影响通风和排烟系统的正常运行。所以，必须十分重视这些土建施工项目的交接验收工作；对不合格的土建施工项目，必须要求整改合格。

⑥要规范对检验批、分项、分部工程的验收程序，严把验收质量关。监理部应在施工前，要求施工单位做好检验批的划分和详细的质量验收计划。对检验批，应由专业监理工程师组织施工单位质量检查员进行验收；对分项工程，应由专业监理工程师组织施工单位项目经理、技术及质量负责人进行验收。验收中，应认真填写有关的验收记录，认真审查各项质量控制资料、安全和功能性检验（检测）报告是否齐全、完整、真实，提交的资料是否与工程的进程保持一致。要避免个别施工单位平时不及时提交资料，到竣工验收时集中填报，造成质量控制资料滞后和造假等现象。在验收时，不论是工程实体质量还是质量控制资料，凡是不符合验收要求的，监理部必须要求施工单位整改到位，才能在相应验收文件上签字确认。

5. 质量控制流程图

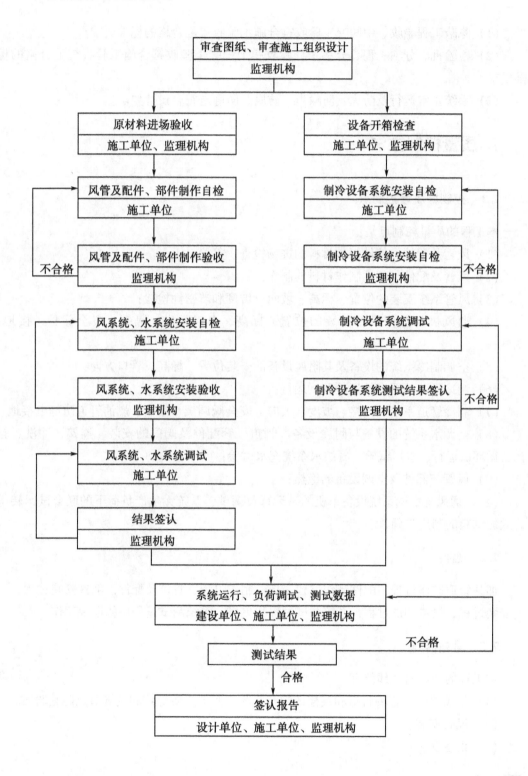

6. 质量控制目标

（1）隐蔽工程验收、中间交工验收符合施工验收规范合格的标准要求。

（2）检验批、分项工程、分部工程验收和工程竣工验收符合施工验收规范合格的标准要求。

（3）系统正常运行及防火、防噪声、防腐、防静电符合设计要求。

7. 质量控制方法

7.1 控制好质量控制点

本工程的质量控制点是：

（1）风管及配件、部件制作材料的进场检查、复检；

（2）风管及配件、部件制作材料的制作；

（3）风管系统安装的位置、标高、坡向、坡度和严密性检验；

（4）通风机与空调设备安装的位置、标高、出口方向、隔振、安全保护、接地、调试；

（5）空调制冷系统的设备及其附属设备的安装位置、标高、管口方向；

（6）制冷设备的严密性试验和试运行；

（7）制冷管道系统的连接、坡度、坡向、安全阀调试、校核、燃油管道防静电接地；

（8）空调水系统的设备与附属设备、管道、管配件及阀门的安装、连接、冲洗、排污、循环试运行、水压试验、凝结水系统充水试验；

（9）风管与部件及空调设备的绝热；

（10）通风与空调系统设备单机的试运行及调试、系统无生产负荷下的联合试运转综合效能试验的测定与调整。

7.2 巡视

加强管道制作过程，配件制作过程，部件制作过程，管道及配件，部件安装过程，设备安装过程，设备调试过程，系统调试过程和单机，系统测试过程中的巡视工作。

7.3 旁站监理

本工程的旁站监理部位有：

（1）吊顶封闭前各种管道和线槽的隐蔽验收、其他重要部位和关键节点隐蔽验收；

（2）风管安装；

（3）设备安装；

（4）风管、冷冻水管、冷凝水管的防腐、保温施工；

（5）承压管道和设备水压试验；

（6）单机调试；

（7）系统试运行及调试。

7.4　见证

本工程的见证项目有：

（1）原材料的复检取样；

（2）设备的开箱检查；

（3）系统检测；

（4）试验、检测。

7.5　平行检验

对重要的原材料、阀门、空调器材、仪器、部件等，按各自规定的比例（如 10%）抽样进行平行检验。

7.6　验收

按《建筑工程施工质量验收统一标准》和《通风与空调工程施工质量验收规范》的规定和主控项目、一般项目的验收标准，组织各检验批、分项工程、子分部工程和分部工程的验收。

8. 质量控制措施

8.1　空调管网的质量控制

（1）管材材质、规格、型号应符合设计要求，表面应无裂痕、缩孔、夹渣等。

（2）埋地管道连接方式应符合设计要求。立管应在其底部、顶部设固定支架，同时隔层设防晃支架。

（3）穿楼板及防火墙套管与管道间间隙采用不燃烧材料填塞密实。

（4）外观检查，壁厚符合要求，无裂纹、缩孔、夹渣、重皮、麻点、锈蚀等缺陷。

（5）配合土建设计要求预留楼板、梁、柱、屋盖的孔、洞或套管，管道安装后，按设计要求封堵孔、洞，杜绝渗漏。

（6）支架形式、间距、标高、平面位置应符合设计和规范要求，支架必须安装牢固，安装前按要求做好除锈、防腐。

（7）管道安装前应进行调直，按设计要求进行除锈、防腐。

（8）管道定位应符合设计和规范要求，与排水、通风、消防和电力管线协调后确定。

按设计、规范要求设置坡度，安装泄水、跑风等，其垂直度、弯曲度在允许偏差内。丝扣长度、断丝、光洁度、上丝必须符合规范要求。

（9）系统必须进行水压试验，试验压力为工作压力的1.5倍，但不得小于0.6MPa。检验方法：试验压力下，10min内压力降不大于0.02MPa，然后降至工作压力进行检查，压力保持不变，不渗不漏。

（10）空调管道在竣工前，必须对管道进行冲洗。

（11）管道支架、吊架、防晃支架的安装应符合下列要求：

①管道应固定牢固：管道支架或吊架之间的距离不大于下表的规定。

管道支架之间距离

公称直径 （mm）	25	32	40	50	70	80	100	125	150	200	250	300
距离 （m）	3.5	4.0	4.5	5.0	6.0	8.0	8.5	7.0	8.0	9.5	11	12

②管道支架、吊架、防晃支架的形式、材质、加工尺寸及焊接质量等应符合设计要求和国家现行有关标准的规定。

8.2　风管制作的质量控制

（1）材料、半成品材质、规格、尺寸、位置、标高、走向是否符合设计要求，必须经监理确认后才能施工。

（2）冷轧连续热镀锌钢板表面平整，光洁无损伤，镀锌层完整并均匀一致，但允许有大小不均匀的锌花，轻微划伤、压痕和小的铬酸盐印化处理缺陷，热轧等边角钢表面不得锈蚀腐烂，每米弯曲度不大于4mm，不得有明显扭转，玻璃棉表面不应有破损、割裂、压碎等现象，边缘应整齐，保持疏松柔软特性。

（3）风管咬缝处必须紧密，宽度均匀，无孔洞、半咬口和胀裂，直管纵向咬缝应错开。

（4）风管焊缝严禁有烧穿、漏焊和裂纹等缺陷，纵向焊缝必须错开。

（5）风管两端面应平行，无翘角，表面凹凸不大于5mm，风管与法兰连接牢固，翻边平整，宽度不小于6mm，紧贴法兰。

（6）风管法兰连接牢固，焊缝处不设螺孔，孔距不大于150mm，矩形法兰四角应设螺孔。

（7）风管加固应牢固可靠、整齐、间距适宜，均匀对称。

（8）风管及应法兰制作尺寸的偏差范围如下表：

项次	项目		允许偏差（mm）	检验方法
1	圆形钢管外径	$\phi \leqslant 300mm$	0~−1	用尺量互成90°的直径
		$\phi > 300mm$	0~−2	
2	矩形风管大边	$\phi \leqslant 300mm$	0~−1	尺量检查
		$\phi > 300mm$	0~−2	
3	圆形法兰直径		+2~0	用尺量互成90°的直径
4	圆形法兰边长		+2~0	用尺量回边
5	矩形法兰两对角线之差		3	尺量检查
6	法兰平整度		2	法兰放在平台上，用塞尺检查
7	法兰焊缝对接处的平整度		1	

（9）防火阀必须关闭严密，外壳、阀板材料厚度严禁小于2mm。

（10）各类风阀的组合件尺寸必须正确，叶片与外壳无摩擦。

（11）风口的孔、片、扩散圈间距一致，边框、叶片平直整齐，外观光滑、美观。

（12）各类风阀应有启闭标志，多叶阀叶片贴合，搭接一致。

（13）罩口尺寸偏差每米不大于2mm，连接处牢固，无尖锐的边缘。

（14）风帽的尺寸偏差每米不大于2mm，形状规整，旋转风帽重心平衡。

（15）风口制作允许偏差

项次	项目	允许偏差（mm）
1	外形尺寸	2
2	圆形最大与最小之差	2
3	矩形对角线之差	3

8.3　风管系统安装的质量控制

（1）风管及部件安装前，专业监理工程师应会同承包人做好如下工作：

①按施工规范要求对风管及部件进行严格检查验收；

②对安装现场设备的基础、管道预留孔洞、预埋件的大小、标高等进行验收，核实是否与设计图纸相符。

（2）对支、吊、托架的安装，要求其形式、规格、位置、间距及固定必须符合设计图纸要求或施工规范的规定，具体检查如下：

①矩形保温风管的支、吊、托架应设在保温层外部，其下部垫有厚度与保温层相同的、并经防腐、防火处理的垫木，圆形风管应在托架上设托座；

②支、吊、托架不得设置在风口、风阀、检视门及测定孔等部位处；

③支、吊、托架制作、预埋、安装应平整牢固，焊缝应饱满，吊架的吊杆要采用双螺母锁固。

（3）风管安装必须牢固，位置、标高和走向符合设计要求，具体检查如下：

①安装的风管，其不水平度（或不垂直度）应符合施工规范的规定；

②采用的法兰垫料，如无设计要求，应符合施工规范的规定；

③玻璃钢风管的安装应符合下列要求：

a. 风管不得碰撞和扭曲，以防止树脂破裂、脱落及起皮分层，破损处应及时修复；

b. 支架的形式、宽度应符合设计要求。

（4）系统的风管与部件组装具体要求如下：

①通风系统内的调节装置，如多叶调节阀、蝶阀、插板阀等，应安装在便于操作部位；

②防火阀有水平、垂直、左式、右式之分，安装时不得弄错，否则，将造成不应有的损失；为防止防火阀易熔片脱落，易熔片应在系统安装后再装；

③各类风口安装应横平竖直，表面平整，有调节和转动装置的风口，安装后应保持原来的灵活程度；

④柔性短管的安装松紧要适当，不能扭曲；风机吸入口测的柔性短管可装得绷紧一些，不能以柔性短管当成找平找正的连接管或异径管。

（5）系统的严密性试验。应按系统类别进行严密性试验，漏风量应符合设计与规范的规定。风管系统的严密性检验，应符合下列规定：

①低压系统风管的严密性检验，应采用抽检，抽检率为 5%，且不得少于 1 个系统；在加工工艺得到保证的前提下，采用漏光法检测，检测不合格时，应按规定的抽检率做漏风量测试；

②中压系统风管的严密性检验，应在漏光法检测合格后，对系统漏风量测试进行抽检，抽检率为 20%，且不得少于一个系统。

（6）手动密闭阀安装，阀门上标志的箭头方向必须与受冲击波方向一致。

8.4 通风机的质量控制

（1）通风机进场安装前，必须开箱，进行以下检查：

①根据设备装箱清单，核对叶轮、机壳和其他机构的主要尺寸、进风口、出风口的位置等是否与设计相符；

②叶轮旋转方向应符合设备技术文件的规定；

③进风口、出风口应有盖板严密遮盖；检查各切削加工面、机壳的防锈情况，转子如发生变形或锈蚀，应进行修复后才能安装；

④轴流风机叶轮与风筒的间隙应均匀，其间隙一般不应超过叶轮直径的 0.5%；

⑤离心通风机外壳和叶轮不得有凹陷、锈蚀和影响其工作效率的缺陷，如有轻微碰伤和锈蚀，应进行修复后才能安装；

⑥离心风机叶轮与吸气短管的间隙不得过大，其间隙值可参考下表：

叶轮与吸气短管的间隙值

风机型号	间隙值不得大于（mm）	风机型号	间隙值不得大于（mm）
2~3	3	6~11	6
4~5	4	12 以上	7

⑦离心风机的叶轮是否平衡，可用手推叶轮来检查，如果每次转动终止时不停在原来的位置上，则可认为符合质量要求。

（2）安装前，应配合有关人员对设备基础进行中间交接检查，主要检查设备基础的标高、位置及预留孔数量与大小等是否与设计图纸相符。

（3）通风机安装具体要求如下：

①整体机组或现场组装的底座放置在基础上，应用成对斜垫铁找平，其纵、横向水平度应符合施工规范规定；

②如底座置于减震装置之上，除要求基础平整外，还应注意各组减震器承受荷载的压缩量应均匀，不得偏心；安装后应采取保护措施，不得损坏；

③轴流风机如安装在无减振的支架上，则应垫以厚度为 4~5mm 的橡胶板，找平找正后固定，并注意风机的气流方向；

④预留孔洞的灌浆应按施工规范要求进行，地脚螺栓应带有垫圈和防松螺母；

⑤按施工规范要求验收风机安装的质量，包括位置标高、传动轴水平度、联轴器经2h 运转后，检查轴承的温升。

8.5　防腐与保温

1）防腐油漆

（1）专业监理工程师应熟悉设计图纸及有关技术资料，验收的涂料应能满足工程使用要求和特点，无合格证的不准使用。

（2）施工过程中，经常检查管道表面的灰尘、污垢、锈斑与焊渣是否在施工底漆前已清理干净，并使其保持干燥。

（3）在相对湿度大于 85% 和气温低于 5℃ 的环境中，不准进行喷漆施工。

（4）油漆表面漆膜应均匀，不得有堆积、漏涂、皱纹、气泡、掺杂及混色等缺陷。

（5）支、吊、托架的防腐处理，应与风管和管道一致，不得漏涂。

（6）明装系统的最后一遍油漆，应在安装后进行，以保证管道外表美观，颜色一致，无碰撞、脱漆等。

（7）涂层遍数必须符合设计要求，刷漆后各种活动部件保持转动灵活、松紧适度。

2）管道保温

（1）专业监理工程师应熟悉设计图纸及有关技术资料，严格按设计要求验收选用的保温材料的质量、规格及防火性能，并要求出具生产厂家的质保书或合格证，必要时，应做材性试验。

（2）管道与空调设备的接头处以及产生凝结水的部位，必须保温良好、严密、无缝隙。

（3）保温材料应粘贴牢固，平整一致，纵向缝应错开。

（4）保温后阀门启闭标记应明确、清晰、美观，操作方便。

8.6 空调系统试压和冲洗的质量控制

（1）管网安装完毕后，应对其进行强度试验、严密性试验和冲洗。

（2）强度试验和严密性试验宜用水进行。

（3）系统试压前应具备下列条件：

①埋地管道的位置及管道基础、支墩等经复查符合设计要求；

②试压用的压力表不少于2只，精度不应低于1.5级，量程应为试压压力值的1.5~2倍；

③试压冲洗方案已经批准；

④对不能参加试压的设备、仪表、阀门及附件应加以隔离或拆除；加设的临时盲板应有凸出于法兰的边耳，且应做明显标志，并记录临时盲板的数量。

（4）系统试验过程中，当出现泄漏时，应停止试压，并应放空管网中的试验介质，消除缺陷后，重新再试。

（5）系统试压完成后，应及时拆除所有临时盲板及试验用的管道，并应于记录核对无误，且应按规范的格式填写记录。

（6）管网冲洗应在试压合格后分段进行，冲洗顺序应先室外、后室内；先地下，后地上；室内部分的冲洗应按配水干管、配水管、配水支管的顺序进行。

（7）管网冲洗宜用水进行。冲洗前，应对系统的仪表采取保护措施。止回阀等应拆除，冲洗工作结束后应及时复位。

（8）冲洗前，应对管道支架、吊架进行检查，必要时，应采取加固措施。

（9）对不能经受冲洗的设备和冲洗后可能存留脏物、杂物的管段，应进行清理。

（10）冲洗直径大于100mm的管道时，应对其焊缝、死角和底部进行敲打，但不得损伤管道。

（11）管网冲洗合格后，应按规范的格式填写记录。

（12）水压试验和水冲洗宜采用生活用水进行，不得使用海水或有腐蚀性化学物质的水。

（13）进行水压试验时，环境温度不宜低于5℃，当低于5℃时，水压试验应采取防冻措施。

（14）试验压力应符合设计要求，当设计无要求时，应符合给排水规范要求。

（15）水压严密性试验应在水压试验和管网冲洗合格后进行，试验压力应为设计工作压力，稳压24h，应无渗漏。

（16）管网的地上管道与地下管道连接前，应在配水干管底部加设堵头后，对地下管道进行冲洗。

（17）管网冲洗应连续进行，当出口处水的颜色、透明度与入口处水的颜色基本一致时，冲洗方可结束。

8.7　综合效能的测定和调整

（1）风口总风量的实测值与设备风量的允许值不大于10%。

（2）新风量与回风量之和应近似等于总的送风量。

（3）各风口是实测值与设计值偏差不大于15%。

（4）风管系统的漏风率不大于10%。

9. 常见质量问题及防治对策

9.1　安装和调试常见质量问题及防治对策

序号	常见问题	主要原因	防治对策
1	送风管滴水	保温层太薄、脱壳、未贴牢	确保保温层厚度、施工工序质量
2	凝水盘滴水	凝水管未扎保温层、凝水管倒灌	控制凝水管保温层施工、坡度要求
3	冷冻水系统补水困难	系统内空气排不出	防止集气罐进出水管装反、排气阀无质量问题并安装在最高处及保持平直
4	振动和噪音大	安装不合要求	（1）空调主机安装水平并确实加装减振垫 （2）管道与机组连接处安装软接头 （3）注意风管安装时吊点受力均匀，以使风管与空调器连接紧密 （4）吊杆须装锁紧螺母
5	系统堵塞	施工过程不规范、不到位	（1）按规定制作管道变径的大小头 （2）主管与支管三通开口足够大 （3）管道安装时坚持做吹扫处理和系统冲洗 （4）及时清除施工过程中遗留在管道内的杂物
6	穿墙管浸湿墙面	保温层未做或被破坏	（1）穿墙处做好保温处理 （2）避免系统运行后破坏保温层 （3）在管道穿墙处设置双层套管，一层保护保温层，一层解决系统伸缩问题

续表

序号	常见问题	主要原因	防治对策
7	系统集气	排气困难	(1) 系统安装时按规定找坡 (2) 确保排气阀安装在系统的最高处 (3) 检查排气阀堵塞是否失效 (4) 排气阀安装平直 (5) 排气阀质量合格
8	机组制冷量达不到额定值	空调水系统达不到要求	(1) 保证冷却水量能满足机组要求 (2) 冷却塔要达到规定的降温指数 (3) 冷凝器内隔离垫不能错位 (4) 检查冷凝器内花管是否堵塞

9.2 风管制作、安装与保温常见质量问题及防治对策

序号	常见问题	主要原因	防治对策
1	矩形风管的上、下表面下沉,两侧面向外凸	矩形风管变形	(1) 风管的板材厚度应按设计要求或规范标准的规定 (2) 风管四个角上应设咬缝 (3) 凡边长大于或等于 630mm 和保温风管边长大于或等于 800mm,其管段长度 1.2m 以上,均应采取加固措施
2	把风管放在平板上检查,总有一个角翘起	矩形风管扭曲	(1) 风管板材下料前必须严格角方,凹角用 90° 尺量 (2) 塞缝时,用木榫将两端和中间部位打紧,再将全长均匀地打实、打平 (3) 套法兰时,应找正找平,使两端翻边尺寸达到一致

序号	常见问题	主要原因	防治对策
3	矩形弯管的角度不准确	等径弯管成不等径弯管的角度不准确或扭曲	(1) 展开片料应加折边及咬口缝的留量,其展开长度上还应留出角钢法兰的宽度及翻边量 (2) 两侧壁板及内侧外弧边料的两侧应严格角方 (3) 弧形片卷制弧度要准确,不得有折线痕迹
4	风管法兰不平整	法兰扭曲、焊口错位	(1) 法兰下料必须正确 (2) 法兰焊接先点焊、后满焊
5	风阀手柄无法操作	风阀安装的位置不正确	(1) 所有风阀的手柄必须放置在便于操作的部位,应在订货单上注明手柄的位置(在大面还是在小面上) (2) 拉链螺阀的拉链固立点应在送风口及排风口的位置附近 (3) 保温风阀的操作部位应在保温层的外面,保温层不得覆盖操作手柄
6	送入房间的风量不足,送风量漏到吊顶内	风口安装方法不正确,边接处漏风	(1) 百叶或风口安装在支管端部,支管必须到位,若支管不到位,应制作一般规格与此支管相同的短管,套在支管上结束合处,用自攻螺钉固定,并用密封胶封严 (2) 散流器的上口必须有调节螺栓,使其紧贴吊顶
7	风管吊架不符合要求	(1) 吊杆圆钢采用搭接焊,搭接长度小 (2) 大型风管吊架的托底角钢规格小,受力后变形 (3) 风管吊架不垂直双吊杆不平行	(1) 圆钢吊杆搭接焊其搭接长度为吊杆直径的6倍,并在焊接的两侧满焊,托底角钢的规格应大于风管法兰的用料规格,承受风管重量后中间不得发生弯曲变形 (2) 吊、支架的预埋及胀锚螺栓的位置应根据风管的直径来确定
8	保温层局部脱落	保温层施工不规范	(1) 施工前,检验胶粘剂是否适用于本工程且合格,不用过期的胶粘剂 (2) 保温钉牢固,且分布均匀

10. 竣工验收

（1）竣工验收由建设单位负责，组织施工、设计、监理等单位共同进行。

（2）竣工验收时，应检查竣工验收的资料，一般包括下列文件及记录：

①图纸会审记录、设计变更通知书和竣工图；

②主要材料、设备、成品、半成品和仪表的出厂合格证明及进场检（试）验报告；

③隐蔽工程检查验收记录；

④工程设备、风管系统、管道系统安装及检验记录；

⑤管道试验记录；

⑥设备单机试运转记录；

⑦系统无生产负荷联合试运转与调试记录；

⑧分部（子分部）工程质量验收记录；

⑨观感质量综合检查记录；

⑩安全和功能检验资料的核查记录。

（3）观感质量检查应包括以下项目：

①风管表面应平整、无损坏；接管合理，风管的连接以及风管与设备或调节装置的连接，无明显缺陷；

②风口表面应平整，颜色一致，安装位置正确，风口可调节部件应能正常动作；

③各类调节装置的制作和安装应正确牢固，调节灵活，操作方便；防火及排烟阀等关闭严密，动作可靠；

④制冷及水管系统的管道、阀门及仪表安装位置正确，系统无渗漏；

⑤风管、部件及管道的支、吊架型式、位置及间距应符合本规范要求；

⑥风管、管道的软性接管位置应符合设计要求，接管正确、牢固，自然无强扭；

⑦通风机、制冷机、水泵、风机盘管机组的安装应正确牢固；

⑧组合式空气调节机组外表平整光滑、接缝严密、组装顺序正确，喷水室外表面无渗漏；

⑨消声器安装方向正确，外表面应平整无损坏；

⑩风管、部件、管道及支架的油漆应附着牢固，漆膜厚度均匀，油漆颜色与标志符合设计要求；

⑪绝热层的材质、厚度应符合设计要求；表面平整、无断裂和脱落；室外防潮层或保护壳应顺水搭接、无渗漏。

检查数量：风管、管道各按系统抽查10%，且不得少于1个系统。各类部件、阀门及仪表抽检5%，且不得少于10件。

检查方法：尺量、观察检查。

11. 安全施工管理

11.1　钢管安装安全施工管理要点

（1）应根据钢管的重量，配备适当的手动葫芦及选择合适的起吊点，手动葫芦使用前，应检查是否安全可靠。

（2）管道吊装时，吊件下方禁止站人。管子就位卡牢后，方可松手动葫芦。

（3）电焊工在潮湿地点工作，应站在绝缘胶板上或木板上，焊钳与把线必须绝缘良好，连接牢固，更换焊条时应戴手套。

（4）在管井内施工，上、下方管井必须用安全网或木板封好，以防物体高空坠落伤人。工作完毕，离开时，必须封好管井口。在管井内黑暗的场所，必须使用安全电压照明，严禁使用高电压照明。

（5）管井内吊装钢管时，下方严禁站人。垂直降下的钢管必须放好，以免掉下伤人。

（6）楼面预埋钢套管和钢管的安装，雷雨天气时严禁施工，以免遭受雷击。阳光猛烈的露天施工，应做好防暴晒工作，应利用太阳伞、纤维布挡住阳光。

11.2　风管制作安装安全施工管理要点

（1）熔锡时，锡液不许着水，防止飞溅，盐酸要求妥善保管。

（2）在风管铆法兰及腰箍冲眼时，管外配合人员面部腰避开冲孔。

（3）组装风管、水漏斗、气帽等，必须搭设脚手架，所用工具应放入工具袋。

（4）使用剪板机，上刀架不准放置工具等物品，调整铁皮，脚不能放在踏板上；剪切时，手禁止伸入压板空隙中。

（5）使用固定式震动剪，两手要扶稳钢板，用力适当，手离刀口不得小于5cm。如刀片破损，应及时停机更换。

（6）使用切断机剪切时，工件要压实。剪切窄小钢板，要用工具卡牢。调换或校正刀具，必须停机。

（7）折骨时，手不准放在折弯机轨道上，工件要扶稳，手指距压轨不于5cm。

（8）操作卷圆机、压缝机时，手不得直接推送工件。

11.3　焊接施工安全施工管理要点

（1）电焊机外壳必须接地良好，其电源的拆装应由持证电工进行。施工场地周围应清理易燃易爆物品，或进行覆盖、隔离。

（2）电焊机要设置独立开关，开关放置在防雨的闸箱内，拉合时应戴手套侧向操作。

（3）在易燃易爆或液体扩散区焊接时，应经有关部门检查许可后，方可进行施工。

（4）焊钳与把线必须绝缘良好，连接牢固，换焊条时戴手套，工作地点不能潮湿，或站在绝缘胶或木板上焊接。

（5）乙炔气瓶必须直立放置并设置防回火装置，与氧气瓶距离不小于5m。两气瓶与明火距离不小于 10m。气瓶要有防震胶圈，避免碰撞、剧烈震动、暴晒，冻结时应用热水加热，严禁用火烤。

（6）严禁在带压力的容器或管道上施焊，焊接带电的设备必须先切断电源。气瓶及焊接工具上严禁沾染油脂。

（7）焊接储存过易燃、易爆、有毒物品的容器或管道时，必须清理干净，并将所有孔口打开。

（8）焊枪点火不准对人，燃烧的焊枪不得放在工件或地上。

（9）把线、接地线禁止与钢丝绳接触，更不得用其他金属代替零线，地线接头要牢固。铅焊时，场地必须通风良好，皮肤外露部分应涂护肤油脂。

（10）移动焊机时应断电，手不得持把线爬梯、登高。采用电弧气刨时，要戴防护眼镜、面罩，并防止残渣伤人。

（11）雨天停止露天焊接，工作结束切断电源，关闭气瓶气阀，检查操作地点，确认无火种遗留后方可离开。

11.4　电气施工安全管理要点

（1）管子穿带线时，不得对管口呼吸、吹气，防止带线弹力勾眼。穿导线时，应互相配合，防止挤手。

（2）人力弯管器弯管时，应选好场地，防止滑倒和坠落，操作时，脸部要避开。

（3）多台配电箱盘并列安装时，手指不得放在两盘的接合处，也不得触摸连接螺孔。

（4）电缆盘上的电缆端头应绑扎牢固，放线架、千斤顶应设置平稳，线盘应缓慢转动，防止脱杠或倾倒。电缆敷设到拐弯处，应站在外侧操作。

（5）架空线槽、管线安装，严禁站在梯子顶上作业，下方不准站人，以免掉下工具、材料伤人。

（6）吊装母线槽时，应根据重量配备合适的手动葫芦及选择合适的起吊点，手动葫芦使用前，应检查是否安全可靠。

（7）母线槽吊装时，吊件下方禁止站人，母线槽就位卡牢和连接完成后，方可松开手动葫芦。

（8）在电井内施工，黑暗的地方应使用安全电压照明，严禁使用高压照明设备。

（9）楼面上预埋电线管，焊接防雷设施，雷雨天气时，严禁露天施工，以免遭受雷击。阳光猛烈的露天施工时，应做好防暑工作，利用太阳伞、纤维布挡住阳光。

11.5　送配电施工安全施工管理要点

（1）变压房、配电房应通风、光亮，无杂物、无积水，门窗完好，要有防止小动物进入和进水的措施，操作及维护通道应符合规范要求。

（2）变压房、配电房、开关房、电缆沟、母线槽应保持清洁，不准堆放易燃品和杂物，要符合防火要求，要有防雨和防漏水措施。

（3）备有灭火器材和严密的防火措施。

（4）送电操作范围有防护措施，无关人员不许进入。

（5）参与送电的有关人员，岗位责任明确，统一指挥。一经送电，各回路和开关要做好安全保护，标志明显。

（6）送电后要有专人值班，并严格执行值班制度。

11.6　调试、检修安全施工管理要点

（1）机房、楼层控制电箱、开关电箱无积水和杂物才能送电。

（2）电动机绝缘电阻大于 0.5 兆欧以上才能送电试机。

（3）大型空调机组应进行检查机室无杂物才能试机。

（4）设备试车时，应随时注意各种仪表，声响等，发现不正常情况，应立即停车。

（5）管道试压、冲洗排水时，应做好排水工作，以免造成水灾事故。

（6）设备停车检查，应关电源，并挂上"不准合闸"警示牌，以防自控部分误动作。

（7）进入地下室污水池检查、操作等作业时，应两人以上。

××建设监理规范用表

监 理 月 报

工 程 名 称 :_____

建 设 单 位 :_____

承 包 单 位 :_____

第_____期

____年____月____日至____年____月____日

编 制 人 :_____

总监理工程师:_____

监理单位(章):_____

报 告 日 期 :____年____月____日

进度、质量、安全控制

进度	本月计划（万元）	365.2	累计完成与总计划比较图示	时间：320 天
	本月计划完成（%）	8		
	累计完成（%）	15		

进度	原因分析	本月施工进度不符合进度计划要求，严重滞后。主要原因是劳动力不足。 　本月各栋号施工形象进度为： 　G14#楼完成五层梁板浇筑；G15#楼完成基础结构施工；G17#楼完成四层梁板浇筑；G18#楼完成主楼基础结构施工，裙楼完成第一道基础梁浇筑；中心地下室完成锚杆注浆。

质量	分项工程名称	工程质量情况及存在问题
	土方开挖：	本月度仅 G18 号楼有土方开挖，施工符合规范及验收要求。
	测量放线：	测量放线：G15#楼基础柱、一层梁局部发生偏位，目前正在返工整改之中。
	钢筋制作：	钢筋制作：G14#、G17#楼出现箍筋制作过大或过小的情况，已整改到位。
	钢筋安装：	钢筋安装：G14#、G17#、G18#楼局部出现梁锚固长度不足，飘板钢筋构造不符合图纸设计，梁钢筋漏绑错绑等问题，已整改到位。
	模板制作、安装、拆除：	模板制作、安装、拆除：G14#、G17#、G18#楼局部出现梁模板不方正、柱模板不垂直等现象，经监理检查复核已整改到位。
	砼外观质量：	浇砼外观：各栋号砼外观虽然局部有蜂窝麻面等外观缺陷，但较上月已有所改观。

安全	本月事故（次）	累计事故（次）	当月安全施工天数	累计安全施工天数	备注	月报周期：2011.11.25～12.24
	0	0	30	76		

投资控制

序号	工程项目名称	本月工程投资控制情况			累计完成情况			本月支付价款（万元）	累计支付价款（万元）	下月计划	
		本月申报金额（万元）	本月核定金额（万元）	完成百分比（%）	形象进度	金额（万元）	完成百分比（%）			形象进度	工程价款（万元）
1	G14#楼	123.9	123.9	100	完成第五层梁板砼	273.9	45	123.9	123.9	施工至八层梁板	90
2	G15#楼	0	0	/	完成基础结构工程	104.4	15	0	0	施工至四层梁板	90
3	G17#楼	115.2	115.2	100	完成第四层梁板砼	235.2	40	115.2	115.2	施工至七层梁板	90
4	G18#楼	0	0	/	完成独立柱结构	45	4.5	0	0	基础结构完工	145
5	中心地下室	0	0	/	完成锚杆桩施工	30	3.5	0	0	底板完工	122
6	一期消防工程15%预付款	27.9	27.9	100	/	/	/	27.9	27.9	/	/
7	一期消防工程总包配合费	3	3	100	/	/	/	3	3	/	/
	合计	/	/	/	/	688.5	15	270	270	/	537

监理工作统计

序号	项目名称	单位	本年度		开工以来 总　计
			本月	累计	
1	监理会议	次	4	10	10
2	审批施工组织设计（方案）	次	4	9	9
	提出建议和意见	条	3	7	7
3	发出监理工程师通知单（不含第8项）	次	3	6	6
4	审定分包单位	家	0	1	1
5	原材料审批	件	10	27	27
6	构配件审批	件	0	0	0
7	设备审批	件	0	1	1
8	发出工程暂停令	次	0	0	0
9	监理抽查、复试	次	8	20	20
10	监理见证取样	次	8	14	14
11	考察施工单位实验室	次	0	1	1
12	考察生产厂家	次	0	1	1
13	监理专题报告	次	0	1	1
	提出建议和意见	条	3	3	3
14	工程计量、支付签证	次	4	4	4

简 要 说 明

本月工程情况评述：

（详见后述内容）

本月监理工作小结：

（详见后述内容）

下月工作意见：

1. 质量控制方面：搞好楼层柱、墙轴线测量放线的控制、模板加固时垂直度控制、混凝土浇捣时振捣的控制；抓好冬季施工措施的落实。

2. 进度控制方面：要求施工单位增加劳动力，加班加点将延误的工期赶回来。重点控制中心地下室的施工进度。

3. 安全管理方面：重点查特种作业人员上岗，查洞口及临边防护，查塔吊等设备维护情况，查卸料平台搭设是否规范。

4. 监理工作方面：加强责任意识，搞好监理巡查和旁站监理工作。坚决杜绝质量和安全事故的发生。

（1）在"简要说明"中，本月工程情况评述如下：

①工程进度。

本月度各栋号完成形象进度如下：G14#楼主体结构施工了3层，已完成至五层梁板砼浇筑；G15#楼完成±0.00以下基础柱、梁混凝土施工；G17#楼施工了3层，已完成至4层梁板混凝土的浇筑；G18#楼主楼完成±0.00以下基础柱混凝土施工，裙楼完成第一道基础梁混凝土浇筑。完成中心地下室全部288根抗拔锚杆桩施工。

G14、17号楼施工进度正常；G15号楼由于个别基础柱偏位，造成停工整改；G18号楼主楼受裙楼和中心地下室施工影响，无法进行房心回填造成上部结构无法施工。中心地下室抗拔锚杆桩施工比预定工期滞后了10天。总之，本月工程施工进度不理想。

②工程质量。

本月主要进行G14、G17号楼主体结构的施工；G15、G18号楼基础柱、基础梁施工及中心地下室抗拔锚杆桩施工。总体施工质量符合设计和规范要求。

主要存在的问题为：

a. 钢筋加工制作时存在下料偏短、箍筋尺寸偏小等问题；

b. 钢筋绑扎时有漏绑现象，特别是拉钩筋，基本只绑了单边；

c. 钢筋接头错位尺寸有不满足要求的情况；

d. 模板拼缝不严，有漏浆现象；

e. 柱模加固过程中垂直度校核不及时，造成个别柱偏位；

f. 混凝土浇捣时不注重分层浇捣，有的部位振捣不到位造成蜂窝、麻面；

g. 混凝土养护工作不及时。

上述问题的产生的主要原因是由于施工单位质量保证体系不健全（"五大员"未落实），自检、互检、专检制度没形成造成。目前，项目监理部已联合建设单位督促施工单位整改。

③安全管理。

本月无安全事故发生，但安全隐患不少。监理就塔吊使用、脚手架搭设、"四口"及临边防护、施工用电等事宜发出了3份《监理工程师通知单》，但整改落实到位情况并不理想。

（2）在"简要说明"中，本月监理工作小结如下：

①本月监理工作概述。

本月监理在工程质量、进度、安全管理方面做了大量的工作，及时发现并督促施工单位整改了在质量和安全方面存在的一些隐患，确保了工程质量。

本月监理共召开例会4次；发出《监理工程师通知单》3份；审批施工方案4次；见证取样8次，旁站监理8次，累计60小时；平行检验60次；签署施工资料约68份。监理工程师不间断地在工地现场巡视检查，及时发现并纠正了施工中存在的问题。

②质量、进度、安全管理方面所做的工作。

质量方面：

a. 书面要求施工单位完善质量保证体系，落实自检、互检、专检工作；

b. 严把材料质量关，对进场原材料及时进行了见证取样或平行检验，杜绝不符合要求的材料进场（如施工单位进场的某牌号钢筋不符合合同的约定已要求退场）；

c. 加强工序质量和隐蔽工程验收的控制，对发现的质量问题立即要求施工方整改，如15#楼基础柱个别偏位问题，已要求施工单位打掉重来；

d. 要求施工单位严格执行报验制度，如砼浇筑前必须取得总监签发的浇筑令，拆模前必须书面报告项目监理部，征得同意后才能拆模；

进度方面：

a. 要求施工单位每周例会前报下一周的施工计划。例会上，要求施工单位就上周进度情况进行汇报，并报告改进方法；

b. 在本月的四次例会上，监理均对由于施工单位劳动力不足，已严重影响了工程进度的情况提出了想法和要求，但效果并不理想。已提请建设单位约谈施工单位法人代表；

c. 通过实际进度与计划进度的比较，目前总进度计划已延误30天。项目监理部已要求施工单位重新排总进度计划，并提示应重点"抢"中心地下室的施工进度。

安全管理：

a. 本月组织了四次安全大检查，检查后发出了书面整改通知，但施工单位整改并不及时、到位；

b. 监理日常加强了安全巡视检查，特别对垂直运输机械的使用、脚手架的搭设、施工用电是否规范进行了有效监督，杜绝了安全事故的发生。

③监理工作的改进。

本月监理工作还存在需进一步改进的地方，如在质量预控方面、安全整改督促落实整改方面，相信在监理人员的共同努力下，在建设单位的支持下，在施工单位的积极配合下，今后的监理工作会更上一个台阶。

××大楼工程竣工验收

质量评估报告

监　理　单　位：_____

总　监　理　工　程　师：_____

监理单位技术负责人：_____

建　设　单　位：_____

地　质　勘　察　单　位：_____

设　计　单　位：_____

总　承　包　单　位：_____

日　　　　　期：____年____月____日

1. 工程概况

（1）××大楼工程地下 2 层：地上 19 层，建筑面积为 21498m²（其中地下室面积为 6368.68m²），框架剪力墙结构，建筑高度为 78.4m。大楼工程包括高强预应力管桩、基坑支护（钻孔灌注桩、高压旋喷、深井降水、喷锚挂网、土方开挖）、主体结构、强电、弱电、给排水、空调、通风、彩铝窗、外墙装饰、电梯、室内外装饰、幕墙、室外设施配套、道路、停车场和绿化景观等项目。

（2）××大楼工程为一类高层建筑，设计使用年限为 50 年，建筑物耐火等级为一级，抗震设防烈度为六度，屋面防水等级为Ⅱ级，地下室防水等级为Ⅱ级，环境污染控制要求为Ⅱ类，外墙采用外墙外保温体系，保温材料为聚苯乙烯塑料板。工程性质为办公楼，裙楼为干挂石材。设有电梯 6 部，其中 3 台客梯（其中一台为消防电梯），2 台为专用电梯（货梯），1 台杂货梯。有 2 台干式变压器，每台容量为 1250KVA，有螺杆式风冷热泵机组 3 台，每台制冷量、制热量均为 500KW，制冷剂为 HFC-134a 无污染环保型。

××大楼工程采用高强预应力砼管桩基础，主体为现浇混凝土框架剪力墙结构。

（3）××大楼工程特点是：柱网为 8.4m×8.4m、外墙有保温和幕墙，是层次较高的办公建筑。

（4）××大楼工程参建单位：

序号	单位名称	参建工作内容
1	××建筑设计院	建筑、结构、水、电、通风、总图施工设计
2	××勘测设计研究院	地质勘测
3	××地质勘察基础公司	桩基础施工
4	××建工公司	深基坑、基础、主体结构、给排水、强电、通风工程等项施工
5	××机电工程公司	空调工程施工
6	××防火技术公司	消防工程施工
7	××监理咨询有限公司	工程监理

（5）××大楼工程难点：
①地质情况复杂，确保基坑施工安全是本工程的关键点。
②因柱网为 8.4m×8.4m，地下室施工面积较大，在正负零部位楼板为 410 mm 厚现浇

混凝土空心楼板，要防止芯管移位和上浮，确保结构安全、施工安全是本工程的难点。

2. 监理评估依据

（1）已批准的《监理规划》；

（2）建设单位提供的岩土工程详细勘察报告；

（3）××大楼工程施工图；

（4）施工合同和批准的施工组织设计（方案）；

（5）《监理合同》；

（6）《建筑工程施工质量验收统一标准》（GB50300—2001）；

（7）《建筑桩基技术规范》（JGJ94—2008）；

（8）《建筑地基基础技术规范》（DB42/489—2008）；

（9）《预应力混凝土管桩》（03SG409）；

（10）《混凝土结构工程施工质量验收规范》（GB50204—2002，2011 年版）；

（11）《建筑地基基础工程施工质量验收规范》（GB50202—2002）；

（12）《地下防水工程质量验收规范》（GB50208—2011）；

（13）《钢结构工程施工质量验收规范》（GB50205—2001）；

（14）《建筑给排水及采暖工程施工质量验收规范》（GB50242—2002）；

（15）《通风与空调工程施工质量验收规范》（GB50243—2002）；

（16）《建筑电气工程施工质量验收规范》（GB50303—2002）；

（17）《电梯工程施工质量验收规范》（GB50310—2002）；

（18）金属与石材幕墙工程技术规范（JGJ133—2001）；

（19）建筑节能工程质量验收规范（GB50411—2007）；

（20）屋面工程施工质量验收规范（GB50207—2002）。

3. 施工单位质量控制

（1）施工单位成立了由项目经理、项目技术负责人组成的管理机构，建立健全了质量管理、技术管理制度，编制了施工组织设计和专项施工方案。

（2）工程所使用的材料均经过了报验及监理部检查，需见证取样的材料在监理人员见证下取样复验合格后才准许使用。

（3）各检验批、分项工程按施工规范和施工组织设计（方案）施工，钢筋、模板、砼、现浇结构等分项（子分部）工程开工前进行了技术交底，工序完成后进行了自检和专检，隐蔽工程申报验收，分项、分部工程完成后进行了验收。

4. 监理机构对质量的控制

（1）要求施工单位编制施工组织设计和专项施工方案，并认真审核，同时要求按批准的方案组织实施。

（2）对进场的原材料首先进行外观检查，检查出厂合格证和厂家质量检验报告，对不同品种、厂家、批号、等级、级别的材料按规范要求见证取样进行了检测，未经检验和检验不合格的材料严禁在工程中使用。

（3）对预拌商品混凝土生产单位进行了考察，预先制定了标准养护和同条件养护试块留置方案，预拌混凝土到场进行了交货验收。混凝土试块强度评定符合设计要求。

（4）工序和隐蔽工程检查。执行工序检查验收制度，上道工序完成后，施工单位在自检合格的基础上申报监理部，经监理工程师检查认可后方进入下道工序。对隐蔽工程的隐蔽过程、下道工序施工完成后难以检查的重点部位进行了跟踪检查，加强巡视和检查，消除了整改难度。

（5）浇筑砼坚持旁站监理。在浇筑砼前，对钢筋、模板、模板支架进行了全面验收检查，在砼浇筑过程中，坚持旁站，施工过程中发现的问题，及时通知施工单位，并督促其在现场进行了整改。

（6）检验批、分项工程验收按照《建筑工程施工质量统一验收标准》和相关专业工程施工质量验收规范，组织对所有检验批、分项工程进行验收，全部验收合格。

5. 检测与检验

5.1 桩基阶段

（1）按设计要求对 3 根桩进行了静载试验；
（2）对另外 3 根桩进行了抗拔试验；
（3）对桩进行了垂直度检测；
（4）进行了桩基低应变检测；
（5）进行了桩位检测。

5.2 主体结构阶段

（1）对结构实体钢筋保护层厚度进行了检测；
（2）用回弹法检测了砼抗压强度；
（3）对砼构件截面尺寸进行了检测；
（4）对幕墙结构焊缝质量进行了检测。

5.3 外墙保温阶段

（1）进行了聚苯板与基层的粘结强度检测；
（2）聚苯板检测；
（3）抹面胶浆检测；
（4）胶结剂检测；
（5）耐碱网格布检测；

（6）锚栓检测；

（7）铝外窗的传热系数、抗风压性能、气密性能、水密性能检测。

5.4　安全与使用功能检测

（1）2011 年 7 月 6 日通过新建建筑物防雷装置检测；

（2）2011 年 7 月 25 日电梯通过检测；

（3）2011 年 7 月 20 日对消防设施及电气进行了检测；

（4）2011 年 7 月 15 日和 7 月 20 日通过水电检测；

（5）2011 年 7 月 21 日通过空调检测；

（6）2011 年 7 月 21 日通过室内环境检测。

所进行的检测、检验结果均符合设计和相关规范、标准的要求。

6. 分部工程验收情况

（1）桩基工程 2009 年 10 月 20 日通过验收，工程质量为合格；

（2）地基与基础工程 2010 年 4 月 12 日验收合格；

（3）主体结构工程 2010 年 8 月 30 日验收合格；

（4）节能工程 2011 年 7 月 15 日验收合格；

（5）幕墙工程 2011 年 7 月 15 日验收合格；

（6）室内装饰装修工程 2011 年 7 月 25 日验收合格；

（7）消防工程 2011 年 8 月 2 日验收合格；

（8）电梯工程 2011 年 8 月 2 日验收合格；

（9）人民防空工程 2011 年 8 月 5 日验收合格；

（10）2011 年 8 月 16 日交档资料通过武汉市城建档案馆预验收。

7. 沉降观测

本工程累计沉降观测 16 次，在观测期间各点沉降较均匀，沉降速率小于沉降稳定标准 0.04mm/d，该工程已处于稳定状态（详见××大楼工程沉降观测技术性小结）。

8. 质量评估结论

（1）本工程所含的 11 个分部和子分部工程质量均验收合格；

（2）工程质量控制资料完整、齐全；

（3）本工程所含分部工程有关安全和使用功能的检测资料完整、齐全；

（4）主要功能项目的抽查结果均符合相关专业质量验收规范的规定；

（5）观感质量验收结论评为"好"，符合要求。

单位工程质量评估结论为：单位工程质量符合设计文件、《建筑工程施工质量验收统一标准》与相关施工质量验收规范要求，竣工预验收合格；同意对单位工程进行竣工验收。

××大楼工程项目监理部

年　　月　　日

参 考 文 献

［1］ 建设工程监理规范（GB50319—2000）．

［2］ 建设工程监理规范（GB50319—2012）（征求意见稿）．

［3］ 建筑工程施工质量验收统一标准（GB50300—2001）．

［4］ 建筑施工安全检查标准（JGJ59—2011）．

［5］ 湖北省建设工程质量安全监督总站．湖北省建筑工程施工统一用表填写范例．武汉：武汉理工大学出版社，2009．

［6］ 邱济彪等．武汉市建筑施工现场安全质量标准化达标实施手册．武汉：长江出版社，2010．

［7］ 北京土木建筑学会．建筑工程监理资料（第二版）．北京：经济科学出版社，2006．

［8］ 中国建筑科学研究院．建设监理资料填写与组卷范例．北京：中国建材工业出版社，2008．

［9］ 高政维等．混凝土工程监理手册．北京：机械工业出版社，2006．

［10］ 何锡兴．周红波．建筑节能监理质量控制手册．北京：中国建筑工业出版社，2008．

［11］ 倪建国．建设工程监理工作策划．北京：中国建筑工业出版社，2011．

［12］ 王战果．建设工程安全监理．北京：中国建筑工业出版社，2011．

［13］ 王怀栋．试论监理质量控制的四种基本方法．建设监理，2006（2）．

［14］ 周帮荣．清单计价模式下如何加强施工现场的签证管理．建设监理，2007（4）．

［15］ 刘彦豪．监理在通风空调工程中应着重把好的几道关．建设监理，2008（5）．

［16］ 赵伟华．监理如何开好工地会议．建设监理，2009（6）．

［17］ 王华．施工组织设计审核综述．建设监理，2009（12）．

［18］ 冯志刚，王坦．浅论监理对施工组织设计安全措施的审查内容．建设监理，2010（10）．

［19］ 高平．审核施工组织设计的几点体会．建设监理，2010（12）．

［20］ 张瑞峰，蒋文娟．谈如何加强施工阶段设计变更和工程签证的管理工作．建设监理，2010（12）．

［21］ 胡学杰．监理人员怎样做好巡视检查工作．建设监理，2011（12）．

［22］ 王怀栋，陈洋．监理应如何审查《工程进度计划报审表》及相关资料．建设监理，2012（04）．

［23］ 程玉平，陈芳．工程档案编制与管理．武汉：长江出版社，2009．

内容提要

监理企业签订《建设工程委托监理合同》后，组织监理机构进驻项目现场，开展施工准备阶段、施工阶段和竣工验收阶段一系列的现场监理工作。现场监理工作需要贯彻主动控制的原则，突出预先控制、过程控制和验收控制，实施程序化控制、规范化控制和信息化控制。本书详细介绍了现场监理工作的内容、要求、程序、方法、要点等，包括监理文件的编写、监理程序的制定、具体监理工作的开展、监理资料的填写和施工单位各种技术文件的审查及各种申请表的审签等，并提供大量案例和表格。

本书可供建设工程项目监理从业人员参考，也可作为教学和学习的参考书。

■ 责任编辑／胡　艳

■ 责任校对／刘　欣

■ 版式设计／马　佳

■ 封面设计／王荆强

ISBN 978-7-307-10651-2

9 787307 106512 >

定价：48.00元